供配电设备
运行 维护与检修

■ 曹孟州 编著

中国电力出版社
CHINA ELECTRIC POWER PRESS

内 容 提 要

本书是为供电企业培训供电所、变电站员工及农电工和刚进企业的大、中专毕业生，提高其综合业务技术素质而编写的。

本书共十六章，自电力系统基本知识开始，详细阐述了各种高低压开关控制设备，电力变压器，交、直流电动机，电力电缆和线路，继电保护与二次回路，常用的低压电器设备的运行、维护与检修。各章首先概括地介绍常用的、有代表性的设备的工作原理，随后重点讲解设备巡视、故障原因及检修措施。

本书可供县级供电企业培训电网员工使用，还可供工矿企业电气设备运行与维护检修的专业技术人员使用，也可作为电工自学和高职高专、电力技工学校供用电技术、电气自动化等电气工程类的师生学习和参考。

图书在版编目(CIP)数据

供配电设备运行、维护与检修/曹孟州编著. —2版. —北京：中国电力出版社，2017.8（2024.8重印）
ISBN 978-7-5198-1039-9

Ⅰ.①供… Ⅱ.①曹… Ⅲ.①供电-电气设备-基本知识②配电系统-电气设备-基本知识 Ⅳ.①TM72

中国版本图书馆CIP数据核字(2017)第190057号

出版发行：中国电力出版社
地　　址：北京市东城区北京站西街19号（邮政编码100005）
网　　址：http://www.cepp.sgcc.com.cn
责任编辑：崔素媛（010-63412392）　盛兆亮
责任校对：王小鹏
装帧设计：赵姗姗
责任印制：杨晓东

印　　刷：北京天泽润科贸有限公司
版　　次：2011年8月第一版　2017年8月第二版
印　　次：2024年8月北京第十二次印刷
开　　本：787毫米×1092毫米　16开本
印　　张：15.5
字　　数：376千字
定　　价：**48.00**元

前言

本书综合吸收了第一版出版以来的经验及有关方面的反馈意见和建议，基于新设备、新技术、新工艺、新知识要求进行修订。在编写原则上，以必需和够用为度，突出技能和技巧，注重能力培养；在内容定位上，遵循“由浅入深、知识超前、技能培训”的原则，突出针对性和实用性，并涵盖了电力行业最新的政策、标准、规程、规定及新知识、新工艺；在写作方式上，做到图文并茂、深入浅出，避免烦琐的理论推导和公式论证，便于理解。修订后使本书知识结构更为系统、完善，更能够有效地满足广大读者的需求。

本书根据供电企业主要岗位和社会各界从事电工的需求，遵循理论联系实践，密切联系电力生产的实际，力求内容完整，通俗易懂，注重科学实用，并以安全为主线贯穿始终，具有针对性、实用性、先进性和科学性。在各章节的文字表达方面，力求层次清楚简明易懂。

本书共分十六章，内容包括电力系统基本知识、高压断路器、高压隔离开关、高压负荷开关、高压熔断器、高压成套配电装置、电力变压器、电动机、互感器、绝缘子、高压电力电容器、防雷及接地装置、继电保护与二次回路、电力电缆和线路、低压电器及成套装置和母线。

本书在编写过程中得到了李洪岩、曹雪燕、王海玉、陈峰君等同志的鼎力相助，并参考大量的文献资料，在此一并表示衷心的感谢。

限于编者水平，书中难免存在不妥之处，敬请广大读者批评指正。

编　者

2017年6月

第一版前言

本书的出版是贯彻落实国家人才队伍建设总体战略，充分发挥供电企业培养高技能人才发挥主体作用的重要举措，是加快推进电网发展方式转变的具体实践，也是有效开展电网企业进网作业电工培训和人才培养工作的重要基础，提高培训的针对性和有效性，全面提升供电员工队伍的业务素质，对保证电网安全稳定运行、支撑和促进电网企业可持续发展起到积极的推动作用。

在编写原则上，以必需和够用为度，突出技能和技巧，注重能力培养；在内容定位上，遵循“由浅入深、知识超前、技能培训”的原则，突出针对性和实用性，并涵盖了电力行业最新的政策、标准、规程、规定及新设备、新技术、新知识、新工艺；在写作方式上，做到图文并茂、深入浅出，避免烦琐的理论推导和公式论证，便于理解。

本书根据供电企业主要岗位的需求，遵循理论联系实践，密切联系电力生产的实际，力求内容完整，通俗易懂，注重科学实用，并以安全为主线贯穿始终，具有针对性、实用性、先进性和科学性。在各章节的文字表达方面，力求层次清楚，简明易懂。

编者在撰写过程中，参阅了大量的文献资料，从中吸取了多年从事电气设备运行、维护、检修、试验的经验和成果。同时，在编写过程中也得到了李洪岩、曹雪燕等同志及电力同仁的鼎力相助，在此向参考文献中所示的所有作者和相助者表示衷心的感谢！

由于编者水平有限，加之时间所限，不妥之处在所难免，敬请广大读者批评和指教，编者将不胜感激！

作　者

2011 年 5 月

目　录

第一章 电力系统基本知识

电力系统是发电、输电及配电的所有装置和设备的组合。在同一时间，发电厂将发出的电能通过送变电线路，送到供配电所，经过变压器将电能送到用电单位，供给工农业生产和人民生活使用。因此掌握电力系统基本知识和电力生产特点，是对电工的基本要求。

第一节 电力系统和电力网的构成

发电厂将燃料的热能、水流的位能或功能以及核能、太阳能、生物质能等转换为电能，电能经过送电、变电和配电分配到各用电场所，通过各种设备再转换成为动力（机械能）、热、光等不同形式的能量，为国民经济、工农业生产和人民生活服务。由于目前电能不能大量储存，其生产、输送分配和消费都在同一时间内完成，因此，必须将各个环节有机地连成一个整体。这个由发电、送电、变电、配电和用电组成的整体称为电力系统。电力系统中的送电、变电、配电三个部分组成了电力网。动力系统与电力系统、电力网关系示意如图 1-1 所示，电力系统及电力网示意如图 1-2 所示。

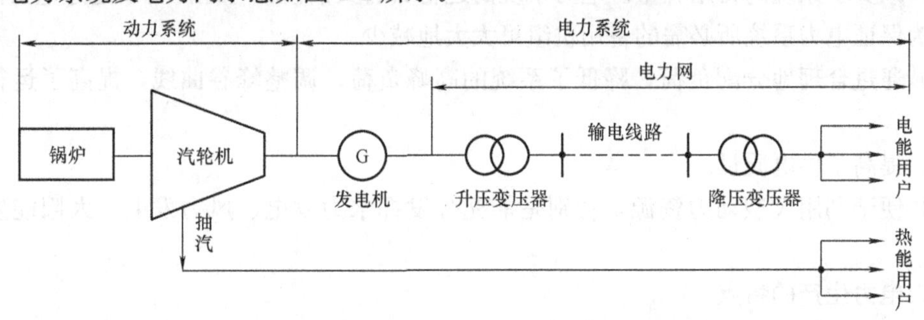

图 1-1 动力系统与电力系统、电力网关系示意图

电力网是输电、配电的各种装置和设备、变电站、电力线路或电缆的组合。电力网按其在电力系统中的作用不同，分为输电网和配电网。输电网是以高压甚至超（特）高电压将发电厂、变电站或变电站之间连接起来的送电网络，所以又称为电力网中的主网架。直接将电能送到用户的网络称为配电网。配电网由架空线路、电缆、杆塔、配电变压器、隔离开关、无功补偿器及一些附属设施等组成。配电网的电压因用户的需要而定，因此，配电网中又分

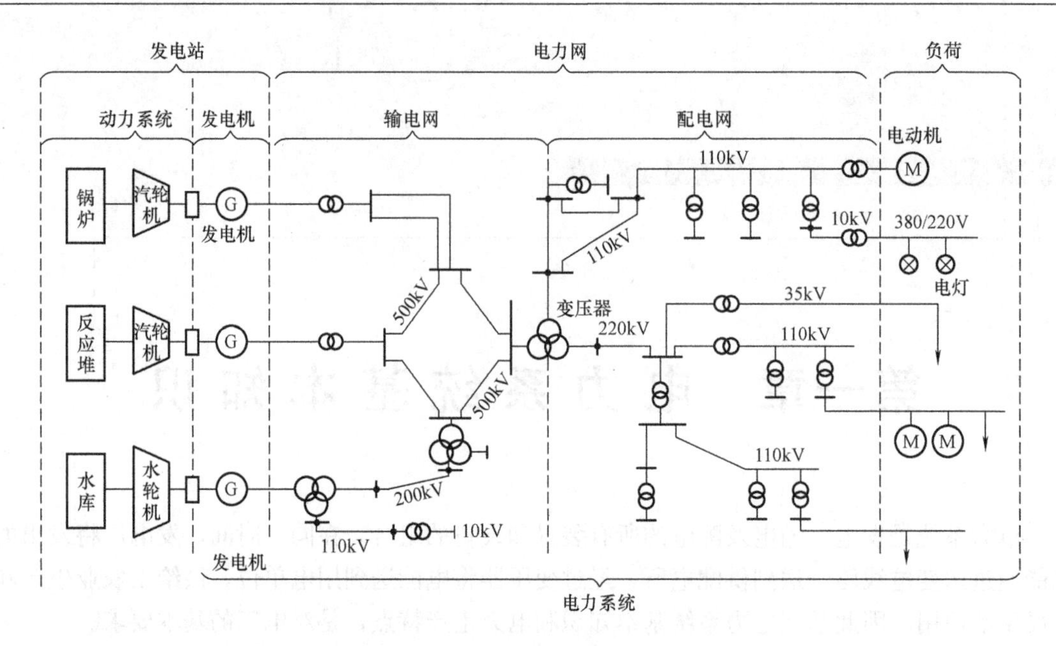

图 1-2　电力系统及电力网示意图

1—发电机；2—变压器；3—电灯；4—电动机；5～7—其他电力负荷

为高压配电网（1～330kV 的交流电压等级）和低压配电网（1kV 及以下的电压等级）。

一、大型电力系统的优点

大型电力系统主要在技术经济上具有下列优点：

（1）提高了供电可靠性。由于大型电力系统的构成，使得电力系统的稳定性提高，同时也提高了对用户供电的可靠程度，特别是构成了环网、双环网，对重要用户的供电就有了保证。当系统中某局部设备故障或某部分线路需要检修时，可以通过变更电力网的运行方式，对用户连续供电，减少了由于停电造成的损失。

（2）减少了系统的备用容量。电力系统的运行具有灵活性，各地区可以通过电力网互相支持，为保证电力系统所必需的备用机组可大大地减少。

（3）通过合理地分配负荷，降低了系统的高峰负荷，调整峰谷曲线，提高了运行的经济性。

（4）提高了供电质量。

（5）便于利用大型动力资源，特别是能充分发挥水力发电、风力发电、太阳能发电的作用。

二、电力生产的特点

1. 同时性

电能的生产、输送、分配以及转换为其他形态能量的过程，是同时进行的。电能不能大量存储。电力系统中瞬间生产的电力，必须等于同一瞬间取用的电力。

电力生产具有发电、供电、用电在同一时间内完成的特点，决定了发电、供电、用电必须时刻保持平衡，发电、供电随用电的瞬时增减而增减。由于具有这个特点，电力系统必须时刻考虑到用户的需要，不仅要做好发电工作，而且要做好供电和用电工作。这是国民经济的需要、用户的需要，还是做好发电工作的需要。

2. 集中性

电力生产是高度集中、统一的。在一个电网里所有发电厂和供电公司都必须接受电力网的统一调度，并依据统一质量标准、统一管理办法，在电力技术业务上受电网的统一指挥和领导，电网设备的启动、检修、停运，发电量和电力的增减，都由电网来决定。

3. 适用性

电能具有使用最方便，适用性最广泛的特点。发电厂、电网经一次投资建成后，就随时可以运行，电能不受或很少受时间、地点、空间、气温、风雨、场地的限制，与其他能源相比是最清洁、无污染、对人类环境无害的能源。

4. 先行性

电力先行是由一系列因素决定的：

（1）工农业方面生产的提高，主要依靠劳动生产率的提高，并不断提高机械化和电气化的水平。

（2）许多新的、规模大的、耗电多的工业部门出现，如电气冶炼、电化学等。

（3）随着新技术推广，农业、交通运输业等将广泛应用电能，使电能需求量大大增加。

因此，装机容量、电网容量、发电量增长速度应大于工业总产值的增长。

第二节　电　力　负　荷

电力负荷是指用电设备或用电单位所消耗的功率（kW）、容量（kVA）或电流（A）。

一、电力网负荷组成

电力网负荷由用电负荷、线路损失负荷和供电负荷组成。

1. 用电负荷

用电负荷是用户在某一时刻对电力系统所需求的功率。

2. 线路损失负荷

电能从发电厂到用户的输送过程中，不可避免地会发生功率和能量的损失，与这种损失所对应的发电功率，叫作线路损失负荷，也称为线损。

3. 供电负荷

用电负荷加上同一时刻的线路损失负荷，是发电厂对外供电时所承担的全部负荷，称为供电负荷。

二、负荷分类

1. 按发生时间进行分类

按发生时间不同，负荷可分为以下几类：

（1）高峰负荷。高峰是指电网或用户在单位时间内所发生的最大负荷值。为了便于分析，常以小时用电量作为负荷。高峰负荷又分为日高峰负荷和晚高峰负荷，将分析某单位的负荷率时，选一天 24h 中最高的 1h 的平均负荷作为高峰负荷。

（2）低谷负荷。低谷负荷是指电网中或某用户在一天 24h 内，发生的用电量最低 1h 的电量，为了合理使用电能应尽量减少发生低谷负荷的时间，对于电力系统来说，峰、谷负荷差越小，用电则越趋近于合理。

(3) 平均负荷。平均负荷是指电网中或某用户在某一段确定的时间阶段内平均小时用电量。为了分析负荷率，常用日平均负荷，即一天的用电量除以一天的用电小时，为了安排用电量，往往也用月平均负荷和年平均负荷。

2. 按突然中断供电引起的影响进行分类

由于受到突然中断供电所引起的影响，用电负荷可分为以下几类：

(1) 一类负荷。也称一级负荷，是指突然中断供电将会造成人身伤亡或会引起对周围环境严重污染，造成经济上的巨大损失，如重要的大型设备损坏，重要产品或用重要原料生产的产品大量报废，连续生产过程被打乱，且需很长时间才能恢复生产；以及突然中断供电将会造成社会秩序严重混乱或产生政治上的严重影响的，如重要的交通与通信枢纽、国际社交场所等用电负荷。

(2) 二类负荷。也称二级负荷，是指突然中断供电会造成较大的经济损失，如生产的主要设备损坏，产品大量报废或减产，连续生产过程需较长时间才能恢复；突然中断供电将会造成社会秩序混乱或在政治上产生较大影响，如交通与通信枢纽、城市主要水源、广播电视、商贸中心等的用电负荷。

(3) 三类负荷。也称三级负荷，是指不属于上述一类和二类负荷的其他负荷，对这类负荷，突然中断供电所造成的损失不大或不会造成直接损失。

对于一级负荷的用电设备，应按有两个以上的独立电源供电，并辅之以其他必要的非电力电源的保安措施。

三、负荷曲线

负荷曲线是反映负荷随时间变化规律的曲线。它以横坐标表示时间，以纵坐标表示负荷值。电力负荷曲线表示在某一段时间内该地区电力、电量的使用情况，是安排发电计划、检修计划、基建计划和做好电力规划工作的重要参考依据。曲线所包含的面积代表这一时间内的用电量。图 1-3 是电力系统的典型日有功负荷曲线。

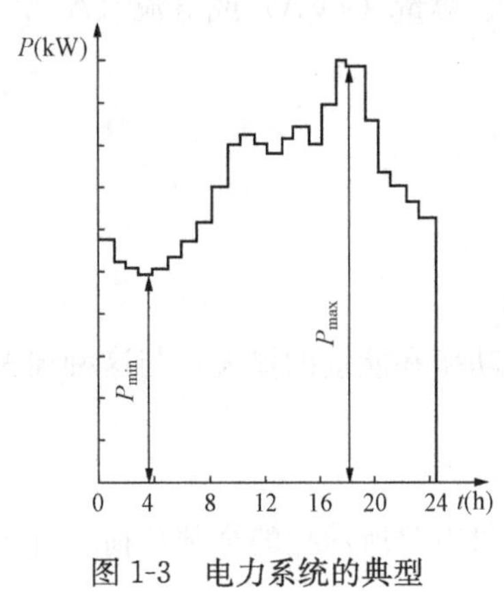

图 1-3　电力系统的典型日有功负荷曲线

图 1-3 中，P_{max}为日最大负荷，俗称“峰”；P_{min}为日最小负荷，俗称“谷”。很显然峰谷差越大，用电就越不合理，造成用电高峰时缺电，用电低谷时要关停发电机。所以要“削峰填谷”，在用电量不变的情况下，调整负荷，做到合理用电。

第三节　变　电　站

变电站是连接电力系统的中间环节，用以汇集电源、升降电压和分配电力，通常由高低压配电装置、主变压器、主控制室和相应的设施以及辅助生产建筑物等组成。根据其在系统中的位置、性质、作用及控制方式等，可分为升压变电站、降压变电站、枢纽变电站、地区变电站、终端变电站、有人值班变电站和无人值班变电站。

一、变电站主接线

变电站主接线是电气部分的主体，由其把发电机、变压器、断路器等各种电气设备通过母线、导线连接起来，并配置避雷器、互感器、测量电器构成变电站汇集和分配电能的一个系统。根据变电站在电力系统中的地位、负荷性质、进出线数、设备特点、周围环境及规划容量等条件，综合考虑供电可靠、运行灵活、操作方便、投资节约和便于过渡等要求。

1. 电气主接线的基本要求

（1）保证必要的供电可靠性和电能质量。

（2）具有一定的灵活性和方便性。

（3）具有经济性。

（4）具有发展和扩建的可能性。

2. 主接线形式

图 1-4 是变压器容量为 500kVA 及以下变电站主接线。高压侧 10kV 的电源通过架空导线或电缆引入，经过负荷开关和高压熔断器接到变压器的高压侧，通过变压器将 10kV 电压降为 380/220V，又通过低压断路器接至低压电力负荷。

二、变电站一次电气设备

1. 主变压器

在降压变电站内，变压器是将高电压改变为低电压的电气设备。以 10kV 变电站为例，主变压器将 10kV 的电压变为 380/220V，供给 380/220V 的负荷。

2. 高压断路器

高压断路器是作为保护变压器和高压线路的保护电器，它具有开断正常负荷和过负荷、短路故障的保护能力。

3. 隔离开关

隔离开关是隔离电源用的电器。

4. 电压互感器

将系统的高电压转变为低电压，供保护和计量用。

5. 电流互感器

将高压系统中的电流或低压系统中的大电流转变为标准的小电流，供保护计量用。

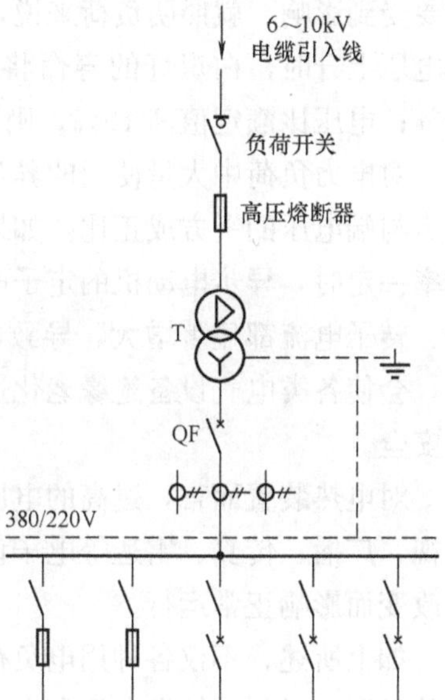

图 1-4　500kVA 及以下变电站主接线

6. 熔断器

当电路发生短路或过负荷时，熔断器能自动切断故障电路，从而使电气设备得到保护。

7. 负荷开关

用来不频繁地接通和分断小容量的配电线路和负荷，起到隔离电源的作用。

第四节　供　电　质　量

供电质量指电能质量与供电可靠性。电能质量包括电压、频率和波形的质量。供电可靠性是以供电企业对用户停电的时间次数来衡量的。

一、电能质量

电能质量是指供应到用电单位受电端电能品质的优劣程度。电能质量主要包括电压质量与频率质量两部分。电压质量又分为电压允许偏差、电压允许波动与闪变、公用电网谐波、三相电压允许不平衡度。频率质量含供电频率允许偏差等。

1. 电压允许偏差

在某一段时间内，电压幅值缓慢变化而偏离额定值的程度，以电压实际值U和电压额定值U_N之差ΔU与电压额定值U_N之比的百分数$\Delta U\%$来表示，即

$$\Delta U\% = \frac{U - U_N}{U_N} \times 100\% \tag{1-1}$$

式中 U——检测点上电压实际值，V；

U_N——检测点额定电压，V。

电压质量对各类电气设备（包括用电设备）的安全、经济运行有直接的影响。因为电气设备是按在额定电压条件下运行设计制造的，当其端电压偏离额定电压时，电气设备的性能就要受到影响。就照明负荷来说，当电压降低时，白炽灯的发光效率和光通量都急剧下降；当电压上升时，白炽灯的寿命将大为缩短。例如，电压比额定值低10%，则光通量减少30%；电压比额定值高10%，则寿命缩减一半。

对电力负荷中大量使用的异步电动机（包括厂用电动机）而言，因为异步电动机的最大转矩与端电压的平方成正比，如果电压降低过多，电动机可能停转，或不能起动。且当输出功率一定时，异步电动机的定子电流、功率因数和效率随电压而变化。当端电压降低时，定子、转子电流都显著增大，导致电动机的温度上升，甚至烧坏电动机。反之，当电压过高时，会使各类电气设备绝缘老化过程加快，设备寿命缩短等。过电压情况下甚至危及设备运行安全。

对电热装置而言，过高的电压将损伤设备，过低的电压则达不到所需要的温度。此外，电视、广播、传真、雷达等电子设备对电压质量的要求更高，电压过高或过低都将使特性严重改变而影响正常运行。

如上所述，不仅各种用电负荷的工作情况均与电压的变化有着极其密切的关系。而且电压的过高、过低也给发电厂和电力系统本身造成很大的威胁。故在运行中必须规定电压的允许偏移范围，也就是电压的质量标准。一般用电设备的电压偏移保持在此规定范围内，不会对工作有任何影响。

GB 12325—2008《电能质量　供电电压偏差》规定供电企业供到用户受电端的供电电压允许偏差值如下：

(1) 35kV及以上供电电压允许偏差为额定电压的±10%。

(2) 10kV及以下三相供电电压允许偏差为额定电压的±7%。

(3) 220V单相供电电压允许偏差为额定电压的+7%、−10%。

对电压有特殊要求的用户，供电电压允许偏差由供用电协议确定。

2. 电压允许波动与闪变

(1) 电压允许波动。在某一个时段内，电压急剧变化而偏离额定值的现象，称为电压波

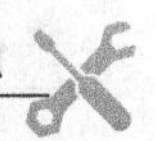

动。电压变化的速率大于1%的，即为电压急剧变化。电压波动程度以电压在急剧变化过程中相继出现的电压最大值U_{max}和电压最小值U_{min}之差与额定电压U_N之比的百分数$\Delta U\%$来表示，即

$$\Delta U\% = \frac{U_{max}-U_{min}}{U_N}\times 100\% \tag{1-2}$$

式中　U_{max}、U_{min}——某一时段内电压波动的最大值与最小值，V。

电压波动是由于负荷急剧变动的冲击性负荷所引起的。负荷急剧变动，使电网的电压损耗相应变动，从而使用户公共供电点的电压出现波动现象。例如，电动机的起动、电焊机的工作，特别是大型电弧炉和大型轧钢机等冲击性负荷的工作，均会引起电网电压的波动，电压波动可影响电动机的正常起动，甚至使电动机无法起动；对同步电动机还可引起其转子振动；可使电子设备、计算机和自控设备无法正常工作；还可使照明灯发生明显的闪烁，严重影响视觉，使人无法正常生产、工作和学习。

我国国家标准对电压波动允许值规定为：①220kV及以上为1.6%；② 35～110kV为2%；③ 10kV及以下为2.5%。

(2) 电压闪变。周期性电压急剧波动引起灯光闪烁，光通量急剧波动，而造成人眼视觉不舒适的现象，称为闪变。

3. 公用电网谐波

电网谐波的产生，主要在于电力系统中存在各种非线性元件。因此，即使电力系统中电源的电压为正弦波，但由于非线性元件存在，结果在电网中总有谐波电流或电压存在。产生谐波的元件很多，如气体性电灯（荧光灯和高压汞灯等）、异步电动机、电焊机、变压器和感应电炉等，都要产生谐波电流或电压。最为严重的最大型的晶闸管变流设备和大型电弧炉，它们产生的谐波电流最突出，是造成电网谐波的主要因素。

谐波对电气设备的危害很大，可使变压器的铁芯损耗明显增加，从而使变压器出现过热，不仅增加能耗，而且会加速绝缘介质老化，缩短使用寿命。谐波还能使变压器噪声增大。谐波电流通过交流电动机，不仅会使电动机转子发生振动现象，严重影响机械加工的产品质量。谐波电压加在电容器两端时，由于电容器对谐波的阻抗很小，电容器很容易发生过电流发热导致绝缘击穿甚至烧毁。此外，谐波电流可使电力线路的电能损耗和电压损耗增加，使计量电能的感应式电能表计量不准确；可使电力系统发生电压谐振，从而在线路上引起过电压，有可能击穿线路的绝缘；还可能造成系统的继电保护和自动装置发生误动作或拒动作；使计算机失控，电子设备误触发，电子元件测试无法进行；并可对附近的通信设备和通信线路产生信号干扰；在理想状态下，供电电压波形应是正弦波，但由于电力系统中存在有大量非线性阻抗特性的用电设备，即存在大量的谐波源，使得实际的电压波形偏离正弦波，这种电压正弦波形畸变现象通常用谐波来表示。

4. 供电频率允许偏差

电网中发电机发出的正弦交流电压每秒交变的次数，称为频率（或供电频率）。

供电频率允许偏差是以实际频率f和额定频率f_N之差Δf与额定频率f_N之比的百分数$\Delta f\%$，即

$$\Delta f\% = \frac{f-f_N}{f_N}\times 100\% \tag{1-3}$$

电力系统频率偏离额定值（我国技术标准规定为50Hz）过大将严重影响电力用户的正常工作，对电动机而言，频率降低将使其转速降低，导致电动机功率降低，从而影响所带转动机械的出力，并影响电动机的寿命；反之，频率增高将使电动机的转速上升，增加功率消耗，特别是某些对转速要求较严格的工业部门（如纺织、造纸等），频率的偏差将影响产品质量，甚至产生废品。另外，频率偏差对发电机本身会造成更为严重的影响。例如，对锅炉的给水泵和风机之类的离心式机械，当频率降低时，其输出功率急剧下降，从而迫使锅炉的输出功率大大减小，甚至紧急停炉，这样就势必进一步减少系统电源的输出功率，导致系统频率进一步下降。还有在低频情况下运行时，容易引起汽轮机叶片的振动，缩短汽轮机叶片的寿命，严重时会使叶片断裂。此外，系统频率的变化还影响到电子钟的正确使用以及计算机、自动控制装置等电子设备的准确工作等。因此，频率的过高过低不仅给用户造成危害，而且对发电厂、电力系统本身也可能造成严重不良后果。所以，我国规定对频率变化的允许偏差范围，在300W以上的系统中，不超过额定值的±0.1Hz。在并联运行的同一电力系统中，不论装机容量的大小、范围的广阔，任一瞬间的频率在全系统都是一致的。

二、供电可靠性

供电可靠性是指供电企业某一统计期内对用户停电的时间和次数，可以直接反映供电企业持续向用电单位的供电能力。不同性质的用电负荷对供电可靠性的要求是不一样的，属于一类（级）负荷的用电设备，对供电可靠性要求较高；属于可间断供电的负荷，对供电可靠性要求较低。

供电可靠性一般利用年供电可靠率进行考核。供电可靠率是指在一年内，对用户有效供电时间总小时数和统计期间停电影响用户小时数之差与统计期间用户有效供电时间总小时数比值的百分数，记作RS。即

$$RS=\frac{8760N-\sum t_1 n_1}{8760N}\times 100\% \tag{1-4}$$

式中　RS——年平均供电可用率，%；

N——统计用户总数；

t_1——年每次停电时间，h；

n_1——年每次停电影响用户数。

由式（1-4）可以看出，要提高供电可靠性，就要尽量缩短用户平均停电时间。停电时间包括事故停电、计划检修停电及临时性停电时间。其中，影响停电时间t_1及停电影响用户数n_1的因素有：

(1) 线路长短，所带负荷户数的多少，可使n_1增大或减少。

(2) 供电部门及时抢修和恢复供电运行工作水平，可直接影响t_1值。

(3) 统一安排检修和带电作业，可以减少t_1和n_1值。

(4) 供电设备故障率及检修周期要求等。

第五节　电力系统短路

电力系统正常运行时，各相之间是绝缘的。电力系统中相与相之间或相与地之间（对中

性点直接接地系统而言）通过金属导体、电弧或其他较小阻抗连接而形成的非正常状态称为短路。电力系统在运行中，相与相之间或相与地（或中性线）之间发生短路时流过的电流，其值可远远大于额定电流，并取决于短路点距电源的电气距离。例如，在发电机出口端发生短路时，流过发电机的短路电流最大瞬时值可达额定电流的10～15倍。大容量电力系统中，短路电流可达数万安培。这会对电力系统的正常运行造成严重影响和后果。

一、短路的类型

三相系统中发生的短路类型有三相短路、两相短路、单相接地短路和两相接地短路等。其中，三相短路时，三相回路依旧对称，因而又称对称短路外，其余三类均属不对称短路。在中性点接地的电力系统中，以单相接地的短路故障最多，约占全部故障的90%。在中性点非直接接地的电力系统中，短路故障主要是各种相间短路。

造成短路的常见原因有：

（1）设备长期运行，绝缘自然老化。

（2）设备本身设计、安装和运行维护不良。

（3）绝缘材料陈旧。

（4）因绝缘强度不够而被工作电压击穿。

（5）设备绝缘正常而被过电压（包括雷电过电压）击穿。

（6）设备绝缘受到外力损伤。

（7）工作人员由于未遵守安全操作规程而发生误操作。

（8）误将低电压设备接入较高电压的电路中。

（9）电力线路发生断线和倒杆事故。

（10）鸟兽跨越在裸露的相线之间或相线与接地物体之间，或者咬坏设备导线的绝缘等。各种短路情况如图1-5所示。

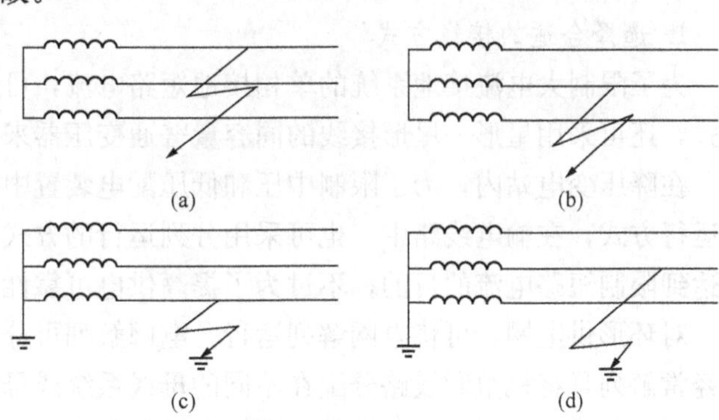

图1-5　短路故障示意图

(a) 三相短路；(b) 两相短路；(c) 单相接地短路；(d) 两相接地短路

二、短路的危害

发生短路时，电力系统从正常的稳定状态过渡到短路的稳定状态，一般需要3～5s。在这一暂态过程中，短路电流的变化很复杂。它有多种分量，需采用计算机计算。在短路后约半个周波（0.01s）时将出现短路电流的最大瞬时值，称为冲击电流。它会产生很大的电动力，其大小可用来校验电气设备在发生短路时的动稳定性。短路电流的分析、计算是电力系统分析的重要内容之一，它为电力系统的规划设计和选择电气设备、整定继电保护、分析事故提供了有效手段。

电力系统发生三相短路时，由于短路回路阻抗很小，所以短路电流很大，可以达到几万安培甚至几十万安培。短路电流由电源流到短路点，巨大的短路电流会对电力系统和电气设备安全运行产生严重的影响。

短路电流危害主要有以下几个方面：

(1) 短路电流通过导体时，使导体大量发热，温度急剧升高，从而破坏设备绝缘；同时，通过短路电流的导体会受到很大的电动力作用，可能使导体变形甚至损坏。

(2) 短路点的电弧可能烧毁电气设备的载流部分。

(3) 短路电流通过线路，要产生很大的电压降，使系统的电压水平骤降，引起电动机转速突然下降，甚至损坏，严重影响电气设备的正常运行。

(4) 短路可造成停电，而且越靠近电源，停电范围越大，给国民经济造成的损失也越大。

(5) 严重的短路故障若发生在靠近电源的地方，且维持时间较长，可使并联运行的发电机组失去同步，严重的可能造成系统解列。

(6) 不对称的接地短路，其不平衡电流将产生较强的不平衡磁场，对附近的通信线路、电子设备及其他弱电控制系统产生干扰信号，使通信失真、控制失灵、设备产生误动作。

由此可见，短路的后果是十分严重的，所以必须设法消除可能引起短路的一切因素，使系统安全可靠地运行。在供电系统的设计和运行中，需要进行短路电流计算，这是因为：

(1) 选择电气设备载流导体时，需用短路电流校验其动稳定性和热稳定性，以保证在发生可能的最大短路电流时不至于损坏。

(2) 选择和整定用于短路保护的继电保护装置时，需应用短路电流参数。

(3) 选择用于限制短路电流的设备时，也需进行短路电流计算。

三、限制短路电流方法

目前在电力系统中，限制短路电流常用的方法有选择合适的接线方式、采用分裂绕组变压器和分段电抗器、采用线路电抗器、采用微机保护及综合自动化装置等。

1. 选择合适的接线方式

为了限制大电流接地系统的单相接地短路电流，可采用部分变压器中性点不接地的运行方式，还可采用星形—星形接线的同容量普通变压器来代替系统枢纽点的联络自耦变压器。

在降压变电站内，为了限制中压和低压配电装置中的短路电流，可采用变压器低压侧分列运行方式；在输电线路中，也可采用分列运行的方式。在这两种情况下，由于阻抗大，可以达到限制短路电流的目的，不过为了提高供电可靠性，应该加装备用电源自动投入装置。

对环形供电网，可将电网解列运行。电网解列可分为经常解列和事故自动解列两种。电网经常解列是将机组和线路分配在不同的母线系统或母线分段上，并将母线联络断路器或母线分段断路器断开运行，这样可显著减小短路电流。电网事故自动解列，是指在正常情况下发电厂的母线联络断路器或分段断路器闭合运行，当发生短路时由自动装置将母线（或分段）断路器断开，从而达到限制短路电流的目的。

2. 采用分裂绕组变压器和分段电抗器

在大容量发电厂中为限制短路电流可采用低压侧带分裂绕组的变压器，在水电厂扩大单元机组上也可采用分裂绕组变压器。为了限制 6～10kV 配电装置中的短路电流，可以在母线上装设分段电抗器。分段电抗器只能限制发电机回路、变压器回路、母线上发生短路时的短路电流，当在配电网络中发生短路时，则主要由线路电抗器来限制短路电流。

3. 采用线路电抗器

线路电抗器主要用于发电厂向电缆电网供电的 6～10kV 配电装置中，其作用是限制短

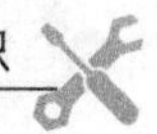

路电流，使电缆网络在短路情况下免于过热，减少所需要的开断容量。

4. 采用微机保护及综合自动化装置

一般发生短路故障后约几十毫秒出现最大短路冲击电流，采用微机保护一般仅需几十毫秒就能发出跳闸指令，使导体和设备避免承受最大短路电流的冲击，从而达到限制短路电流的目的。

第六节 电力系统接地

配电变压器或低压发电机中性点通过接地装置与大地相连，称为工作接地。工作接地分为直接接地与非直接接地（包括不接地或经消弧线圈接地）两类。工作接地的接地电阻不应超过 4Ω。

一、系统接地的形式

1. 接地保护系统的形式文字代号

第一个字母表示电力系统的对地关系：

T——直接接地；

L——所有带电部分与地绝缘，或一点经阻抗接地。

第二个字母表示装置的外露可接近导体的对地关系：

T——外露可接近导体对地直接作电气连接，此接地点与电力系统的接地点无直接关联；

N——外露可接近导体通过保护线与电力系统的接地点直接作电气连接。

如果后面还有字母时，这些字母表示中性线与保护线的组合。

S——中性线和保护线是分开的；

C——中性线和保护线是合一的。

2. 电力系统中性点接地方式

（1）中性点直接接地。指电力系统中至少有一个中性点直接或经小阻抗与接地装置相连接。这种接地方式是通过系统中全部或部分变压器中性点直接接地来实现的。其作用是使中性点经常保持零电位。当系统发生一相接地故障时，能限制非故障相对地电压的升高，从而可保证单相用电设备的安全。但中性点直接接地后，一相接地故障电流较大，一般可使剩余电流保护或过电流保护动作，切断电源，造成停电；发生人身一相对地电击时，危险性也较大。所以中性点直接接地方式不适用于对连续供电要求较高及人身安全、环境安全要求较高的场合。

（2）中性点非直接接地（不直接接地或经消弧线圈接地）。指电力系统中性点不接地或经消弧线圈、电压互感器、高电阻与接地装置相连接。中性点不接地可以减小人身电击时流经人体的电流，降低剩余电流设备外壳对地电压。一相接地故障电流也很小，且接地时三相线电压大小不变，故一般不需停电，三相负荷在一相接地时，一般允许 2h 内可继续用电。发生接地故障时接地相对地电压下降，而非故障的另两相对地电压升高，最高可达$\sqrt{3}$倍。为此要求用电设备的绝缘水平应按线电压考虑，从而提高了设备造价。不接地系统中若电力电缆等容性设备较多，电容电流较大，则发生一相接地时，接地点可能出现电弧，造成过电压。当一相接地故障电流超过一定数值时，要求中性点经消弧线圈接地，以减少故障电流，加速灭弧。为防止内、外过电压损害低压电力网的绝缘，配电变压器中性点及各出线回路终端的相线，均应装设高压击穿保险器。为安全起见，中性点不接地系统不允许引出中性线供单相用电。

随着城市配电网中电缆线路的发展，在城市中配电网的接地方式应用情况为：

1）220、110kV 采用直接接地方式。

2）35kV 采用经消弧线圈接地。

3）10kV 采用经消弧线圈接地方式或经小电阻接地方式（以电缆线路为主的配电网）。

4）220/380V 采用直接接地方式。

二、低压系统接地形式

1. TN 系统接线

电力系统有一点直接接地，电气装置的外露可接近导体通过保护线与该接地点相连接。

TN 系统可分为 TN—S 系统、TN—C 系统和 TN—C—S 系统。

TN—S 系统：整个系统的中性线 N 与保护线 PE 是分开的，如图 1-6 所示。

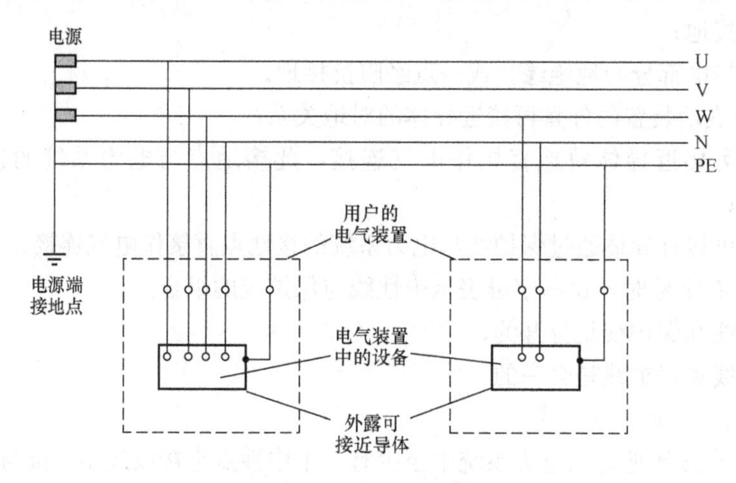

图 1-6　TN—S 系统

TN—C 系统：整个系统的中性线 N 与保护线 PE 是合一的，为 PEN 线，如图 1-7 所示。

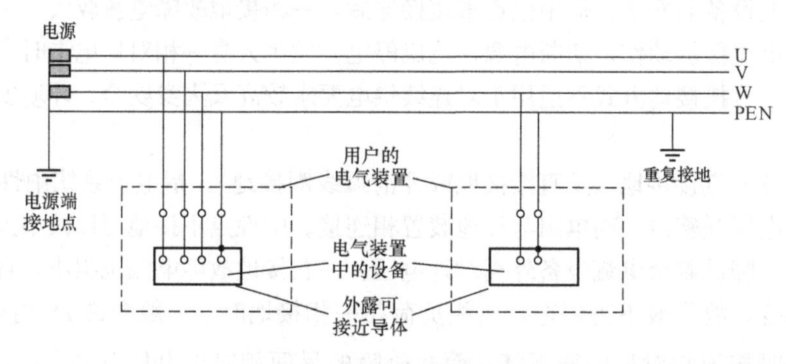

图 1-7　TN—C 系统

TN—C—S 系统：系统中有一部分线路的中性线 N 与保护线 PE 是合一的，如图 1-8 所示。

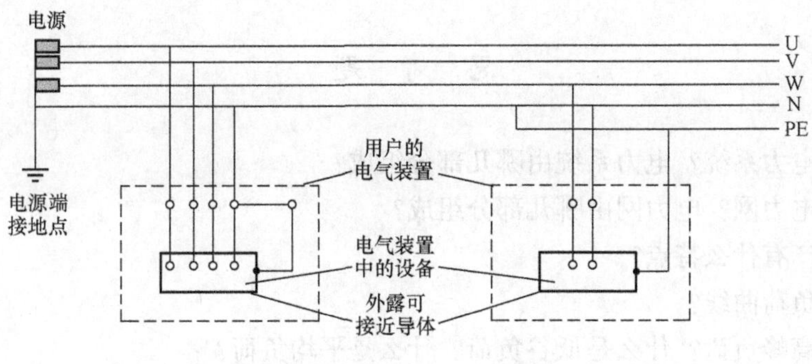

图 1-8 TN—C—S 系统

2. TT 系统

电力系统中有一点直接接地，电气设备的外露可接近导体通过保护接地线接至与电力系统接地点无关的接地极，如图 1-9 所示。

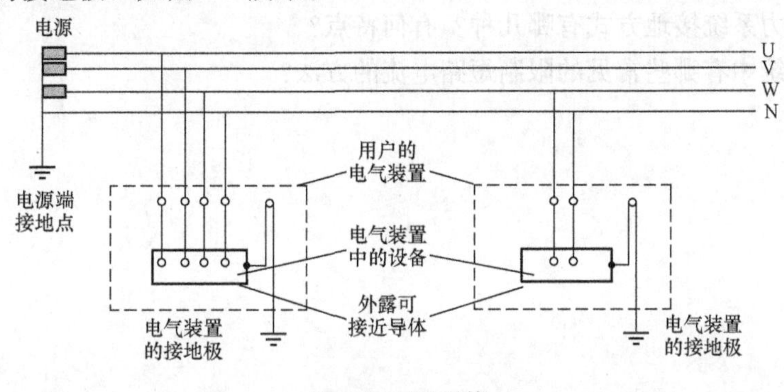

图 1-9 TT 系统

3. IT 系统

电力系统与大地间不直接接地，电气装置的外露可接近导体，通过保护接地线与接地极连接，如图 1-10 所示。

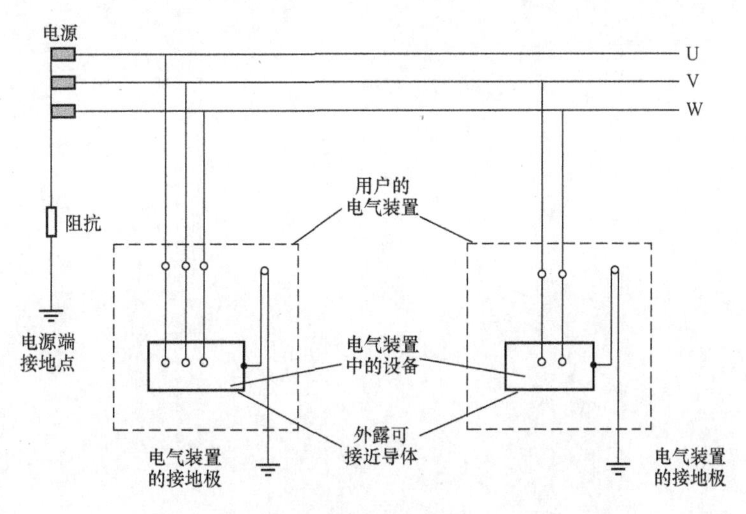

图 1-10 IT 系统

思 考 题

1. 什么是电力系统？电力系统由哪几部分组成？
2. 什么是电力网？电力网由哪几部分组成？
3. 电力生产有什么特点？
4. 什么叫负荷曲线？
5. 什么是高峰负荷？什么是低谷负荷？什么是平均负荷？
6. 根据突然中断供电所引起的影响，用电负荷分为哪几类？
7. 各级供电电压偏差允许值为多少？
8. 供电可靠性的含义是什么？
9. 电能质量包括哪些内容？
10. 我国电力系统接地方式有哪几种？有何特点？
11. 电力系统中有哪些常见的限制短路电流的方法？

第二章 高压断路器

第一节 高压断路器作用和分类

一、高压断路器的作用

断路器用于正常运行时接通或断开电路，故障情况在继电保护装置的作用下迅速断开电路，特殊情况下（如自动重合到故障线路上时）可靠地接通短路电流。高压断路器是在正常或故障情况下接通或断开高压电路的专用电器。高压断路器在高压电路中起控制作用，是高压电路中的重要电器元件之一。

断路器的工作状态（断开或闭合）是由它的操动机构控制的。

二、高压断路器的分类

高压断路器的种类繁杂，按断路器的安装地点分可分为户内式和户外式两种；按断路器灭弧原理或灭弧介质可分为油断路器、真空断路器、六氟化硫（SF_6）断路器等。

1. 油断路器

采用绝缘油作为灭弧介质的断路器，称为油断路器。它又可分为多油断路器和少油断路器。

多油断路器中的绝缘油除作灭弧介质使用外，还作为触头断开后触头之间的主绝缘以及带电部分与接地外壳之间的主绝缘使用，多油断路器具有用油量多、金属耗材量大、易发生火灾或爆炸、体积较大、加工工艺要求不高、耐用、价格较低等特点。目前在电力系统中除 35kV 等个别型号的户外式多油断路器仍有使用外，其余多油断路器已停止生产和使用。

少油断路器中的绝缘油主要作为灭弧介质使用，而带电部分与地之间的绝缘主要采用绝缘子或其他有机绝缘材料。这类断路器因用油量少，故称为少油断路器。少油断路器具有耗材少、价格低等优点，但需要定期检修，有引起火灾与爆炸的危险。少油断路器目前虽有使用，但已逐渐被真空断路器和 SF_6 断路器等替代。

2. 真空断路器

真空断路器是利用“真空”作绝缘介质和灭弧介质的断路器。这里所谓的“真空”可以理解为气体压力远远低于一个大气压的稀薄气体空间，空间内气体分子极为稀少。真空断路器是将其动、静触头安装在“真空”的密封容器（又称真空灭弧室）内而制成的一种断路器。

3. 六氟化硫（SF_6）断路器

六氟化硫（SF_6）断路器是采用具有优质绝缘性能和灭弧性能的 SF_6 气体作为灭弧介质的断路器。SF_6 断路器具有灭弧性能强、不自燃、体积小等优点。

三、高压断路器主要参数

1. 额定电压

额定电压是指高压断路器正常工作时所能承受的电压等级，它决定了断路器的绝缘水平。额定电压（U_N）是指其线电压。常用的断路器的额定电压等级为 3、10、20、35、60、110kV 等。为了适应断路器在不同安装地点耐压的需要，国家相关标准中规定了断路器可承受的最高工作电压分别为 3.6、12、24、40.5、72.5、126kV 等。

2. 额定电流

额定电流是在规定的环境温度下，断路器长期允许通过的最大工作电流（有效值）。断路器规定的环境温度为 40℃。常用断路器的额定电流为 200、400、630、1000、1250、1600、2000、3150A 等。

3. 额定开断电流

额定开断电流是指在额定电压下断路器能够可靠开断的最大短路电流值，它是表明断路器灭弧能力的技术参数。

4. 关合电流

在断路器合闸前，如果线路上存在短路故障，则在断路器合闸时将有短路电流通过触头，并会产生巨大的电动力与热量，因此可能造成触头的机械损伤或熔焊。

关合电流是指保证断路器能可靠关合而又不会发生触头熔焊或其他损伤时，断路器所允许接通的最大短路电流。

四、断路器的型号及含义

断路器的型号及含义如图 2-1 所示。

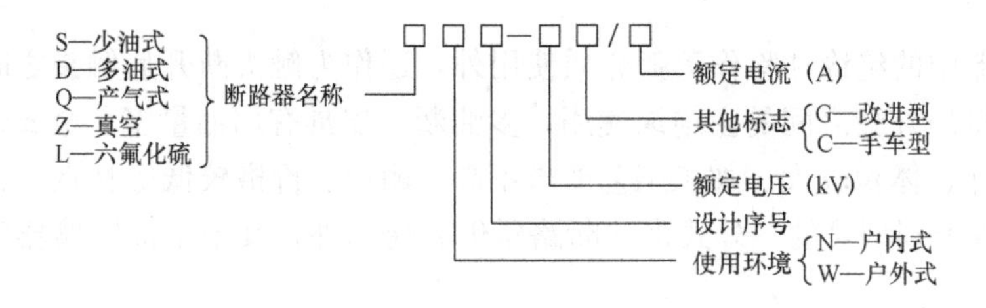

图 2-1　断路器的型号及含义

例如：ZN4—10/600 型断路器，表示该断路器为室内式真空断路器，设计序号为 4，额定电压为 10kV，额定电流为 600A。

第二节　真空断路器

真空断路器虽价格较高，但具有体积小、质量轻、噪声小、无可燃物、维护工作量少等

突出的优点，它将逐步成为发电厂、变电站和高压用户变电站 3～10kV 电压等级中广泛使用的断路器。

1. 真空灭弧室

真空断路器的关键元件是真空灭弧室。真空断路器的动、静触点安装在真空灭弧室内，其结构如图 2-2 所示。

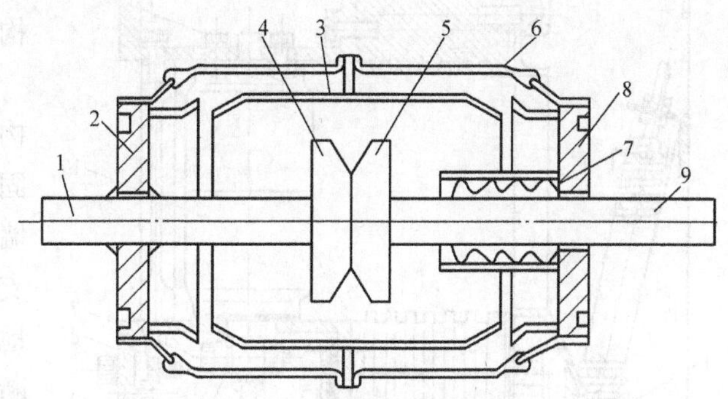

图 2-2 真空灭弧室结构

1—静导电杆；2—上端盖；3—屏蔽罩；4—静触点；5—动触点；6—绝缘外壳；7—密封波纹管；8—下端盖；9—动触点杆

真空灭弧室的结构像一个大的真空管，它是一个真空的密闭容器。真空灭弧室的绝缘外壳主要用玻璃或陶瓷材料制作。玻璃材料制成的真空灭弧室的外壳容易加工，具有一定的机械强度，且具有易于与金属封接、透明性好等优点。它的缺点是承受冲击的机械强度差。陶瓷真空灭弧室瓷外壳材料多用高氧化铝陶瓷，它的机械强度远大于玻璃，但与金属密封端盖的装配焊接工艺较复杂。

密封波纹管 7 是真空灭弧室的重要部件，它的一端与动触点杆 9 焊接，因此要求它既要保证动触点能做直线运动（10kV 真空断路器动静触点之间的断开距离一般为 10～15mm），同时又不能破坏灭弧室的真空管。因此，波纹管通常采用 0.12～0.14mm 的铬—镍—钛不锈钢材料经液压或机械滚压焊接成形，以保证其密封性。真空断路器在每次跳合闸时，波纹管都会有一次伸缩变形，是易损坏的部件，它的寿命通常决定了断路器的机械寿命。

触点材料对真空断路器的灭弧性能影响很大，通常要求它具有导电性好、耐弧性好、含气量低、导热好、机械强度高和加工方便等特点。常用触点材料是铜铬合金、铜合金等。

静导电杆 1 焊接在上端盖 2 上，上端盖与绝缘外壳 6 之间密封。动触点杆与波纹管一端焊接，波纹管另一端与下端盖焊接，下端盖与绝缘外壳封闭，以保证真空灭弧室的密封性。断路器动触点杆在波纹管允许的压缩变形范围内运动，而不破坏灭弧室真空。

屏蔽罩 3 是包围在触点周围用金属材料制成的圆筒，它的主要作用是吸附电弧燃烧时释放出的金属蒸气，提高弧隙的击穿电压，并防止弧隙的金属喷溅到绝缘外壳内壁上，降低外壳的绝缘强度。

真空灭弧室中的触点断开过程中，依靠触点产生的金属蒸气使触点间产生电弧。当电流接近零值时，电弧熄灭。一般情况下，电弧熄灭后，弧隙中残存的带电质点继续向外扩散，在电流过零值后很短时间（约几微秒）内弧隙便没有多少金属蒸气，立刻恢复到原有的“真空”状态，使触点之间的介质击穿电压迅速恢复，达到触点间介质击穿电压大于触点间恢复电压条件，使电弧彻底熄灭。

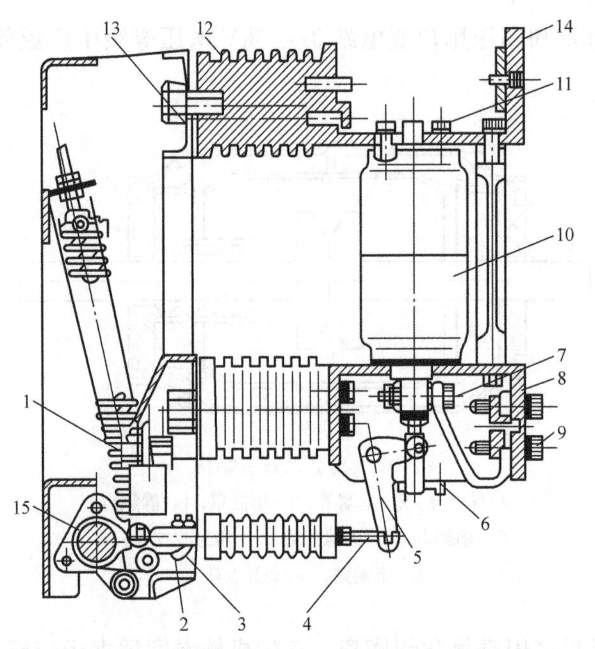

图 2-3　ZN28—10 系列真空断路器一相结构

1—跳闸弹簧；2—框架；3—触点弹簧；4—绝缘拉杆；5—拐臂；6—导向板；7—导电夹坚固螺栓；8—动触点支架；9—螺栓；10—真空灭弧室；11—坚固螺栓；12—支持绝缘子；13—固定螺栓；14—静触点支架；15—主轴

2. ZN28—10 系列真空断路器

ZN28—10 系列真空断路器一相结构如图 2-3 所示。

ZN28—10 系列断路器为分相结构，真空灭弧室 10 用支持绝缘子 12 固定在钢制框架 2 上。框架 2 安装在墙壁或开关柜的架构上，支持绝缘子支撑固定真空灭弧室，并起着各相对地绝缘的作用。断路器合闸后，通过断路器电流的流经路径是由与静触点支架 14 的螺栓连接的引线流入，经静触点杆、静触点、动触点、动触点杆、导电夹紧固螺栓 7 和螺栓 9 流出。断路器主轴 15 的拐臂末端连有绝缘拉杆 4，绝缘拉杆的另一端连接拐臂 5，由拐臂驱动断路器的动触点杆运动实现分、合闸操作。

目前 10kV 电压等级使用的真空断路器种类复杂，如 ZN4—10、ZN5—10、ZN12—10、ZN22—10、ZN32—10、VDD、ZW1—10 等一系列断路器，它们的原理结构基本相同，其区别在于额定电流、额定开断电流、外形尺寸、布置方式和操动机构等。

第三节　SF_6 断路器

SF_6 气体作为绝缘介质和灭弧介质，具有独特的优点，使 SF_6 断路器在电力系统各高压等级中的使用范围日益广泛。

一、SF_6 气体性质

(1) SF_6 气体是一种无色、无味、无毒、不可燃、易液化，对电气设备不腐蚀的气体。因此，SF_6 断路器的使用寿命长、检修周期长、检修工作量小、不存在燃烧和爆炸的危险。

(2) SF_6 气体绝缘性和灭弧能力强。它的绝缘强度是空气的 2.33 倍，灭弧能力是空气的 100 倍。而且 SF_6 断路器的结构简单、外形尺寸小、占地面积少。

(3) SF_6 气体在电弧高温作用下会分解为低氟化物，但在电弧过零值后，又很快再结合成 SF_6 气体。故 SF_6 断路器可多次动作后不用检修，目前使用的某些 SF_6 断路器检修年限可达 20 年以上。

(4) SF_6 气体化学性质虽稳定，但是与水分或其他杂质成分混合后，在电弧作用下会分解为低氟化合物和低氟氧化物，如氟化亚硫酸（SOF）、氢氟酸（HF）、二氟化铜（CuF_2）

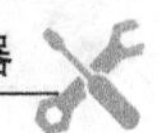

等，其中的某些成分（如低氟化物、低氧化合物和低氧氧化物）有严重腐蚀性，会腐蚀断路器内部结构部件，并会威胁运行和检修人员的安全。为此，SF_6 断路器要有压力监视系统和净化系统。另外，SF_6 气体含水量过多，会造成水分凝结，浸润绝缘部件表面使绝缘强度下降，容易引起设备故障。

（5）SF_6 断路器应该设有气体检漏设备和气体回收装置。断路器内的 SF_6 气体严禁向大气排放，必须使用 SF_6 气体回收装置，避免污染环境，保证环境安全。

二、SF_6 断路器的结构

SF_6 断路器在结构上可分为支柱式和罐式两种。支柱式在6kV及以上的高压电路中广泛使用，其外形结构如图 2-4 所示。

1. 支柱式 SF_6 断路器

支柱式 SF_6 断路器在 6kV 及以上的高压电路中广泛使用，其外形结构如图 2-4 所示。支柱式 SF_6 断路器在断路过程中，由动触点 4 带动压气缸 5 运动使缸体内建立压力。当动、静触点分开后，灭弧室的喷口 3 被打开时，压气缸内高压 SF_6 气体吹动电弧，使电弧迅速熄灭。在灭弧过程中，由于电弧的高温使 SF_6 分解，体积膨胀也建立一定压力，也能提供一定的压力，增强断路器电弧熄灭能力。在电弧熄灭后，被电弧分解的低氟化合物会急剧地结合成 SF_6 气体，使 SF_6 气体在密封的断路器内循环使用。

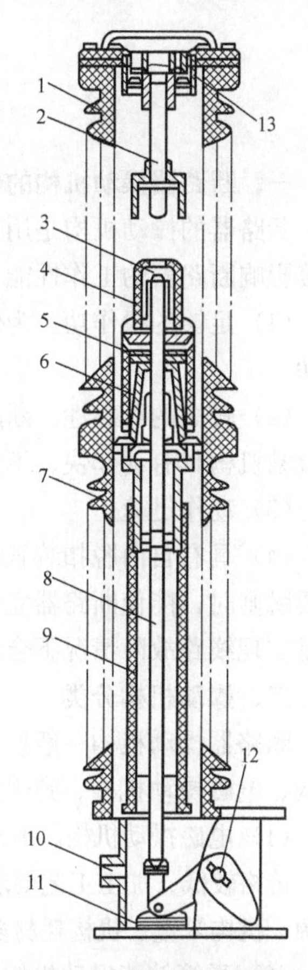

图 2-4　支柱式 SF_6 断路器外形结构

1—灭弧式瓷套；2—静触点；3—喷口；4—动触点；5—压气缸；6—压气活塞；7—支柱绝缘子；8—绝缘操作杆；9—绝缘套杆；10—充放气孔；11—缓冲定位装置；12—联动轴；13—过滤器

2. 罐式 SF_6 断路器

特点是设备重心低、结构稳固、抗震性能好、可以加装电流互感器。罐式 SF_6 断路器特别适用于多地震、污染严重地区的变电站。由于罐式断路器耗材量大、制造工艺要求高、系列化产品少，所以它的应用范围受到限制。

三、对断路器 SF_6 气体的要求

当断路器中的 SF_6 气体含有水量较多时，在断路器使用过程中，由于电弧使 SF_6 气体分解后会产生有严重腐蚀性的低氟化合物和低氟氧化物，会腐蚀断路器内部结构的部件，威胁运行和检修人员的安全。因此，断路器中的 SF_6 气体应符合以下要求：

（1）新装 SF_6 断路器投入运行前必须复测气体含水量和漏气率，要求灭弧室的含水量应小于 $150\times10^{-4}\%$（体积比），其他气室小于 $250\times10^{-4}\%$（体积比）。

（2）SF_6 气体的年漏气量小于 1%。

运行中 SF_6 断路器应定期测量 SF_6 气体含水量，断路器新装或大修后，每三个月测量一次，待含水量稳定后可每年测量一次。

第四节 断路器操动机构

一、断路器操动机构的作用与要求

断路器的操动机构是用来控制断路器跳闸、合闸和维持合闸状态的设备。其性能好坏将直接影响断路器的工作性能，因此，操动机构应符合以下基本要求：

（1）足够的操作功。为保证断路器具有足够的合闸速度，操动机构必须具有足够大的操作功。

（2）较高的可靠性。断路器工作的可靠性，在很大程度上由操动机构来决定。因此，要求操动机构具有动作快、不拒动、不误动等特点。

（3）动作迅速。

（4）具有自由脱扣装置。自由脱扣机构装置是保证在合闸过程中，若继电保护装置动作需要跳闸时，能使断路器立即跳闸，而不受合闸机构位置状态限制的连杆机构。自由脱扣装置是实现线路故障情况下合闸过程中快速跳闸的关键设备之一。

二、操动机构分类

断路器操动机构一般按合闸能源取得方式的不同进行分类，目前常用的可分为手动操动机构、电磁操动机构、弹簧储能操动机构、气动操动机构和液压操动机构等。

（1）电磁操动机构。电磁操动机构是用直流螺管电磁力合闸的操动机构。其优点是结构简单、价格较低、加工工艺要求低、可靠性高。缺点是合闸功率大、需要配备大容量的直流合闸电源、机构笨重、机构耗材多。电磁操动机构逐渐被弹簧储能等新型操动机构代替。

（2）弹簧储能操动机构。弹簧储能操动机构简称为弹簧机构，它是一种利用合闸弹簧张力合闸的操动机构。合闸前，采用电动机或人力使合闸弹簧拉伸储能。合闸时，合闸弹簧收缩释放已储存的能量将断路器合闸。其优点是只需要小容量合闸电源，对电源要求不高（直流、交流均可），缺点是操动机构的结构复杂，加工工艺要求高、机件强度要求高、安装调试困难。

（3）液压操动机构。液压操动机构是利用气体压力储存能源，依靠液体压力传递能量进行分合闸的操动机构。其优点是体积小、动作平稳、无噪声、速度快、不需要大功率的合闸电源；缺点是结构复杂、加工工艺要求很高、动作速度受温度影响大、价格昂贵。

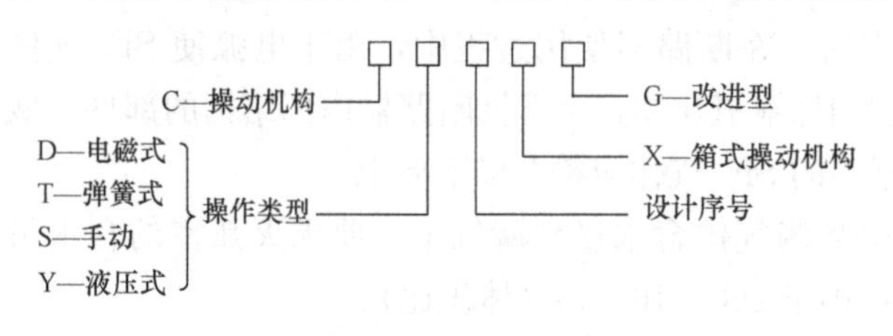

图 2-5 断路器操动机构的型号及含义

三、操动机构的型号及含义

操动机构的型号及含义如图 2-5 所示。

四、CT19 型弹簧操动机构

CT19 型弹簧操动机构通常与 10kV 真空断路器配套使用。

CT19 型弹簧操动机构结构如图2-6所示，CT19 型弹簧操动机构储能动作过程如图 2-7 所示。

电动机储能时，电动机转动后，通过齿轮 A、B 和齿轮 C、D 两级传动，带动驱动爪 12 使储能轴 14 转动。储能轴转动后通过摇臂 9 拉伸合闸弹簧 3，使其储能。当合闸弹簧 3 拉

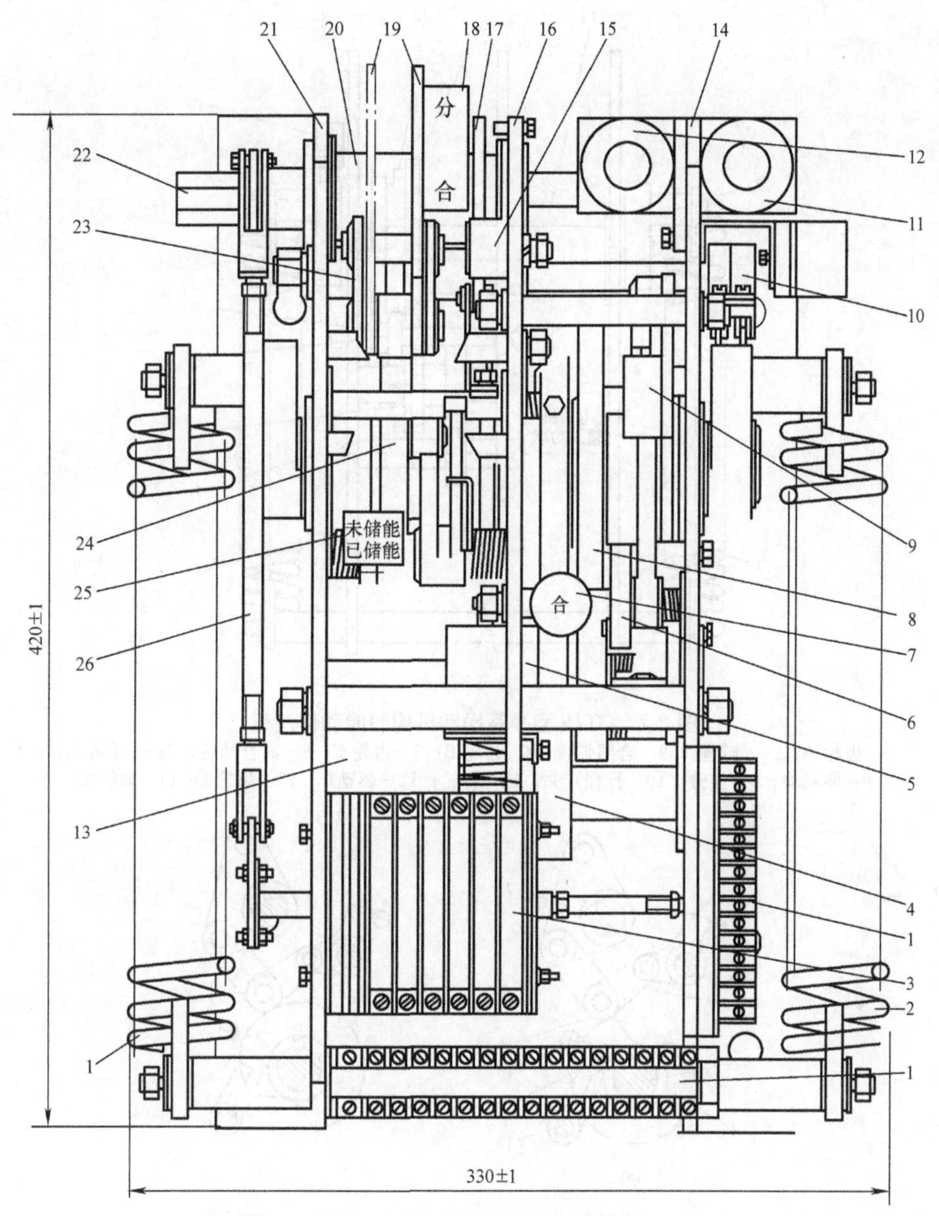

图 2-6 CT19 型弹簧操动机构结构

1—接线端子；2—合闸弹簧；3—组合开关；4—齿轮轴；5—合闸电磁铁；6—离合凸轮；7—合闸按钮；8—齿轮；9—人力储能摇臂；10—行程开关；11—过电流电磁铁；12—分闸电磁铁；13—电动机；14—右侧板；15—分闸限位销轴；16—中间板；17—分闸限位拐臂；18—分和指示；19—输出拐臂；20—输出轴；21—左侧板；22—人力合闸接头；23—连板；24—凸轮；25—储能指示；26—组合开关连杆

伸到位后，同时推动行程开关 10 动作切断电动机电源，完成储能。

手力储能时，将操作手柄插入储能摇臂插孔中摇动，通过止动棘爪 7 驱动棘轮 11 转动，完成储能。

CT19 型弹簧操动机构分合闸动作过程如图 2-8 所示。合闸时，合闸半轴 10 顺时针转动

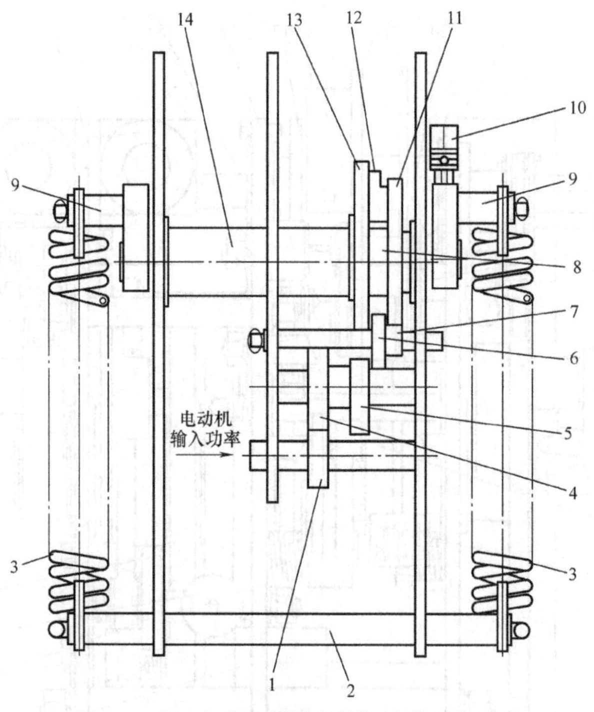

图 2-7 CT19 型弹簧操动机构储能动作过程

1—齿轮 A；2—挂簧轴；3—合闸弹簧；4—齿轮 B；5—齿轮 C；6—离合凸轮；7—止动棘爪；8—驱动块；9—摇臂；10—行程开关；11—棘轮；12—驱动爪；13—齿轮 D；14—储能轴

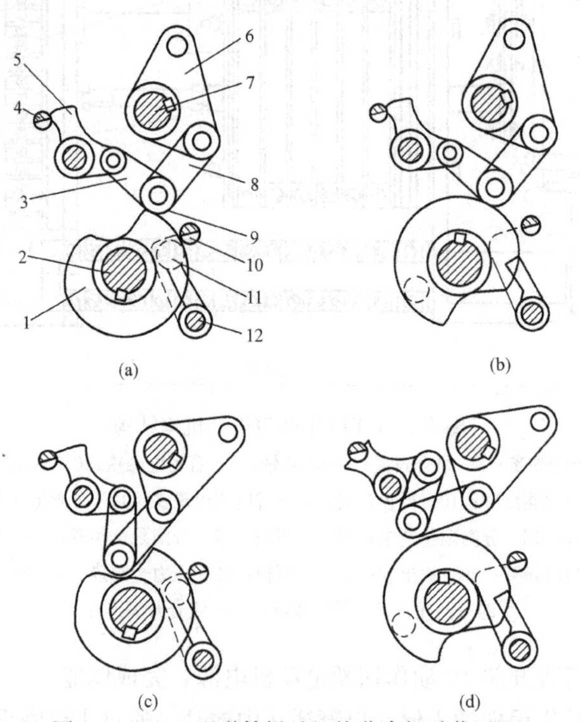

图 2-8 CT19 型弹簧操动机构分合闸动作过程

(a) 合闸已储能状态；(b) 合闸未储能状态；(c) 分闸已储能状态；(d) 分闸未储能状态

1—凸轮；2—储能轴；3—连板；4—分闸半轴；5—扣板；6—输出拐臂；7—输出轴；8—连板；9—滚子；10—合闸半轴；11—凸轮滚子；12—储能保持掣子扣板

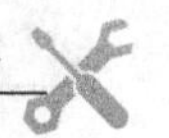

到脱扣位置使储能保持掣子扣板12失去对凸轮1的制动，在合闸弹簧张力的作用下，凸轮顺时针转动，凸轮转动后失去对输出拐臂6的制动，输出轴7转动完成合闸。分闸时，分闸半轴4逆时针转动到脱扣位置，使扣板5解除对输出轴制动，输出轴顺时针旋转，完成分闸动作。

第五节 断路器运行、巡视检查与检修

一、断路器投入运行

断路器投入运行前应符合以下要求：

(1) 新安装或大修后的断路器，投入运行前必须验收合格才能施加运行电压。

(2) 新安装的断路器验收项目按 GB 50254—2014《电气装置安装工程施工及验收规范》及有关规定要求执行。

二、断路器正常运行巡视检查

(1) 投入运行或处于备用状态的高压断路器必须定期进行巡视检查，有人值班的变电站由当班值班人员负责巡视检查。无人值班的变电站按计划日程定期巡视检查。

(2) 巡视检查的周期：一般有人值班的变电站和升压变电站每天巡视不少于1次，无人值班的变电站由当地按具体情况确定，通常每月不少于2次。

(3) 对运行断路器及操动机构的一般要求如下：

1) 断路器应有标出基本参数等内容的制造厂铭牌。断路器如经增容改造，应修改铭牌的相应内容。断路器技术参数必须满足装设地点运行工况的要求。

2) 断路器的分、合闸指示器易于观察，并且指示正确。

3) 断路器接地金属外壳应有明显的接地标志，接地螺栓不应小于ϕ12mm，并且要求接触良好。

4) 断路器接线板的连接处或其他必要的地方应有监视运行温度的措施，如示温蜡片等。

5) 每台断路器应有运行编号和名称。

6) 断路器外露的带电部分应有明显的相位漆标识。

三、各种断路器及弹簧机构的巡视检查

1. 油断路器巡视检查

(1) 断路器的分、合位置指示正确，并应与当时实际的运行工况相符。

(2) 油断路器不过热。少油断路器示温蜡片不熔化，变色漆不变色，内部无异常声响。

(3) 断路器的油位在正常允许的范围之内，油色透明无炭黑悬浮物。

(4) 无渗、漏油痕迹，放油阀门关闭紧密。

(5) 套管、绝缘子无裂痕，无放电声和电晕放电。

(6) 引线的连接部位接触良好，无过热。

(7) 排气装备完好，隔栅完整。

(8) 接地完好。

(9) 断路器环境良好，户外断路器栅栏完好，设备附近无杂草和杂物，防雨帽无鸟窝，配电室的门窗、通风及照明应良好。

2. SF_6 断路器的巡视检查

(1) 每日定时记录 SF_6 气体压力和温度。

(2) 断路器各部分及管道无异声（漏气声、振动声）及异味，管道夹头正常。

(3) 套管无裂痕，无放电声和电晕放电。

(4) 引线连接部位无过热、引线弛度适中。

(5) 断路器分、合位置指示正确，并与当时实际运行工况相符。

(6) 接地良好。

(7) 环境条件良好，断路器的附近无杂物。

3. 真空断路器巡视检查

(1) 分、合位置指示正确，并与当时实际运行工况相符。

(2) 支持绝缘子无裂痕及放电异声，绝缘杆、撑板、绝缘子洁净。

(3) 真空灭弧室无异常。

(4) 接地良好。

(5) 引线连接部位无过热、引线弛度适中。

4. 弹簧机构的巡视检查

(1) 机构箱门平整、开启灵活、关闭紧密。

(2) 断路器处于运行状态时，储能电动机的电源闸刀应在闭合位置。

(3) 加热器正常完好。

四、断路器不正常运行及事故检修

(1) 值班人员在断路器运行中发现任何异常现象时（如漏油、渗油、油位指示器油位过低、SF_6 气压下降或有异常声、分合闸位置指示不正确等），应及时予以消除，不能及时消除时要报告上级领导，并相应记入运行记录簿和设备缺陷记录簿内。

(2) 值班人员若发现设备有威胁电网安全运行，且不停电难以消除的缺陷时，应及时报告上级领导，同时向供电部门和调度部门报告，申请停电检修处理。

(3) 断路器有下列情形之一者，应申请立即停电检修处理：

1) 套管有严重破损和放电现象。

2) 油断路器灭弧室冒烟或内部有异常声响。

3) 油断路器严重漏油，油位器中见不到油面。

4) SF_6 气室严重漏气，发出操作闭锁信号。

5) 真空断路器出现真空损坏的咝咝声、不能可靠合闸、合闸后声音异常、合闸铁芯上升不返回、分闸脱扣器拒动。

6) 断路器动作分闸后，值班人员应立即记录故障发生时间，并立即进行“事故特巡”检修，判断断路器本身有无故障，并查明原因及处理检修。

7) 断路器对故障分闸强行送电后，无论成功与否，均应对断路器外观进行仔细检查和处理。

8) 断路器对故障跳闸时发生拒动，造成越级分闸，在恢复系统送电前，应将发生拒动

的断路器脱离系统并保持原状，待查清拒动原因并消除缺陷后方可投入运行。

9）SF_6 断路器发生意外爆炸或严重漏气等事故，值班人员接近设备要谨慎，尽量选择从“上风”接近设备，必要时要戴防毒面具，穿防护服。

思 考 题

1. 简述高压断路器的用途、分类和型号含义。
2. 简述真空断路器的基本原理。
3. 对 SF_6 断路器中 SF_6 气体的基本要求是什么？
4. 简述断路器操动机构的作用与分类。
5. 油断路器运行检查应包括哪些项目？
6. 真空断路器运行检查应包括哪些项目？

第三章 高压隔离开关

第一节 隔离开关作用和分类

隔离开关俗称隔离刀闸，是变电站、输配电线路中与断路器配合使用的一种重要设备。它的主要用途是保证高压装置检修工作的安全，在需要检修的设备和其他带电部分之间构成足够大的、明显可见的空气绝缘间隔。

一、隔离开关的作用

隔离开关在结构上没有特殊的灭弧装置，不允许用它带负载进行拉闸或合闸操作。隔离开关拉闸时，必须在断路器切断电路之后才能再拉隔离开关；合闸时，必须先合上隔离开关后，再用断路器接通电路。隔离开关的主要作用是：

(1) 隔离电源。在电气设备停电检修时，用隔离开关将需停电检修的设备与电源隔离，形成明显可见的断开点，以保证工作人员和设备的安全。

(2) 倒闸操作。电气设备运行状态可分为运行、备用和检修三种工作状态。将电气设备由一种工作状态改变为另一种工作状态的操作称为倒闸操作。例如在双母线接线的电路中，利用与母线连接的隔离开关（称母线隔离开关），在不中断用户供电条件下可将供电线路从一组母线供电切换到另一组母线上供电。

(3) 拉、合无电流或小电流电路。高压隔离开关虽然没有特殊的灭弧装置，但在拉闸过程中可以切断小电流，因动、静触点迅速拉开时，根据迅速拉长电弧的灭弧原理，可以使触点间电弧熄灭。因此，高压隔离开关允许拉、合以下电路：

1）拉、合电压互感器与避雷器回路。

2）拉、合母线和直接与母线相连设备的电容电流。

3）拉、合励磁电流小于 2A 的空载变压器：电压为 35kV、容量为 1000kVA 及以下变压器；电压为 110kV、容量为 3200kVA 及以下变压器。

4）拉、合电容电流不超过 5A 的空载线路：电压为 10kV、长度为 5km 及以下的架空线路；电压为 35kV、长度为 10km 及以下的架空线路。

二、隔离开关的类型及含义

隔离开关种类较多，按安装地点可分为户内式和户外式；按刀闸运动方式可分为水平旋转式、垂直旋转式和插入式；按每相支柱绝缘子数目可分为单柱式、双柱式和三柱式；按操

作特点可分为单极式和三极式；按有无接地开关可分为带接地开关和无接地开关。

隔离开关的型号及含义如图 3-1 所示。

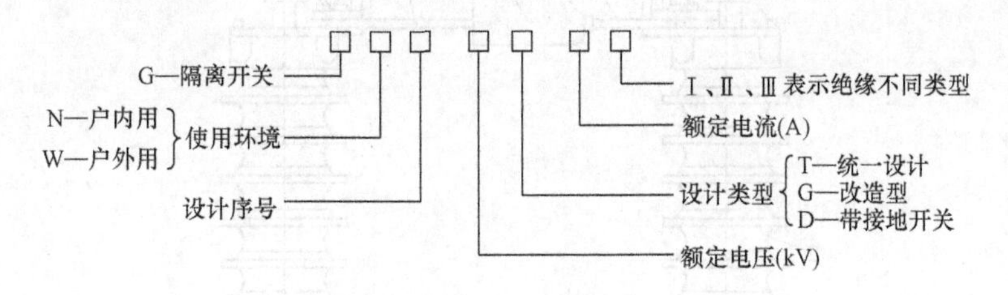

图 3-1　隔离开关的型号及含义

第二节　户内式隔离开关

常用的户内式隔离开关还有 GN10—10 系列、GN19—10 系列、GN22—10 系列、GN24—10 系列和 GN2—35 系列、GN19—35 系列等，它们的基本结构大致相同，区别在于额定电流、外形尺寸、布置方式和操动机构等。

GN2—10 系列隔离开关为 10kV 户内式隔离开关，额定电流为 400～3000A，其结构如图 3-2 所示。

隔离开关进行操作时，由操动机构经连杆驱动转动轴 4 旋转，再由转动轴经拉杆绝缘子 2 控制动触头运动，实现分、合闸。

动触头 1 为铜制刀闸式，合闸将静触头 7 夹在两片刀闸片中间。如果有大电流通过时，两片刀闸片之间产生附加电动力（根据“左手定则”确定），使动、静触头之间的压力增大，从而提高隔离开关的动稳定和热稳定。

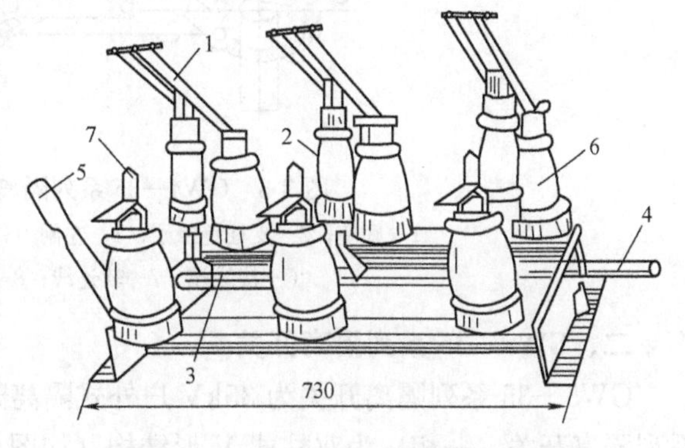

图 3-2　GN2—10 系列隔离开关结构

1—动触头；2—拉杆绝缘子；3—拉杆；4—转动轴；5—转动杠杆；6—支柱绝缘子；7—静触头

第三节　户外式隔离开关

一、GW4—35 系列隔离开关

GW4—35 系列隔离开关为 35kV 户外式隔离开关，额定电流为 630～2000A。GW4—35 系列隔离开关的结构如图 3-3 所示，为双柱式结构，一般制成单极形式，可借助连杆组成三级联动的隔离开关，但也可单极使用。

由图 3-3 可见，GW4—35 系列隔离开关的左闸刀 3 和右闸刀 5 分别安装在支柱绝缘子 2 之上，支柱绝缘子安装在底座 1 两端的轴承座上。图 3-3 为隔离开关合闸状态，分闸操作时，由操动机构通过交叉连杆机构带动使两个支柱绝缘子向相反的方向各自转动 90°，使闸刀在水平面上转动，实现分闸。

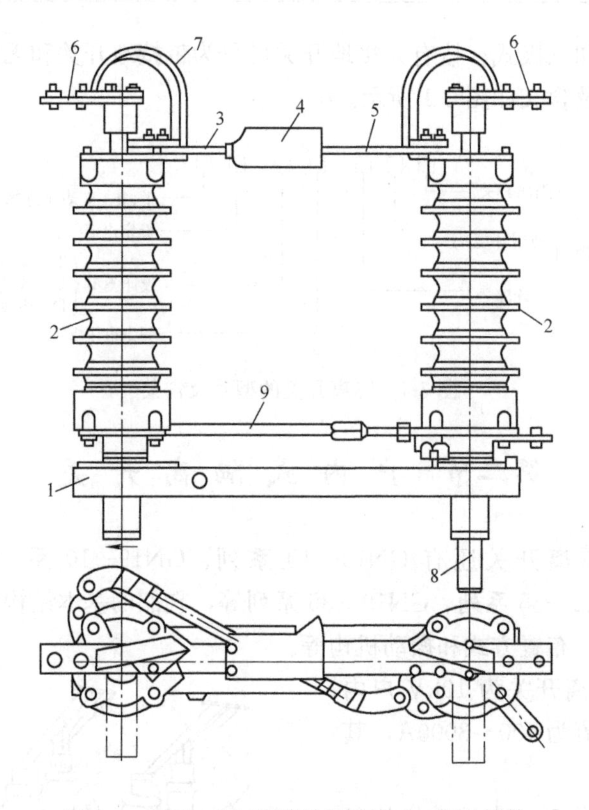

图 3-3　GW4—35 系列隔离开关（一相）结构

1—底座；2—支柱绝缘子；3—左闸刀；4—触点防护罩；5—右闸刀；
6—接线端；7—软连线；8—轴；9—交叉连杆

二、GW5—35 系列隔离开关

GW5—35 系列隔离开关为 35kV 户外式隔离开关，额定电流为 630～2000A。GW5—35 系列隔离开关（一相）为双柱式 V 形结构（如图 3-4 所示），制成单极形式，借助连杆组成三极联动隔离开关。

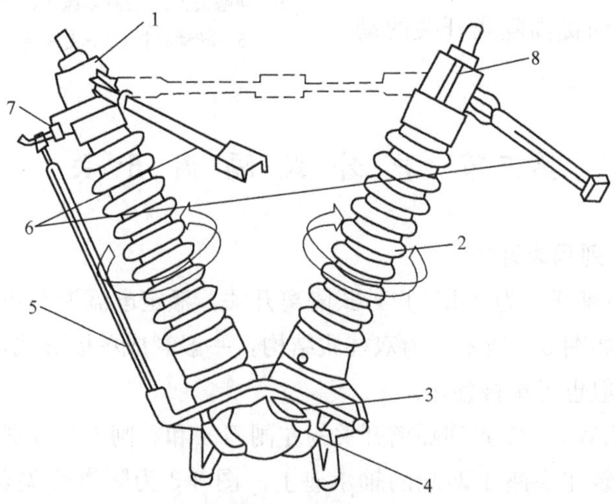

图 3-4　GW5—35 系列隔离开关（一相）结构

1—出线座；2—支柱绝缘子；3—轴承座；4—伞齿轮；5—接地开关；6—主闸刀；7—接地静触头；8—导电带

由图 3-4 可见，GW5－35 系列隔离开关的两个棒式支柱绝缘子 2 固定在底座上，支柱绝缘子轴线之间的交角为 50°，是双柱式 V 形结构。V 形结构比双柱式的隔离开关质量轻、占用空间小。两个棒式绝缘子由下部的伞齿轮 4 连动。合闸操作时，连杆带动伞齿轮转动，伞齿轮使两个棒式绝缘子以相同速度沿相反方向转动，带动两个主闸刀转动 90°实现合闸；分闸时，操作与上述的合闸动作相反。

第四节　隔离开关操动机构

隔离开关采用操动机构进行操作，以保证操作安全、可靠，同时也便于在隔离开关与断路器之间安装防止误操作闭锁装置。

隔离开关操动机构的型号及含义如图 3-5 所示。

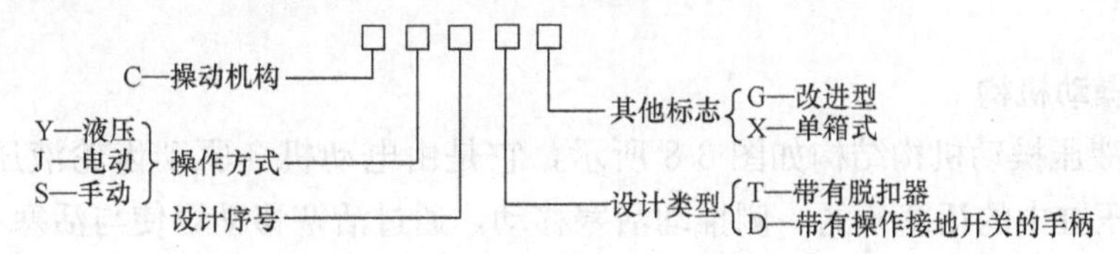

图 3-5　隔离开关操动机构的型号及含义

一、手动杠杆式操动机构

CS6 系列手动杠杆式操动机构如图 3-6 所示。

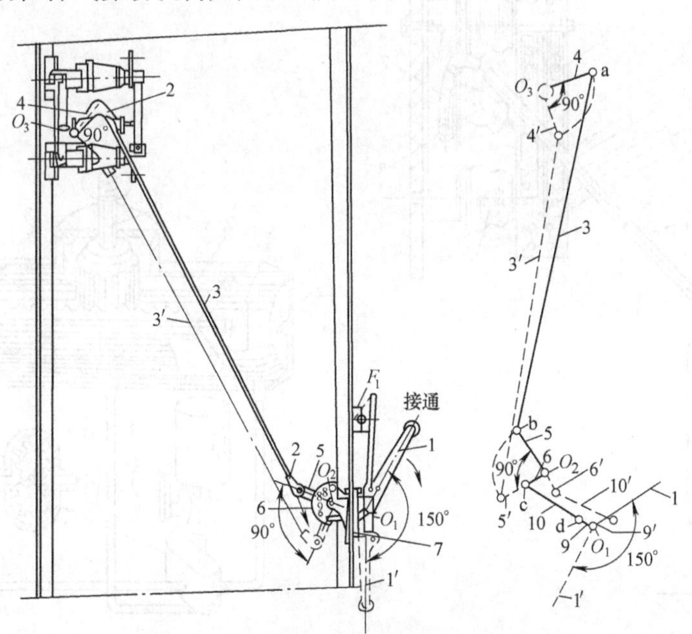

图 3-6　CS6 系列手动杠杆式操动机构

1—手柄；2—接头；3—牵引杆；4—拐臂；5、8～10—连杆；6—扇形杆；7—底座

图 3-6 中实线表示隔离开关的合闸位置，虚线表示隔离开关处于分闸位置，箭头表示隔离开关进行分、合闸操作时，手柄 1 的转动方向。分闸时，将手柄向下旋转 150°，经连杆

带动使扇形杆 6 向下旋转 90°，使隔离开关分闸。合闸时，手柄向上旋转 150°，经连杆转动使隔离开关拐臂向上旋转 90°，完成合闸操作。

隔离开关合闸后，连杆 9 与 10 之间的铰接轴 d 处于死点位置之下。因此，可以防止短路电流通过隔离开关时，因电动力而使隔离开关刀闸自行断开。

CS6 系列手动杠杆式操动机构主要与室内式高压隔离开关配套使用。

二、电动操动机构

CJ2 系列电动操动机构如图 3-7 所示，其中电动机、蜗轮、蜗杆等部件均在操动机构箱内，该机构的操作动力是电动机。电动机转动时，通过齿轮和蜗杆传动使蜗轮转动，蜗轮通过传动杆 3 和牵引杆 4 等组成的传动系统经拐臂 7、拉杆绝缘子 8 操作隔离开关分、合闸。

CJ2 系列电动操动机构比手力操动机构复杂、价格贵，但可以实现远方操作。CJ2 系列操动机构与 10kV 户内重型隔离开关（如 GN2—10/2000 型和 GN2—10/3000 型隔离开关）配套使用。

三、液压操动机构

CY2 系列液压操动机构结构如图 3-8 所示，它是由电动机 3 驱动齿轮液压泵 12，使高压电油流到液压缸中的活塞 6 的一侧推动活塞移动，通过活塞移动再使与活塞有硬性连接的齿条 9 做直线运动，由齿条带动齿轮 8 和主轴 7 做旋转运动带动隔离开关主轴转动，实现隔离开关分、合闸。

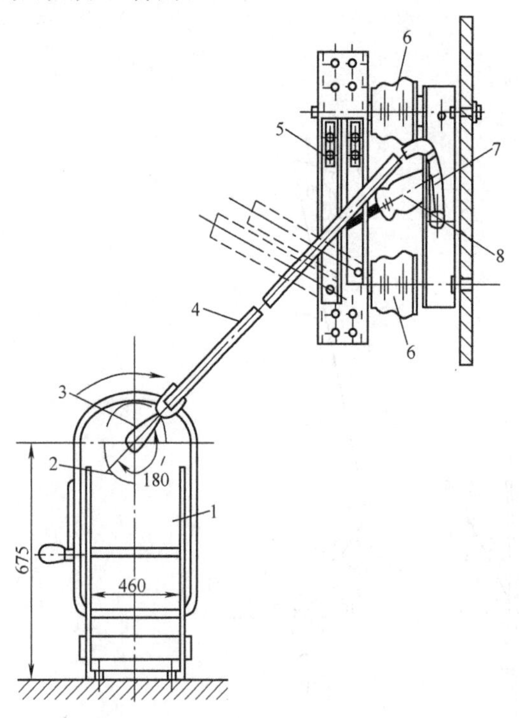

图 3-7 CJ2 系列电动操动机构

1—操动机构箱；2—蜗轮、蜗杆；3—传动杆；4—牵引杆；5—闸刀；6—支柱绝缘子；7—拐臂；8—拉杆绝缘子

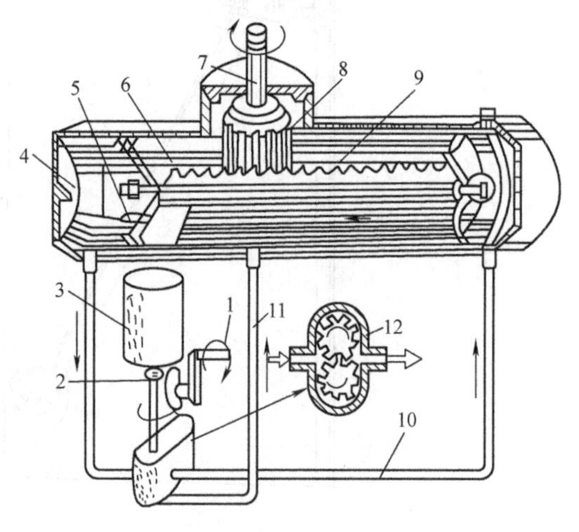

图 3-8 CY2 系列液压操动机构结构

1—手柄；2—伞齿轮；3—电动机；4—液压缸；5—逆止阀；6—活塞；7—主轴；8—齿轮；9—齿条；10—主油管；11—泄油管；12—齿轮液压泵

机构上的手摇装置供安装和检修调整时使用。手动操作时，摇动手柄1，使伞齿轮转动，代替电动机驱动齿轮油泵实现分、合闸。

第五节 隔离开关常见故障及应对措施

一、隔离开关运行中的异常处理

1. 合闸调整与处理

合闸时，要求隔离开关的动触点无侧向撞击或卡住，否则要通过改变静触点的位置，使动触点刚好进入插口。动触点进入插口的深度，不能小于静触点长度的90%，但也不应过深。要使动、静触点底部保持3～5mm的距离，以防止在合闸过程中，对固定静触点的绝缘子的冲击。若不能满足以上要求，则可通过调整操动杆的长度及操动机构的旋转角度来处理达到。合闸时，还要求三相隔离开关同步。35kV及以下的隔离开关，三相隔离开关前后相差不得大于3mm。若不能满足要求，则可通过调节触刀中间支柱绝缘子的连接螺旋长度，来改变隔离开关的位置。

2. 分闸调整与处理

分闸时，隔离开关的打开角度应符合制造厂的规定。若不能满足要求，则可以通过改变操动杆的长度，以及操动杆的连接端部在操动机构扇形板上的位置处理来达到。

3. 辅助触点调整与处理

可通过改变耦合盘的角度来调整处理，使动合辅助触点在隔离开关合闸行程的80%～90%时闭合；动断辅助触点在隔离开关分闸行程的75%时断开。

4. 操动机构手柄位置调整与处理

合闸时手柄向上，分闸时手柄向下。在分闸或合闸位置时，其弹性机械锁销应自动进入手柄的定位孔中。

5. 试操作与处理

隔离开关粗调处理完毕应经3～5次的试操作，操作过程中再进行细调处理，完全合格后，才将隔离开关转轴上的拐臂位置固定，然后钻孔，并打入圆锥销，使转轴和拐臂永久紧固。

6. 接线和开关底座接地的处理

调整处理完毕后应将所有的螺栓拧紧，将所有开口销脚分开。

二、隔离开关发热故障及应对措施

应检查触点及导线的引流线夹是否接触不良。针对隔离开关的结构，主要检查两端顶帽接触点及由弹簧压接的触点或刀口有否过热及支柱绝缘子有否劣化使其整体温度升高现象。发现故障后应向调度汇报，立即设法减少或转移负荷，并加强监视。处理时应根据不同的接线方式，分别采取以下相应措施。

(1) 双母线接线时，如果是某一母线侧隔离开关发热，可将该线路经倒闸操作，倒至另一段母线上运行。通过向调度和上级请示母线能停电时，将负荷转移以后，再对上述隔离开关发热问题进行停电检查。若有旁母线时，可将负荷倒至旁母线上。

(2) 单母线接线时，如果某一母线侧隔离开关发热，母线短时间内无法停电，则必须降低负荷，并加强监视。母线可以停电时，再停电检修发热的隔离开关。

(3) 如果是负荷侧（线路侧）隔离开关运行时发热，其处理方法与单母线接线时基本相同。对于高压室内的隔离开关发热，在维持运行期间，除减少负荷并加以监视以外，还应采取通风降温措施。停电检修时，同样应针对隔离开关发热的原因进行检查处理。

三、隔离开关拒合闸故障及应对措施

1. 电动操动机构故障

电压等级较高的隔离开关均采用电动操动机构进行操作。电动操动机构的隔离开关拒绝合闸时，应着重观察接触器是否动作，电动机转动与否以及传动机构动作情况等，以区分故障范围，并向调度汇报。

(1) 若接触器未动作，可能是控制回路问题。处理办法：首先核对设备编号、操作顺序是否有误，如果有误，则是操作回路被防误闭锁回路闭锁，应立即纠正其错误操作；再检查操作电源是否正常，熔断器是否熔断或接触不良，处理正常后继续操作；若无以上问题，应检查回路中的不通点，处理正常后继续操作。

(2) 若接触器已动作，问题可能是接触器卡滞或接触不良，也可能是电动机的问题。应进一步检查电动机接线端子上的电压，如果其电压不正常，则证明是接触器的问题，反之是电动机的问题。

(3) 若电动机转动，机构因机械卡滞合不上，应暂停操作。先检查接地隔离开关，看是否完全拉开到位，将其完全拉开到位后，可继续操作。

无上述问题时，应检查电动机是否缺相，三相电源恢复正常后，可继续操作。如果不是缺相问题，则可进行手动操作，检查机械卡滞部位，若能排除，可继续操作。若还是无法解决，应调整运行方式先恢复送电，而后向上级汇报，停电时再由检修人员处理。

2. 手动操动机构故障

(1) 首先核对设备编号及操作程序是否有误，检查断路器是否在断开位置。

(2) 若无上述问题，应检查隔离开关是否完全拉开到位。将其完全拉开到位后，可继续操作。

(3) 若无上述问题时，应检查机械卡滞部位。如属于机构不灵，缺少润滑油，可加注机油，多转动几次，然后再合闸。如果是传动部分的问题，一时无法进行处理，应调整运行方式先恢复送电，然后向上级汇报，停电时由检修人员处理。

四、隔离开关拒分闸故障及应对措施

其故障判断、检查及处理方法与隔离开关拒绝合闸故障及处理办法基本相同，只是在手动操作无法拉开时，不许强行拉开，应经调整运行方式，将故障隔离开关退出运行后检修。

五、分合闸操作中途停止故障及应对措施

隔离开关在电动操作中，出现中途自动停止故障，如果触点之间距离较小，会长时间拉弧放电。这大多是由于操作回路过早打开，回路中有接触不良引起。处理办法：拉隔离开关时，若出现中途停止，应迅速手动将其拉开；合闸时，若出现中途停止，且又时间紧迫必须操作时，应迅速手动操作合上隔离开关；如果时间允许，应迅速将隔离开关拉开，将故障排除后再操作。

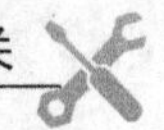

六、合闸不到位或三相未同期故障及应对措施

隔离开关如果在操作时不能完全合到位而接触不良，运行中会发热并危及电网和设备的安全运行。处理办法：在出现合不到位或三相未同期的，应拉开重合，反复合几次，操作动作要符合要领，用力要适当。如果无法完全合到位，不能达到三相完全同期，应戴绝缘手套，使用绝缘棒，将其三相触点顶到位，并向上级汇报，安排计划停电检修。

思　考　题

1. 高压隔离开关的主要作用有哪些？
2. 简述隔离开关合闸时的注意事项。
3. 简述隔离开关分闸时的注意事项。
4. 隔离开关常见的故障有哪些？简述应对措施。

第四章　高压负荷开关

第一节　高压负荷开关作用和分类

高压负荷开关是高压电路中用于在额定电压下接通或断开负荷电流的专用电器。它虽有灭弧装置，但灭弧能力较弱，只能切断和接通正常的负荷电流，而不能用来切断短路电流。一般情况下，负荷开关与高压熔断器配合使用，由熔断器起短路保护作用。

负荷开关按使用场所可分为户内式和户外式；按灭弧方式可分为油浸式、产气式、压气式、真空和六氟化硫负荷开关。

负荷开关的型号及含义如图 4-1 所示。

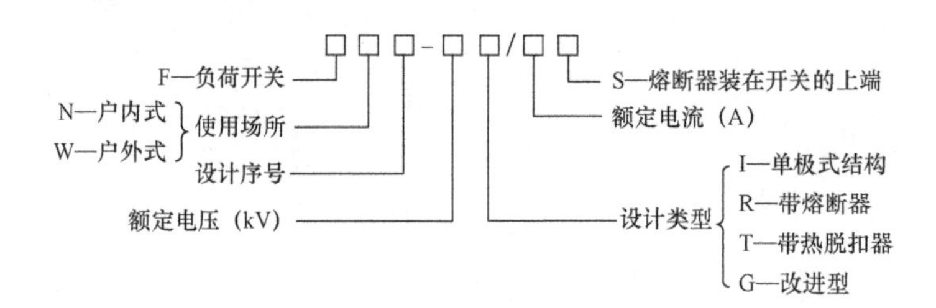

图 4-1　负荷开关的型号及含义

第二节　户内式高压负荷开关

FN3—10R/400 型高压负荷开关结构如图 4-2 所示。FN3—10R/400 型负荷开关主要由隔离开关 4 和熔断器 13 两部分组成。隔离开关有工作触点和灭弧触点。负荷开关合闸时，灭弧触点先闭合，然后工作触点再闭合。合闸后，工作触点与灭弧触点同时接通，工作触点与灭弧触点形成并联回路，电流大部分流经工作触点。分闸时，工作触点先断开，然后灭弧触点再断开。灭弧装置由具有气压装置的绝缘气缸及喷嘴构成，绝缘气缸为瓷质，内部有活塞，可兼作静触点的上绝缘子 2。分闸时，传动机构带动活塞在气缸内运动，当灭弧触点断开时，压缩空气经喷嘴喷出，横向吹动电弧使电弧熄灭。

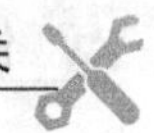

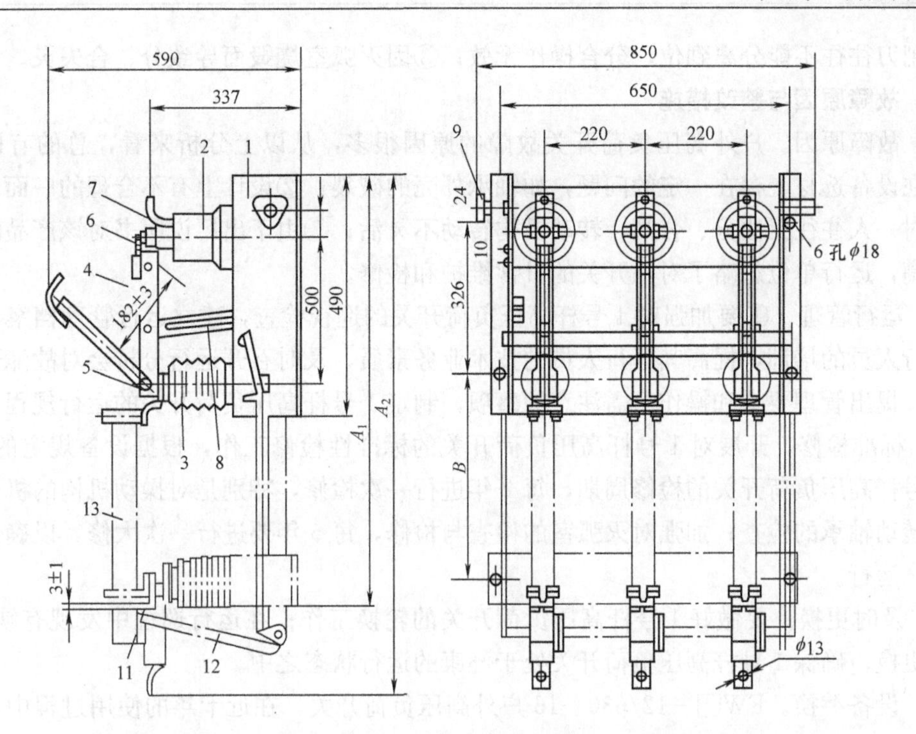

图 4-2　FN3—10R/400 型户内高压负荷开关结构示意图

1—框架；2—上绝缘子；3—下绝缘子；4—闸刀；5—下触座；6—灭弧动触头；7—工作静触头；8—绝缘拉杆；9—拐臂；10—接地螺钉；11—小拐臂；12—绝缘拉杆；13—熔断器

第三节　户外式高压负荷开关

为适应变电站无人值班需要，分别在 110kV 和 35kV 变电站 10kV 出线杆上安装 FW□—12/630—16 户外高压负荷开关，因负荷开关质量和维护原因，给设备安全运行造成了一定的威胁。为解决负荷开关的高发故障，现提出如下解决方法。

一、主要结构与维护规定

(1) 主要结构。FW□—12/630—16 户外高压负荷开关，由隔离闸刀和灭弧室（由基座、安装抱箍、主闸刀、并联弧触点、灭弧室外壳）组成，隔离闸刀装有并联弧触点和撞块，撞块推动灭弧室分合闸，灭弧室内装有弹簧快速机构，保证负荷电流开断不受操作快慢影响。

(2) 维护规定。运行 5 年后对产品的绝缘水平进行检查；在满负荷开断 100 次后对灭弧室进行检查；操作次数达 2000 次后，应对操动机构进行检查。

二、故障部位与形式

(1) 故障部位。户外高压负荷开关故障部位虽然有不确定性，但绝大部分都发生在传动机构的轴瓦、刀闸及灭弧装置上，使机构无法正常操作，造成事故多发，直接影响到设备的正常运行和电网、人身的安全。

(2) 故障形式。户外高压负荷开关故障形式常见的有：①操动机构轴承破裂，导致操作后开关指针在分位置，而闸刀实际在合上位置 1；②因机械联锁装置的故障，造成指针在分位，而闸刀往往不能分离到位，分合操作无效；③因灭弧室烧毁而导致分、合失灵。

三、故障原因与整改措施

(1) 故障原因。户外高压负荷开关故障的原因很多，从以上分析来看，总的有以下原因：①在设备选材上存在一定的问题，如轴承外壳的破裂；②设计上有不合理的一面，在手动操作时一人往往无法分、合闸，转动机构转动不灵活；③由于出厂说明书对该产品的维护要求不高，运行单位忽略了对该开关的日常维护和检修。

(2) 运行管理。①要加强对1号杆高压负荷开关的巡视检查，建立运行管理档案；②要加强运行人员的培训，提高其运行人员的技术业务素质，及时召开运行分析会对故障开关进行分析，提出管理要求和操作上需注意的事项，制定1号杆高压负荷开关的运行规程。

(3) 标准检修。开展对1号杆高压负荷开关的标准性检修工作，根据设备规定的要求，缩短1号杆高压负荷开关的检修周期，每2年进行一次检修，特别是对操动机构的机械联锁装置和转动轴承的检查；加强对灭弧室的检查与检修，每5年要进行一次大修，以确保该设备的安全运行。

(4) 及时更换。要做好1号杆高压负荷开关的轮换工作；在运行巡视中发现有缺陷时，要及时更换，确保1号杆高压负荷开关处于健康的运行状态之中。

(5) 设备替换。FW□—12/630—16户外高压负荷开关，在近十年的使用过程中，发现的问题不少，特别是在操作分开时，不能有效地分开，在需合开关时，不能正确地合上，给安全生产带来了严重的隐患。

为有效地防止FW□—12/630—16户外高压负荷开关存在的不足问题，建议户外高压负荷开关，改为ZW6—12/630—16.20户外真空断路器。在实际使用中，它具有体积小、安装方便，并具有断路和隔离开关的双重功效，其安全性能远远高于FW□—12/630—16户外高压负荷开关。

为确保10kV线路的安全运行操作，在实际工作中，有针对性地加强对FW□—12/630—16户外高压负荷开关的检修和维护，加强运行管理，对设备进行跟踪检查，发现问题及时处理。同时，及时引进先进的设备，增加运行设备的科技含量，提高设备的健康水平。加强对运行人员的技术培训，不断提高对1号杆FW□—12/630—16户外高压负荷开关性能的了解；加强对新设备的技术培训教育，提高对新设备的应用操作水平，保证电网的安全运行。

第四节　高压负荷开关使用注意事项

高压负荷开关在使用中要注意以下几个方面：

(1) 接线端子及载流部分应清扫，且接触紧密；绝缘子在安装前经耐压试验合格。

(2) 传动机构的滚轮及传动轴等应检查清扫，并涂以适当的润滑油。

(3) 动接触的刀片与固定触点间的压力应符合规程规定，合闸刀片不应有回弹现象。

(4) 负荷开关的各相刀片，与其主固定触点相接触时，其前后相差不得超过3mm。

(5) 关合负荷开关时，应使辅助触头先闭合，主触头后闭合；关断时，应使主触头先断开，辅助触头后断开。

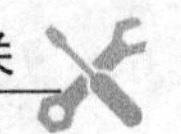

（6）在负荷开关合闸时，主固定触点应可靠地与主刀刃接触；分闸时，三相灭弧刀片应同时跳离固定灭弧触点。

（7）灭弧管内产生气体的有机绝缘物应完整无裂纹，灭弧触头与灭弧管的间隙应符合要求。

（8）负荷开关三相触头接触的同期性和关断状态时触头开距及拉开角度应符合产品的技术规定。触头打开的角度，可通过改变操作杆的长度和操作杆在扇形板上的位置来达到。

（9）合闸时，在主触头上的小塞子应正好插入灭弧装置的喷嘴内，不应对喷嘴有剧烈碰撞的现象。

思 考 题

1. 简述高压负荷开关的作用。
2. 负荷开关按灭弧方式可分哪几类？
3. 负荷开关各相的同期标准是什么？
4. 高压负荷开关在使用中应注意哪些事项？
5. 户外高压负荷开关故障原因与整改措施是什么？

第五章　高压熔断器

第一节　高压熔断器作用和分类

高压熔断器在通过短路电流或过负荷电流时熔断，以保护电路中的电气设备。在 10～35kV 小容量装置中，熔断器可用于保护线路、变压器、电动机及电压互感器等。

高压熔断器按安装地点可分为户内式和户外式；按动作特征性可分为固定式和自动跌落式；按工作特性可分为有限流作用和无限流作用。在冲击短路电流到达之前能切断短路电流的熔断器称为限流式熔断器，否则称非限流式熔断器。

高压熔断器的型号及含义如图 5-1 所示。

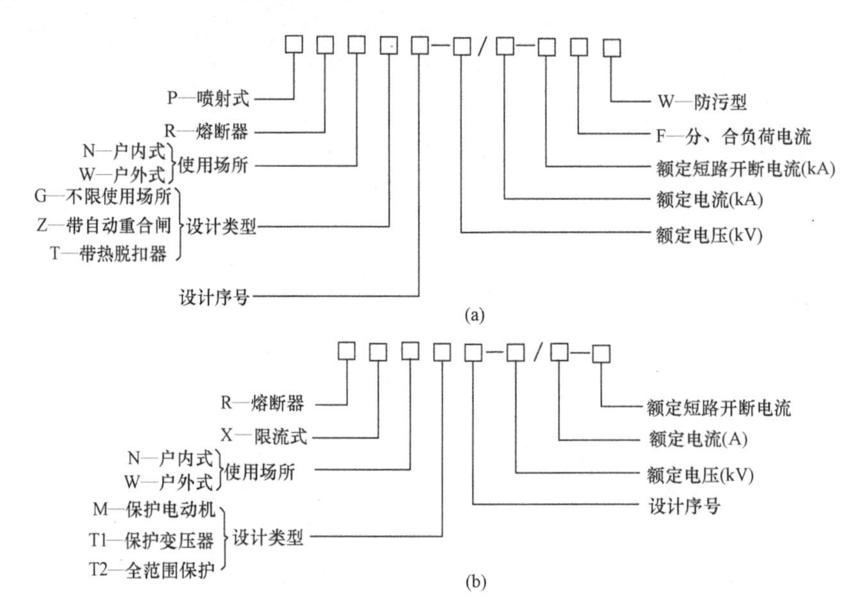

图 5-1　高压熔断器的型号及含义

第二节　户内式高压熔断器

RN1 系列高压熔断器为限流式有填料高压熔断器，其结构如图 5-2 所示。瓷质熔件管 1

的两端焊有黄铜罩，黄铜罩的端部焊上管盖，构成密封的熔断器熔管。熔管的陶瓷芯上绕有工作熔体和指示熔体，熔体两端焊接在管盖上，管内填充满石英砂之后再焊上管盖密封。

熔体用银、铜和康铜等合金材料制成细丝状，熔体中间焊有降低熔点的小锡球。指示熔丝为一根由合金材料制成的细丝。在熔断器保护的电路发生短路时，熔体熔化后形成电弧，电弧与周围石英砂紧密接触，根据电弧与固体介质接触加速灭弧的原理，电弧能够在短路电流达到瞬时最大值之前熄灭，从而起到限制短路电流的作用。

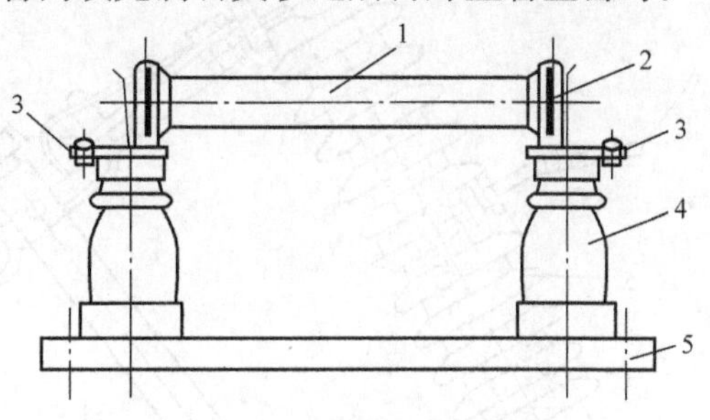

图 5-2　RN1 系列高压熔断器结构

1—熔件管；2—静触头座；3—接线座；4—支柱绝缘子；5—底座

熔体的熔断指示器在熔管的一端，正常运行时指示熔体拉紧熔断指示器。工作熔体熔断时也使指示熔体熔断，指示器被弹簧推出，显示熔断器已熔断。

RN2 系列高压熔断器是用于电压互感器回路作短路保护的专用熔断器。RN2 系列与 RN1 系列熔断器结构大体相同。由于电压互感器的一次额定电流很小，为了保证 RN2 系列的熔丝在运行中不会因机械振动而损坏，所以 RN2 系列熔断器的熔丝是根据对其机械强度要求来确定的。从限制 RN2 系列熔断器所通过的短路电流考虑，要求熔丝具有一定的电阻。各种规格的 RN2 系列熔断器，对熔丝的材料、截面、长度和电阻值大小均有一定要求；更换熔丝时不允许随意更改，更换后的熔丝材料、截面、长度和电阻值均应符合要求，否则会在熔断时产生危险过电压。

RN2 系列高压熔断器的熔管没有熔断指示器，运行中应根据接于电压互感器二次回路中仪表的指示来判断高压熔丝是否熔断。

RN2 系列熔断器件是绕在陶瓷芯上的熔丝，由三级不同截面的康铜丝组成。采用不同截面组合是为了限制灭弧时产生的过电压幅值。

常用的高压熔断器有 RN2、RN5、RN6 和 RXNM1—6、RXNT1—10 系列高压熔断器以及 RXNT2—10 系列高压熔断器。

第三节　户外式高压熔断器

一、跌开式熔断器

跌开式熔断器是喷射式熔断器，RW4—10 系列户外跌开式熔断器结构如图 5-3 所示。

熔管 3 由环氧玻璃钢或层卷纸板组成，其内壁衬以红钢纸或桑皮做成消弧管。熔体又称熔丝，熔丝安装在消弧管内。熔丝的一端固定在熔管下端，另一端拉紧上面的压板，维持熔断器的通路状态。熔断器安装时，熔管的轴线与铅垂线成一定倾斜角度，以保证熔丝熔断时熔管能顺利跌落。

当熔丝熔断时，熔丝对连接片的拉紧力消失，上触头从低舌上滑脱，熔断器靠自身重力绕轴跌落。同时，电弧使熔管内的消弧管分解生成大量气体，熔管内的压力剧增后由熔管两端冲出，冲出的气流纵向吹动电弧使其熄灭。熔管内所衬消弧管可避免电弧与熔管直接接

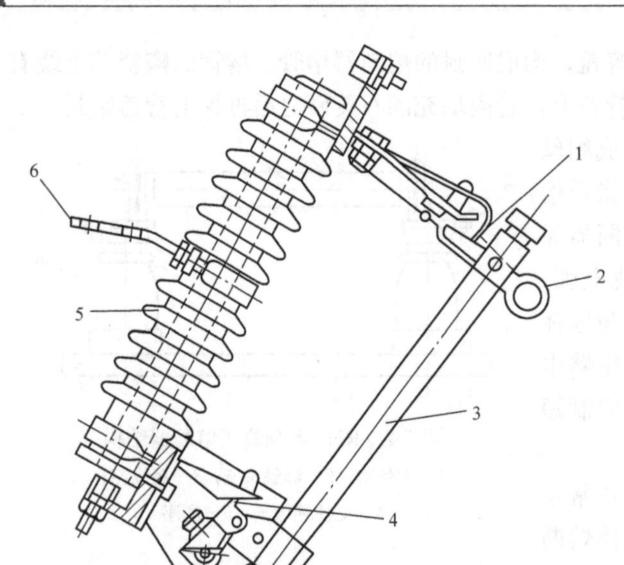

图 5-3　RW4—10 系列户外跌开式熔断器结构

1—上触点；2—操作环；3—熔管；4—下触点；5—绝缘子；6—安装铁板

触，以免电弧高温烧毁熔管。

二、限流式熔断器

RXW—35 系列限流式熔断器如图 5-4 所示。它是 35kV 户外式高压熔断器，主要用于保护电压互感器。熔断器由瓷套 1、熔管及棒形支持绝缘子 2 和接线端帽等组成。熔管装于瓷套中，熔件放在充满石英砂填粒的熔管内。RXFW9—35 系列限流式熔断器的灭弧原理与 RN 系列限流式有填料高压熔断器的灭弧原理基本相同，均有限流作用。

此外，还有 RW3—10、RW7—10、RW5—35、RW10—35、RW10—10F 和 RXWO—35 等系列高压熔断器。为了保证在暂时性故障后迅速恢复供电，有些高压熔断器具有单次重合功能。例如 RW3—10Z 系列单次重合熔断器，它具有两根熔件管，平时只有一根接通工作，当这根熔件管断开后，相隔一定时间（约 0.3s 以内），另一根熔件管借助于重合机构而自动重合，得以恢复供电。

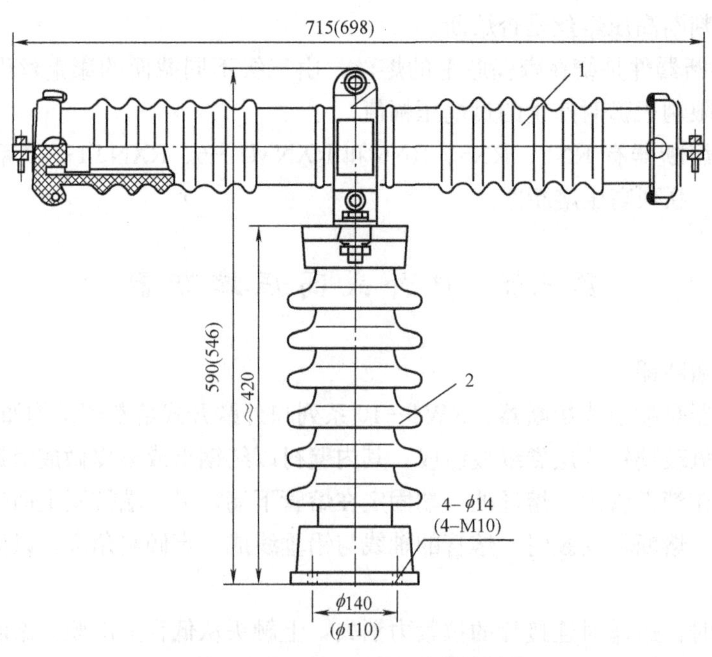

图 5-4　RXW—35 系列熔断器结构

1—瓷套；2—棒形支柱绝缘子

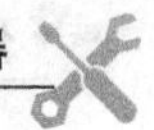

第四节 高压熔断器使用注意事项及故障处理

一、高压熔断器使用注意事项

（1）高压跌开式熔断器底座（支架）和各部分零件应完整、固定牢固，三相支点在同一平面上。

（2）10kV 跌开式熔断器相间距离不应小于 500mm。

（3）跌开式熔断器的安装应符合下列要求：

1）接点转轴光滑灵活，铸件不应有裂纹、砂眼。

2）熔管内应清洁，熔丝安装应适当拉紧、拧牢。

3）熔管的轴线与垂线的夹角应为 15°～30°，允许偏差 5°，熔丝熔断后跌开动作应灵活可靠，接触紧密，上下引线应压紧，与线路导线的连接应紧密可靠。

4）瓷件良好，熔管不应有吸潮膨胀或弯曲现象。

（4）熔丝的规格应符合设计要求，并应无弯折，压扁或损伤。

高压跌开式熔断器安装，如图 5-5 所示。

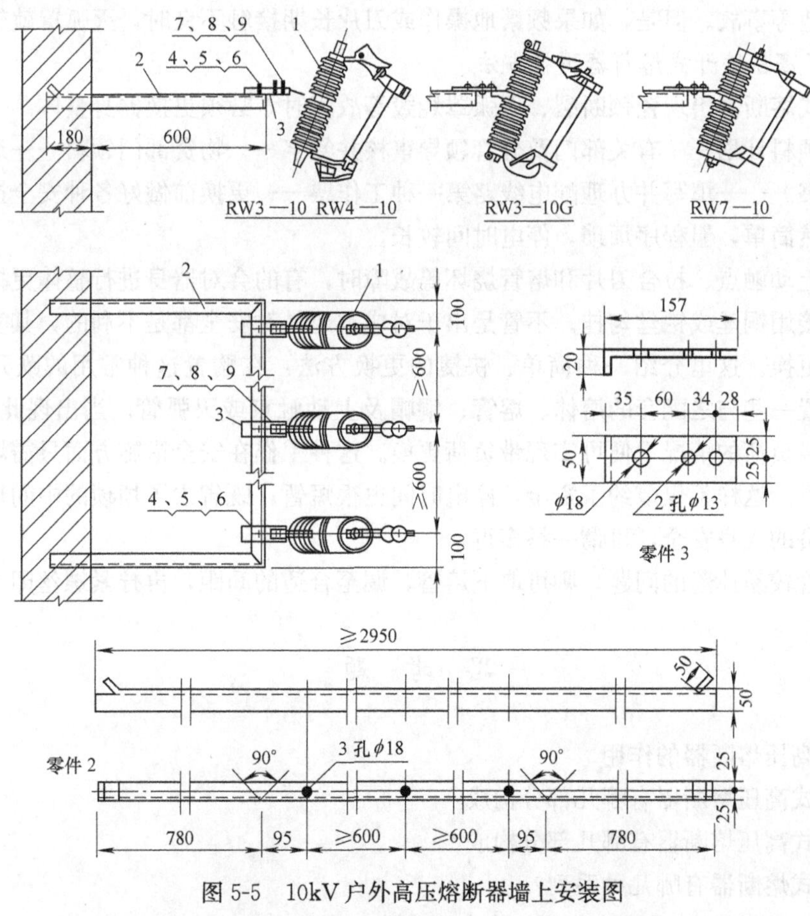

图 5-5 10kV 户外高压熔断器墙上安装图

1—高压跌开式熔断器；2—角钢支架；3—扁钢；4～9—螺栓螺母垫片

二、10kV户外高压跌开式熔断器故障处理

1. 10kV高压跌开式熔断器常见的故障

(1) 前抱箍螺栓与跌开式熔断器横担的连接点。跌开式熔断器运行时间过长时，螺栓很容易锈死，当需要更换时，很难拆下，往往要用钢锯把螺栓锯断。这种做法将导致停电时间较长，易造成用户投诉。

(2) 支柱。由于运行时间长，瓷质老化，如果检修人员在进行拉合熔管操作时用力过猛，则会将支柱颈部推（拉）断，造成损坏。

(3) 上动触点或拉合刀片。当检修人员在线路带负荷拉合熔断器熔管时，产生的电弧对于RW3—10G型户外跌开式熔断器而言，容易把上动触点烧坏；对于RW10—10F/100A型熔断器而言，其拉合刀片较易被电弧灼伤损坏。

(4) 熔管。在线路长期过负荷或经常出现故障时，由于熔管熔丝配置不合理，高于线路额定电流的情况下熔丝不易熔断，易造成熔管发热，导致熔管烧毁。此外，由于熔管两端铜帽的止定螺丝松动，其中一端的铜帽下滑，致使铜帽两端间距缩小，鸭嘴罩与上动触点接触不牢，被风吹时使熔管脱落。

(5) 灭弧罩。RW10—10F/100A型熔断器是带有灭弧室的一种常用的线路控制设备。在紧急情况下需要断开线路电源时，强烈的电弧可在灭弧室内熄灭，不至于因拉弧而造成弧光短路或接地等事故。但是，如果频繁地操作或刀片长期接触不良时，灭弧罩就较易烧毁。

2. 10kV高压跌开式熔断器更换方法

当跌开式熔断器出现瓷颈断裂、灭弧罩烧毁等故障时，必须更换器身整体。一般更换程序是：作出领料计划——有关部门及分管领导审核并签字——物资部门领料——编制《标准化作业指导书》——填写并办理配电线路第一种工作票——更换前做好各种安全措施。此项工作任务虽然简单，但程序烦琐，停电时间较长。

当出现上动触点、拉合刀片和熔管烧坏等故障时，有的会对器身进行整体更换，有的则图省事，直接用铜丝或铝丝勾挂。不管是出于对成本还是对安全都是不利的，其实都没必要对器身整体更换。这里介绍一种简单、快捷的更换方法：在购置这种常用的跌开式熔断器时，顺便订置一些与之配套的熔体、熔管、铜帽及上动触点或灭弧管。当出现此类故障时，仅需在线路轻负荷的情况下便可实现带负荷更换。这种工作在安全措施方面只需填写事故应急抢修单便可。这样不仅节约了资金，停电时间也很短暂；既省去了烦琐的中间环节，又可保证检修人员的人身安全，可谓一举多得。

对于熔管较易掉落的问题，则可取下熔管，调至合适的间距，再拧紧螺丝即可。

思 考 题

1. 简述高压熔断器的作用
2. 户内式高压熔断器有哪几部分构成?
3. 户外式高压熔断器有哪几部分构成?
4. 限流式熔断器有哪几种系列?
5. 10kV户外高压跌开式熔断器故障有哪些? 怎么处理?

第六章　高压成套配电装置

高压成套配电装置是由制造厂成套供应的设备，运抵现场后组装而成的高压配电装置。它将电气主电路分成若干个单元，每个单元即一条回路，将每个单元的断路器、隔离开关、电流互感器、电压互感器，以及保护、控制、测量等设备集中装配在一个整体柜内（通常称为一面或一个高压开关柜），由多个高压开关柜在发电厂、变电站安装后组成的电力装置称为高压成套配电装置。

高压成套配电装置按其结构特点可分为金属封闭式、金属封闭铠装式、金属封闭箱式和SF_6封闭组合电器等；按断路器的安装方式可分为固定式和手车式。

开关柜应具有“五防”联锁功能，即防误分、合断路器，防带负荷拉合隔离刀闸，防带电合接地开关，防带接地线合断路器、隔离开关、接地开关与柜门之间的强制性机械闭锁方式或电磁锁方式实现。

第一节　交流高压真空接触器

交流高压真空接触器适用于交流系统中需要频繁操作的场合。

一、交流高压真空接触器的结构

交流高压真空接触器—熔断器组合电器在交流高压真空接触器的基础上增加了高压限流熔断器作短路保护，拓展了接触器的使用空间，并使主电路的设计变得简单。

交流高压真空接触器主要由真空开关管（真空灭弧室）、操动机构、控制电磁铁、电源模块以及其他辅助部件组成，全部组件安装在由树脂整体浇铸的上框架和钢板装配而成的下框架所组成的部件中。在操动机构的作用下，动、静触头在真空灭弧室内快速运动，接通或切断电路。交流高压真空接触器的真空灭弧室，一般采用圆盘形触头。

控制电磁铁通过操动机构而实现接触器的合闸操作，分闸操作则由分闸弹簧实现。操动机构只需要小功率，一般合闸电流不大于6A，分闸电流不大于2A。当一相或多相熔断器熔断时，在熔断器撞击器的作用下，可实现自动分闸。

交流高压真空接触器结构紧凑、在无需经常维护的条件下仍保证其长久的电气与机械寿命。一般电气寿命在20万次以上，机械寿命在30万次以上。

附加的通用性强，接触器易于组装成不同的配置，以满足不同使用条件。

交流高压真空接触器广泛应用于工业、服务业、海运等领域电器设备的控制。可用于控制和保护（配合熔断器）电动机、变压器、电容器组等，尤其适合需要频繁操作的场所。

二、交流高压真空接触器的自保持方式

接触器的分合闸动作是由操动机构带动真空开关管（真空灭弧室）中的动触头而完成的。其自保持方式有机械保持方式和电磁保持方式。

1. 机械保持方式

合闸时，合闸电磁铁受电动作，通过操动机构使接触器合闸，由合闸锁扣装置使接触器保持合闸状态；分闸时，分闸电磁铁得到信号后动作使合闸锁扣装置解扣，由分闸弹簧驱动操动机构完成分闸。

2. 电磁保持方式

合闸时，电磁线圈合闸绕组得电动作，通过操动机构使接触器合闸，合闸完成后，由辅助开关将保持绕组串联进回路，使接触器保持合闸状态；分闸时，切断电磁线圈的供电回路，由分闸弹簧驱动操动机构完成分闸。

三、交流高压真空接触器的型号

交流高压真空接触器的型号及含义如图 6-1 所示。

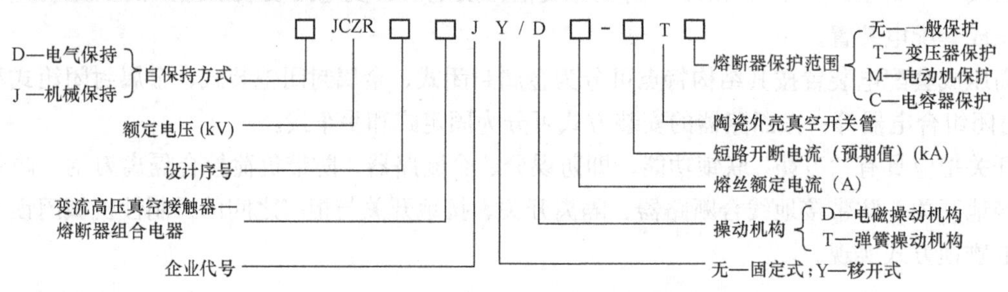

图 6-1　交流高压真空接触器的型号及含义

第二节　KYN××800—10 型高压开关柜

KYN××800—10 型高压开关柜（简称开关柜）为具有“五防”联锁功能的中置式金属铠装高压开关柜，用于额定电压为 3～10kV、额定电流为 1250～3150A、单母线接线的发电厂、变电站和配电所中。

KYN××800—10 型高压开关柜型号及含义如图 6-2 所示。

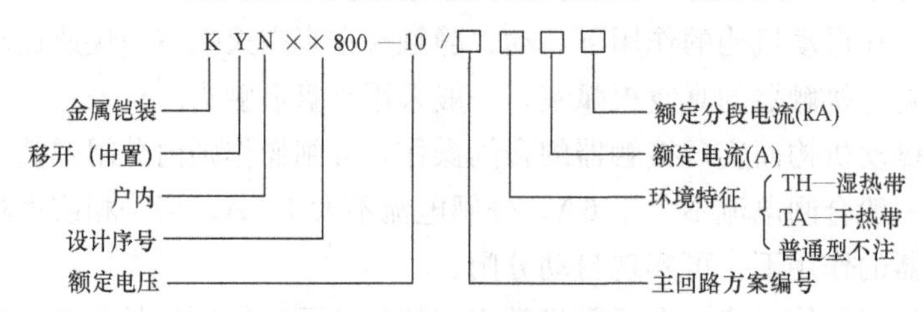

图 6-2　开关柜型号及含义

KYN××800—10 型开关柜的外形与结构如图 6-3 和图 6-4 所示。

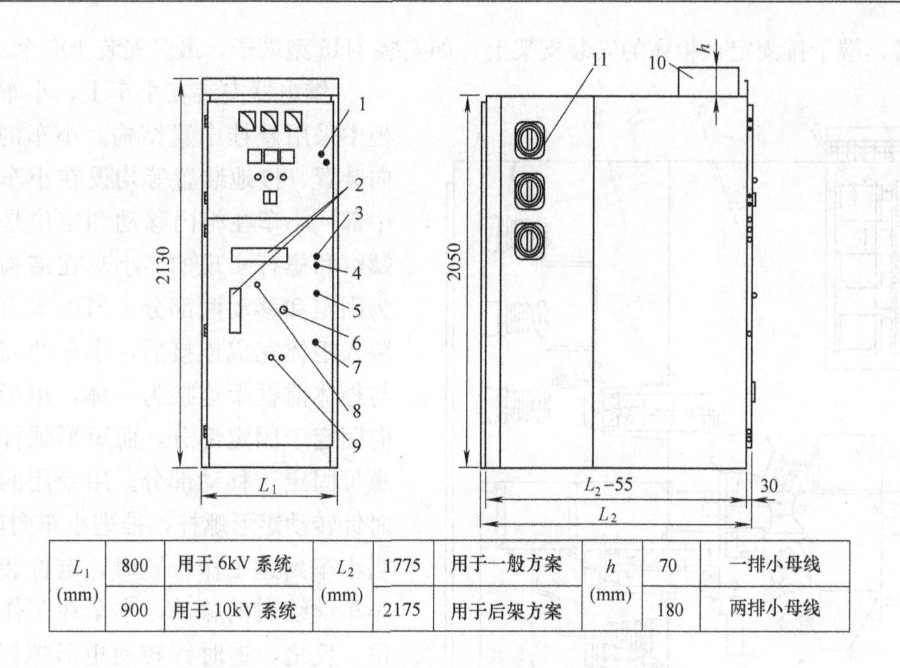

L_1 (mm)	800	用于 6kV 系统	L_2 (mm)	1775	用于一般方案	h (mm)	70	一排小母线
	900	用于 10kV 系统		2175	用于后架方案		180	两排小母线

图 6-3 KYN××800—10 型开关柜外形图

1—继电器室门；2—视窗；3—手车室门；4—门锁孔；5—门锁栓把；6—就地分闸按钮；7—紧急解锁螺钉（开门）；8—储能摇把插孔；9—推进摇把及联锁钥匙插孔；10—小母线室；11—主母线

1. 开关柜结构

开关柜柜体是由薄钢板构件组装而成的装配式结构，柜内由接地薄钢板分隔为主母线室 4、小车室 3、电缆（电流互感器）室 7 和继电器室 2。各小室设有独立的通向柜顶的排气通道，当柜内由于意外原因压力增大时，柜顶的盖板将自动打开，使压力气体定向排放，以保护操作人员和设备的安全。

小车室中部设有悬挂小车的轨道，左侧轨道上设有开合主回路触点盒遮挡帘板的机构和小车运动横向限位装置，右侧轨道上设有小车的接地装置和防止小车滑脱的限位机构。开关柜接地开关和接地开关的操动机构及其机械联锁设在小车室右侧中部。小车车进机构与柜体的连接装置设在开关柜前左右立柱中部。

小车室与主母线室和电缆室的隔板上安装有主回路静触点盒，触点盒既保证了各功能小室的隔离，又可作为静触点的支持件。当小车不在柜内时，主回路静触点由接地薄钢板制成的活动帘板盖住，以保证小车室内工作人员的安全。当小车进入时，活动帘板自动打开使动、静触点顺利接通。

主母线室内安装三相矩形主母线。各柜主母线经绝缘套管连接，主母线安装后，各柜主母线室之间被隔开。电缆室底部设电缆进口及电缆固定槽板，电缆进口由可拆卸的盖板覆盖。电缆室中还可安装接地开关和零序互感器。利用零序互感器吊架，将零序电流互感器吊装在柜底板外部。

继电器室内设有继电器安装板，安装板前安装各种继电器。继电器室门上安装各种计量仪表、操作开关、信号装置或嵌入式继电器及综合保护装置等。小室顶部设有 ϕ6mm 黄铜棍小母线端子，单层布置时最多 11 条，双层布置时最多 20 条；小室下部及左右两侧可安装二次端子排，端子排固定在柜体的安装支架上，如安装JH5型端子，最多安装100个。

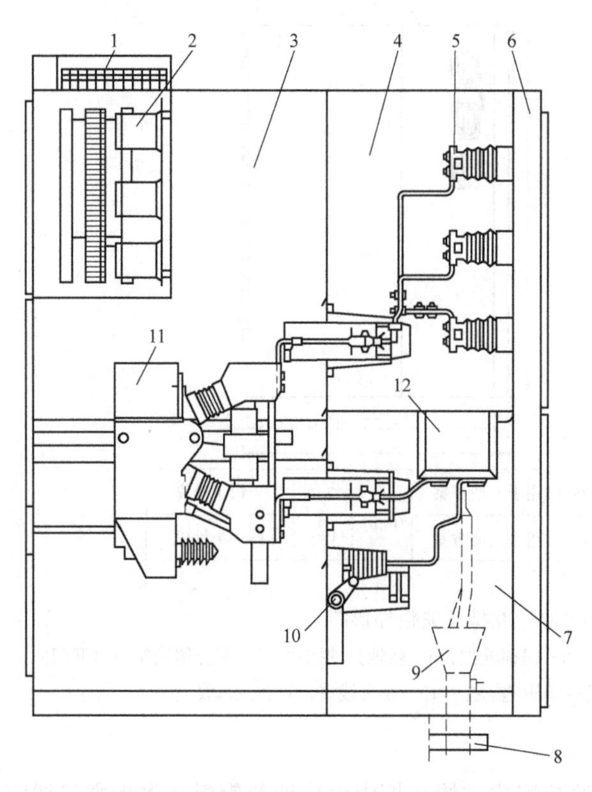

图6-4 KYN××800—10型结构

1—小母线室；2—继电器室；3—手车室；4—主母线室；5—主母线；6—电缆室出气道；7—电缆室；8—零序互感器；9—电缆；10—接地开关；11—断路器小车；12—电流互感器

继电器安装在小车上，小车在开关柜中采用悬挂中置结构。小车的轮、导向装置、接地装置等均设在小车的两侧中部。小车在柜内移动和定位是靠矩形螺纹和螺杆实现的。小车在结构上可分为固定和移动两部分。当小车由运载车装入柜体完成连接后，小车的固定部分与柜体前框架连接为一体，矩形螺杆轴向固定于固定部分，而矩形螺杆的配套螺母固定于移动部分。用专用的摇把顺时针转动矩形螺杆，推进小车向前移动，当小车到达工作位置时，定位装置阻止小车继续向前移动，小车在工作位置定位。反之，逆时针转动矩形螺杆，小车向后移动，当固定部分与移动部分并紧后，小车可在试验位置定位。

2. 闭锁装置

开关柜为防止误操作设计了以下联锁装置：

(1) 推进机构与断路器联锁。

1) 当断路器处于合闸状态时，断路器操动机构输出大轴的拐臂阻挡联锁杆向上运动，阻止联锁钥匙转动，从而使小车无法由定位状态转变为移动状态，使试图移动小车失败。只有分开断路器才能改变小车的状态，使小车可以运动。

2) 当移动小车未进入定位位置或推进摇把未及时拔出时，小车也无法由移动状态转变为定位状态，同时，小车的机构联锁通过断路器内的机械联锁，挡住断路器的合闸机构，使电动机手动合闸均无法进行，从而保证了运行的安全。

(2) 小车与接地开关联锁。

1) 将小车由试验位置的定位状态转变为移动状态时，如果接地开关处于合闸状态或接地开关摇把还没有取下，机械联锁将阻止小车状态的变化。只有分开接地开关并取下摇把，小车才允许进入移动状态。

2) 小车进入移动状态后，机构联锁立即将接地开关的操作摇把插口封闭，这种状态一直保持到小车重回到试验位置并定位才结束。

(3) 隔离小车联锁。为防止隔离小车在断路器合闸的情况下推拉，在隔离小车的前柜下门上装有电磁锁，电磁锁通过挡板把联锁钥匙插入口挡住，使小车无法改变状态。只有当电磁锁有电源（其电源由断路器的动合辅助触点控制）时，才能打开锁操作隔离小车的推进机构。

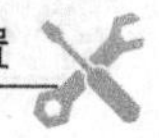

第三节 RGC型高压开关柜

RGC型高压开关柜为金属封闭单元组合SF_6式高压开关柜，常用于额定电压3～24kV、额定电流630A单母线接线的发电厂、变电站和配电所中。

RGC型高压开关柜的型号及含义如图6-5所示：

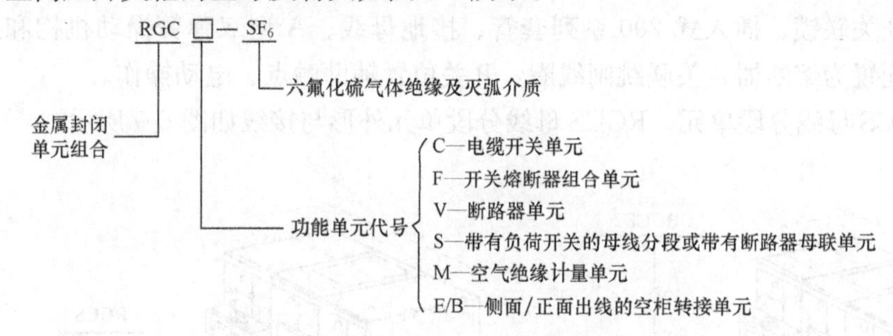

图6-5　RGC型高压开关柜的型号及含义

一、RGC型高压开关柜结构

RGC型高压开关柜是一种结构紧凑、灵活方便的SF_6绝缘的开关柜，外壳采用镀锌板焊接成形，SF_6容器采用不锈钢板制成。

RGC型高压开关柜由标准单元组成，共包括7种标准单元，电缆可以在开关柜的左侧或右侧与母线直接相连。最大可用5个标准单元组成一个大单元，由于运输条件和装卸的限制，当超过5个小单元时，应分成两个部分。

（1）RGCC电缆开关单元。RGCC电缆开关单元外形与接线如图6-6所示。

标准单元配置的设备有负荷开关、可见的三工位关合/隔离/接地开关、母线、关合/隔离/接地开关位置观察窗、负荷开关与三工位开关之间联锁、螺栓式400系列套管、接地母线、电容式带电显示器和K型驱动机构。可选择配置为A型双弹簧操动机构、并联跳闸线圈、开关位置辅助触点、电动操作、压力指示器、短路指示器。

（2）RGCV断路器单元。RGCV断路器单元外形与接线如图6-7所示。

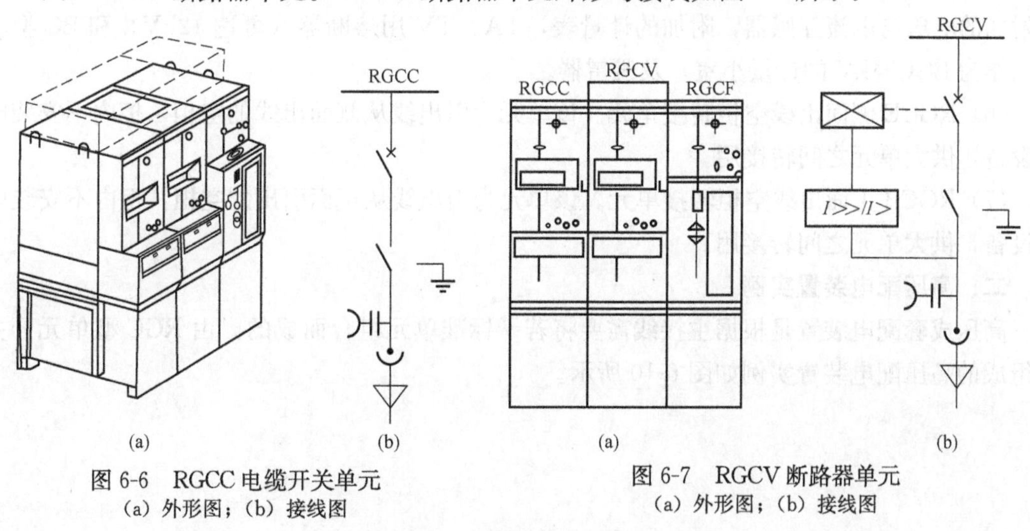

图6-6　RGCC电缆开关单元
（a）外形图；（b）接线图

图6-7　RGCV断路器单元
（a）外形图；（b）接线图

标准单元配置的设备有真空断路器、可见的三工位关合/隔离/接地开关、可见的三工位关合/隔离/接地开关位置观察窗、负荷开关与三工位开关之间联锁、螺栓式400系列套管、接地母线、电容式带电显示器和A型双弹簧操动机构。

（3）RGCF负荷开关熔断器组合单元。RGCF负荷开关熔断器组合单元外形与接线如图6-8所示。

标准单元配置的设备有负荷开关、接地开关、熔断器筒、熔断器脱扣装置、母线、负荷开关与接地开关联锁、插入式200系列套管、接地母线、A型双弹簧操动机构和压力指示器。可选择配置为熔断器、关联跳闸线圈，开关位置辅助触点、电动操作。

（4）RGCS母线分段单元。RGCS母线分段单元外形与接线如图6-9所示。

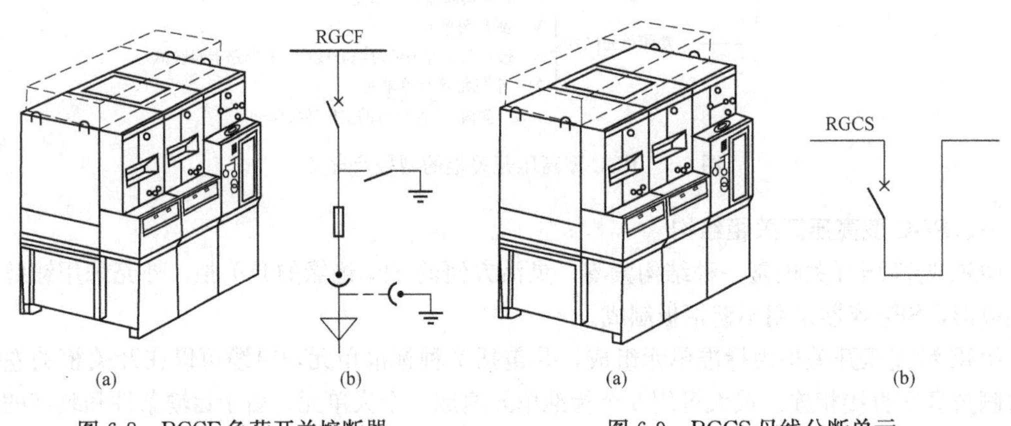

图6-8　RGCF负荷开关熔断器组合单元
（a）外形图；（b）接线图

图6-9　RGCS母线分断单元
（a）外形图；（b）接线图

标准单元配置设备有负荷开关、母线、不锈钢封板、K型驱动机构。可选择配置为真空断路器、并联跳闸线圈、开关位置辅助触点和电动操作。

（5）RGCM空气绝缘测量单元。标准单元配置为2只电流互感器、2只电压互感器、1只带选择开关的电压表、1只带选择开关的电流表与RGC单元连接的电缆头。可选择配置为附加的电压与电流互感器，附加的计量表，TA、TV用熔断器（可达12kV）和BC型小室（作为BGC24kV的计量小室）及避雷器。

（6）RGCE侧面出线空柜转接单元。该单元为引出线从侧面出线的空柜，柜内不安装电气设备，供大单元之间转接用。

（7）RGCB正面出线空柜转接单元。该单元为引出线从正面引出的空柜，柜内不安装电气设备，供大单元之间转接用。

二、高压配电装置实例

高压成套配电装置是根据主接线需要将若干标准单元组合而成的。由RGC型单元开关柜组成的高压配电装置实例如图6-10所示。

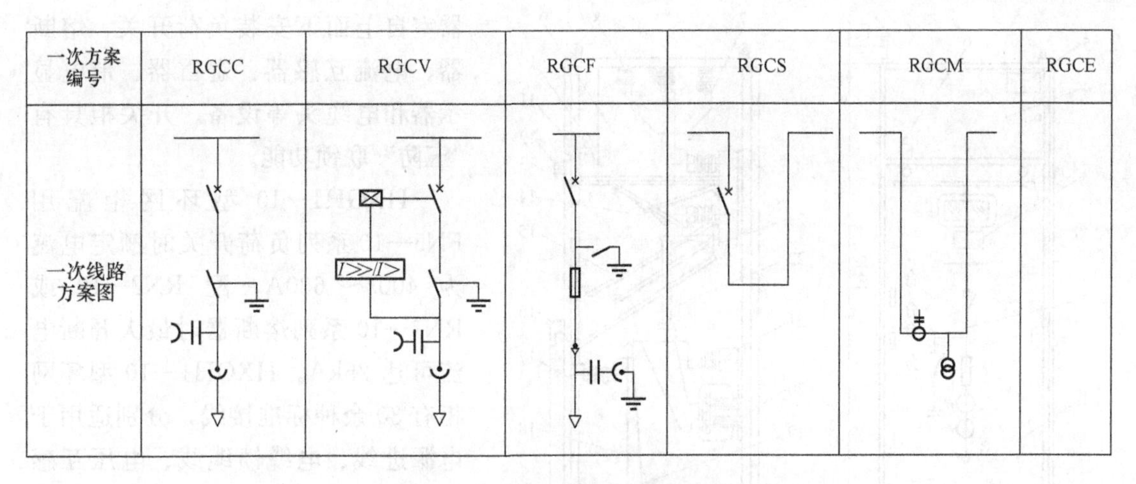

图 6-10　高压配电装置实例

第四节　环 网 开 关 柜

为提高供电可靠性，使用户可以从两个方向获得电源，通常将供电网连接成环形，图 6-11 (a)中有 A、B、C、D、E 和 F 六个配电所，它们的双电源分别引自变电站的两组母线，分别经 1 号、2 号断路器供电。

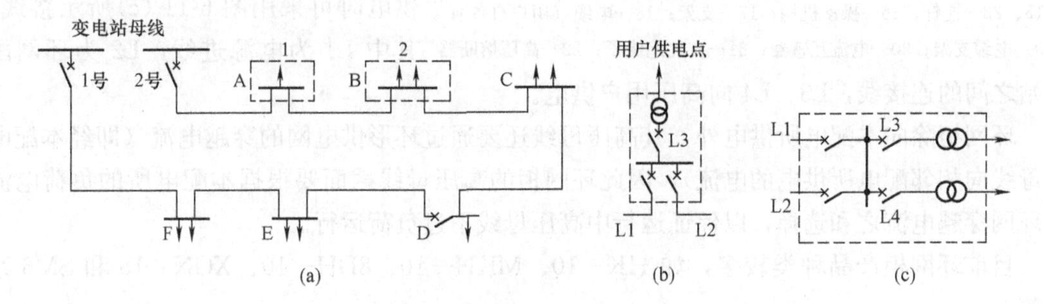

图 6-11　环形供电网

(a) 环形供电网；(b) 单用户配电所接线；(c) 双用户配电所接线

在工矿企业、住宅小区、港口和高层建筑等交流 10kV 配电系统中，因负载容量不大，其高压回路通常采用负荷开关或真空接触器控制，并配有高压熔断器保护。该系统通常采用环形网供电，所使用高压开关柜一般习惯上称为环网柜。

以下对 HXGH1—10 型环网柜作一简单介绍。

单母线接地的电缆出（进）线单元 HXGH1—10 型环网柜的面板布置与结构如图 6-12 所示。HXGH1—10 型环网柜主要由母线室 9、断路器室 13 和仪表室 11 等部分组成。开关柜一次系统接线面板如图 6-12（a）所示。母线室在柜的顶部，三相母线水平排列。母线室前部为仪表室，母线室与仪表室之间用隔板隔开。仪表室内可安装电压表、电流表、换向开关、指示器和操作元件等。在仪表室底部的端子板上可安装二次回路的端子排、柜内照明灯和击穿保险等，计量柜的仪表室可安装有功电能表、无功电能表、峰谷表和定量器等。断路

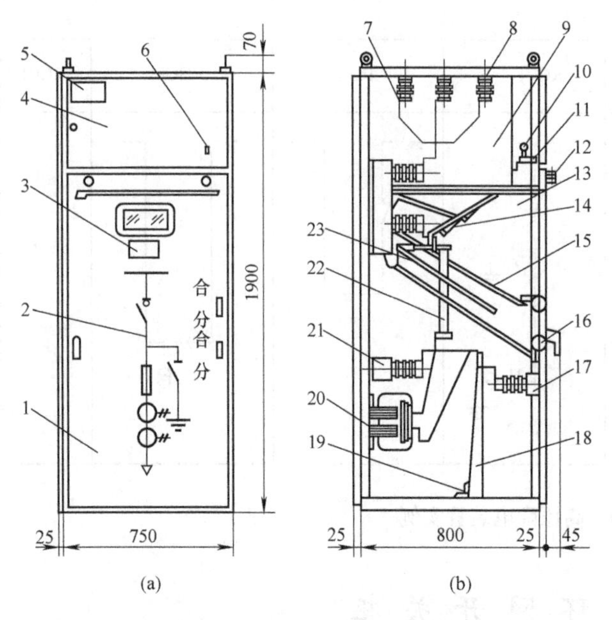

图 6-12 HXGH1—10 型环网柜

(a) 面板图；(b) 结构示意图

1—下门；2—模拟母线；3—显示器；4—上门；5—铭牌；6—组合开关；7—母线；8—绝缘子；9—母线室；10—照明灯；11—仪表室；12—旋钮；13—断路器室；14—负荷开关；15、23—连杆；16—操动机构；17—支架；18—电缆（用户自备）；19—电缆支架；20—电流互感器；21—支柱绝缘子；22—高压熔断器

器室自上而下安装负荷开关、熔断器、电流互感器、避雷器、带电显示器和电缆头等设备。开关柜具有“五防”联锁功能。

HXGH1—10 型环网柜配用 FN5—10 系列负荷开关时额定电流为 400 ～ 630A，配 RN2—10 或 RN3—10 系列熔断器时最大开断电流可达 25kA。HXGH1—10 型环网柜有 30 余种标准接线，分别适用于电源进线、电缆馈缆线、电压互感器、避雷器和电容器等单元。为满足环网供电要求，配电所 A 采用一进两出接线，如图 6-11 (b)所示，其中 L1 为电源进线，L2 为与环网配电所之间的连接线，L3 向高压用户供电。

当一个配电所向两个高压用户供电时可采用图 6-11 (c)所示接线。其中 L1 为电源进线，L2 为环网配电站之间的连接线，L3、L4 向高压用户供电。

环网柜除向本配电所供电外，其高压母线还要通过环形供电网的穿越电流（即经本配电所母线向相邻配电所供电的电流），因此环网柜的高压母线截面要根据本配电所的负荷电流与环网穿越电流之和选择，以保证运行中高压母线不过负荷运行。

目前环网柜产品种类较多，如 HK—10、MKH—10、8DH—10、XGN—15 和 SM6 系列等。

第五节 高/低压预装箱式变电站

为了加快小型用户变电站的建设速度、减少变电站的占地面积和投资，将小型用户变电站的高压电气设备、变压器、低压控制设备以及测量设备等组合在一起，在工厂内成套生产组装成箱式整体结构。变电站在站址完成基础施工后，将成套的箱式整体结构变电站运到现场安装后，建成的变电站为高/低压预装箱式变电站，简称箱变。箱式变电站是成套变电站中的一种。

一、箱式变电站特点

箱式变电站占地面积小。一般箱式变电站占地面仅为 5～6m^2，甚至可以减少到 3～3.5m^2。适合于在一般负荷密集的工矿企业、港口和居民住宅小区等场所，可以使高电压供电延伸到负荷中心，减少低压供电半径，降低损耗。低压供电线路较少，一般为 4～6

路。缩短现场施工周期，投资少。采用全密封变压器和 SF_6 开关柜等新型设备时，可延长设备检修周期，甚至可达到免维护要求。外形新颖美观，可与变电站周围的环境相互协调。

二、XGW2—12 (Z)型无人值班箱式变电站

XGW2—12 (Z)型无人值班箱式变电站为额定电压 12kV、额定电流 1250A 及以下的户外式成套装置，常用于 10kV 环网系统中。

XGW2—12 (Z)型无人值班箱式变电站结构如图 6-13 所示。柜体采用双层密封，内部装有空调器，可保证箱式变电站内部温度保持在允许范围以内。箱体底架采用热轧型钢、框架采用冷弯型钢，两者组焊在一起，外部钢构件均采用表面处理技术处理，顶板、侧壁选用双层彩色复合隔热板，再铆以铝合金型材加以装饰、强度高、耐久性好。

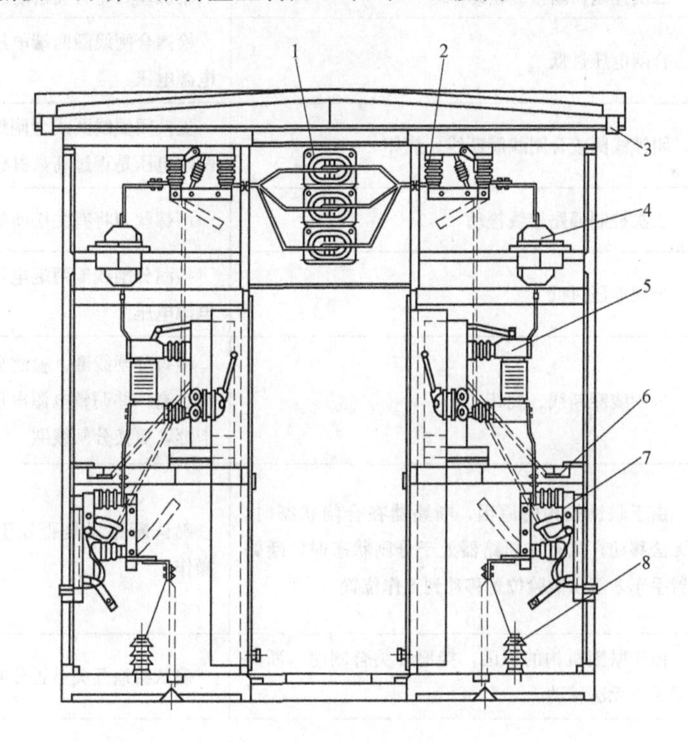

图 6-13　XGW2—12 (Z)型无人值班箱式变电站结构

1—主母线室；2—隔离开关；3—漏水管；4—电流互感器；5—断路器；6—门外联锁机构；7—隔离开关；8—避雷器

高压电路采用真空断路器控制，在柜上设有上、下隔离开关。真空断路器、电流互感器、电压互感器及二次系统每个单元均采用特制铝型材装饰的内门结构，美观、大方。每个间隔后面均设有双层防护板和可打开的外门，便于柜后检修，主母线位于走廊上部，主母线室间隔之间用穿墙套管隔开，主母线及与之连接的支持用热缩套管包覆，箱内检修通道设有顶灯，在每个单柜的上方均装有检修灯。

保护装置可根据用户需求集中或分散布置，计量表的表计分散在各个间隔中。

第六节　高压成套配电装置运行维护

一、KYN移开式（手车式）开关柜常见故障及处理方法

KYN移开式（手车式）开关柜常见故障及处理方法见表6-1。

表6-1　KYN移开式（手车式）开关柜常见故障及处理方法

序号	故障现象	产生原因	处理方法
1	断路器不能合闸	断路器手车未到确定位置	确认断路器手车是否完全处于试验位置或工作位置；此为正常联锁，不是故障
		二次控制回路接线松动	用螺丝刀将有关松动的接头接好
		合闸电压过低	检测合闸线圈两端电压是否过低，并调整电源电压
		闭锁线圈或合闸线圈断线、烧坏	更换闭锁线圈或合闸线圈；检测合闸线圈两端电压是否过高，机械回路是否有卡涩
2	断路器不能分闸	二次控制回路接线松动	用螺丝刀将有关松动的接头接好
		分闸电压过低	检测分闸线圈两端电压是否过低，并调整电源电压
		分闸线圈断线、烧坏	检查分闸线圈。检测分闸线圈两端电压是否过高，并调整电源电压；机械回路是否有卡涩，更换分闸线圈
3	断路器手车在试验位置时摇不进	由于联锁机构的原因，断路器在合闸状态时，无法移动；只有在断路器处于分闸状态时，断路器手车才能从试验位置移动到工作位置	确认断路器是否处于分闸状态后，再行操作
		由于联锁机构的原因，接地开关合闸时，断路器手车无法移动	确认接地开关是否分闸
		若接地开关确实已分闸，但仍无法摇进，请检查接地开关操作孔处的操作舌片是否恢复至接地开关分闸时应处的位置	若操作舌片未恢复，调整接地开关操动机构
		断路器室活门工作不正常	门动作是否正常
4	断路器手车在试验位置时摇不出	由于联锁机构的原因，断路器在合闸状态时，无法移动；只有在断路器处于分闸状态时，断路器手车才能从工作位置移动到试验位置；若断路器处于分闸状态时，断路器手车仍摇不出，一般情况下是底盘机构卡死	确认断路器是否处于分闸状态后，再行操作检查调试断路器底盘机构

续表

序号	故障现象	产生原因	处理方法
5	接地开关无法操作合闸	因电缆侧带电，操作舌片按不下（联锁要求）	请分析带电原因
		接地开关闭锁电磁铁未动作，操作舌片按不下	检查闭锁电源是否正常，闭锁电磁铁是否得电，若电源正常而闭锁电磁铁不得电，则更换闭锁电磁铁
		应“五防”要求，接地刀闸与开关柜电缆室门间有联锁；若电缆室门未关好，接地开关，无法操作合闸	应确认电缆室门是否关好
		传动机构故障	检查调试传动部分
6	传感器损坏	内部高压电容击穿	更换传感器
7	带电显示器损坏	耐压试验时未将带电显示器退出运行，导致显示器内部击穿	更换带电显示器

二、巡视检查项目

高压开关柜巡视检查项目除断路器、隔离开关、互感器等电器的巡视检查项目外，还必须检查下列各项：

（1）开关柜前后通道应畅通、整洁。

（2）开关柜整洁无锈蚀。编号、名称等标示标志清晰完整，位置正确。

（3）开关柜接地装置是否完好。

（4）柜上装置的组件、零部件均应完好无损，继电保护装置工作正常。

（5）柜上仪表、信号、指示灯等指示是否正确，如发现指示异常或出现报警信号，应查明原因，及时排除故障。

（6）开关柜闭锁装置所在位置正确。

（7）开关柜有电显示装置显示是否正确，开关柜内照明灯是否正常。

（8）母线各连接点是否正常，支柱绝缘子是否完好无损。

（9）隔离开关、断路器分/合闸位置是否与运行状态相符，操作电源工作正常。

（10）柜内电气设备是否有异声、异味，电缆头运行正常。

（11）电容器柜放电装置工作是否正常。

（12）功能转换开关位置正确。

（13）所挂标示牌内容是否与现场相符。

（14）雷电过后和故障处理恢复送电后应进行特殊巡视。

思　考　题

1. 什么叫高压成套配电装置？

2. 交流高压真空接触器应用于什么场所?
3. 什么叫环形供电网?
4. 什么是箱式变电站?
5. 高压成套配电装置的故障现象有哪些?

第七章　电 力 变 压 器

变压器是一种静止的电气设备，它利用电磁感应原理将一种电压等级的交流电能转变成另一种电压等级的交流电能。变压器可分为电力变压器、特种变压器及仪用互感器（电压互感器和电流互感器）。电力变压器按冷却介质可分为油浸式和干式两种。

在电力系统中，电力变压器（简称变压器）是一个重要的设备。发电厂的发电机输出电压由于受发电机绝缘水平限制，通常为6.3kV和10.5kV，最高不超过20kV。在远距离输送电能时，须将发电机的输出电压通过升压变压器将电压升高到几万伏或几十万伏，以降低输电线电流，从而减少输电线路上的能量损耗。输电线路将几万伏或几十万伏的高压电能输送到负荷区后，须经降压变压器将高电压降低，以适合于用电设备的使用。故在供电系统中需要大量的降压变压器，将输电线路输送的高压变换成不同等级的电压，以满足各类负荷的需要。由多个电站联合组成电力系统时，要依靠变压器将不同电压等级的线路连接起来。所以，变压器是电力系统中不可缺少的重要设备。

第一节　变压器工作原理与结构

一、变压器的工作原理

变压器是根据电磁感应原理工作的。图7-1是单相变压器的原理示意图，在闭合铁芯上绕有两个互相绝缘的绕组，其中接入电源的一侧为一次绕组，输出电能的一侧为二次绕组。当交流电源电压 U_1 加到一次绕组后，就有交流电流 I_1 通过该绕组，在铁芯中产生交流磁通。这个交变磁通不仅穿过一次绕组，同时也穿过二次绕组，两个绕组分别产生感应电动势 E_1 和 E_2。这时，如果二次绕组与外电路的负荷接通，便有电流 I_2 流入负荷，即二次绕组有电能输出。

根据电磁感应定律可以导出感应电动势。一次绕组感应电动势为

$$E_1 = 4.44 f N_1 \Phi_m \tag{7-1}$$

二次绕组感应电动势为

$$E_2 = 4.44 f N_2 \Phi_m \tag{7-2}$$

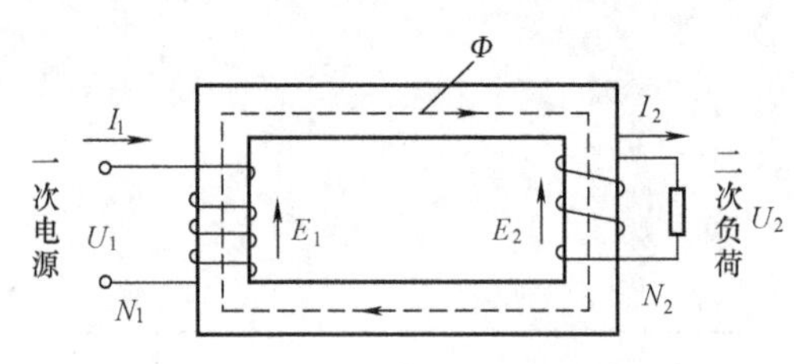

图 7-1 单相变压器原理示意图

式中 f——电源频率，Hz；

N_1——一次绕组匝数；

N_2——二次绕组匝数；

Φ_m——铁芯中主磁通幅值。

由式（7-1）、式（7-2）得出

$$\frac{E_1}{E_2}=\frac{N_1}{N_2} \tag{7-3}$$

由此可见，变压器一、二次感应电动势之比等于一、二次绕组匝数之比。

由于变压器一、二次漏电抗和电阻都比较小，可以忽略不计，因此可近似地认为：一次电压有效值$U_1=E_1$；二次电压有效值$U_2=E_2$，于是

$$\frac{U_1}{U_2}=\frac{E_1}{E_2}=\frac{N_1}{N_2}=K \tag{7-4}$$

式中 K——电压比。

变压器一、二次绕组因匝数不同将导致一、二次绕组的电压高低不等，匝数多的一侧电压高，匝数少的一侧电压低，这就是变压器能够改变电压的基本原理。

如果忽略变压器的内损耗，可认为变压器二次输出功率等于变压器一次输入功率，即

$$U_1I_1=U_2I_2 \tag{7-5}$$

式中 I_1、I_2——一、二次电流的有效值。

由此可得出

$$\frac{I_1}{I_2}=\frac{N_2}{N_1}=\frac{1}{K} \tag{7-6}$$

由此可见，变压器一、二次电流之比与一、二次绕组匝数比成反比，即变压器匝数多的一侧电流小，匝数少的一侧电流大，也就是电压高的一侧电流小，电压低的一侧电流大。

二、变压器的结构

中型油浸式电力变压器结构如图 7-2 所示。

1. 铁芯

(1) 铁芯结构。变压器的铁芯是磁路部分，由铁芯柱和铁轭两部分组成。绕组套装在铁芯柱上，而铁轭则用来使整个磁路闭合。铁芯的结构一般分为心式和壳式两类。

心式铁芯的特点是铁轭靠着绕组的顶面和底面，但不包围绕组的侧面；壳式铁芯的特点是铁轭不仅包围绕组的顶面和底面，而且还包围绕组的侧面。由于心式铁芯结构比较简单，绕组的布置和绝缘也比较容易，因此我国电力变压器主要采用心式铁芯，只在一些特种变压器（如电炉变压器）中才采用壳式铁芯。常用的心式铁芯如图 7-3 所示。近年来，大量涌现的节能型配电变压器均采用卷铁芯结构。

(2) 铁芯材料。由于铁芯为变压器的磁路，所以其材料要求导磁性能好，只有导磁性能好，才能使铁损小。故变压器的铁芯采用硅钢片叠制而成。硅钢片有热轧和冷轧两种。由于冷轧硅钢片在沿着辗轧的方向磁化时有较高的磁导率和较小的单位损耗，其性能优于热轧的，国产变压器均采用冷轧硅钢片。国产冷轧硅钢片的厚度为 0.35、0.30、0.27mm 等几种。片厚则涡流损耗大，片薄则叠片系数小，因为硅钢片的表面必须涂覆一层绝缘漆以使片

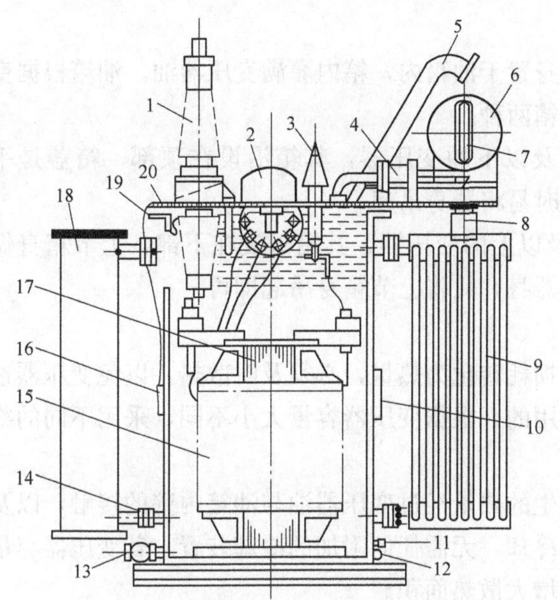

图 7-2 中型油浸式电力变压器结构

1—高压套管；2—分接开关；3—低压套管；4—气体继电器；5—安全气道（防爆管）；6—油枕（储油柜）；7—油表；8—呼吸器（吸湿器）；9—散热器；10—铭牌；11—接地螺栓；12—油样活门；13—放油阀门；14—活门；15—绕组；16—信号温度计；17—铁芯；18—净油器；19—油箱；20—变压器油

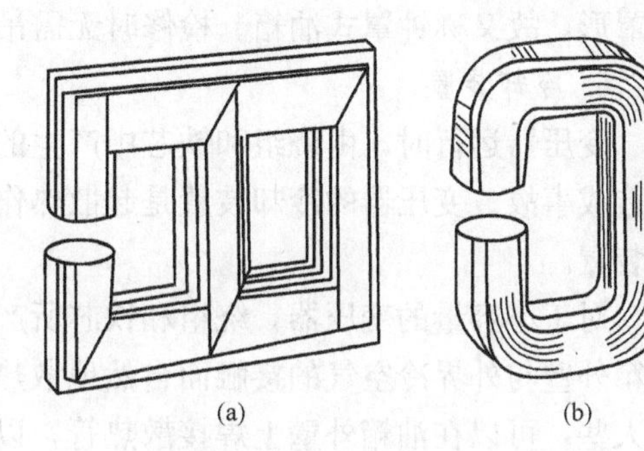

图 7-3 常用的心式铁芯

(a) 三相三柱式截面图；(b) 单相卷铁芯截面图

与片之间绝缘。

2. 绕组

绕组是变压器的电路部分，一般由绝缘漆包、纸包的铝线或铜线烧制而成。

根据高、低压绕组排列方式的不同，绕组分为同心式和交叠式两种。对于同心式绕组，为了便于绕组和铁芯绝缘，通常将低压绕组靠近铁芯柱。对于交叠式绕组。为了减少绝缘距离，通常将低压绕组靠近铁轭。

3. 绝缘

变压器内部主要的绝缘材料有变压器油、绝缘纸板、电缆纸、皱纹纸等。

4. 分接开关

为了供给稳定的电压、控制电力潮流或调节负载电流，均需对变压器进行电压调整。目前，变压器调整电压的方法是在其某一侧绕组上设置分接，以切除或增加一部分绕组的线匝，以改变绕组的匝数，从而达到改变电压比的有级调整电压的方法。这种绕组抽出分接以供调压的电路，称为调压电路；变换分接以进行调压所采用的开关，称为分接开关。一般情况下是在高压绕组上抽出适当的分接。这是因为高压绕组常套在外面，引出分接方便，另外，高压侧电流小，分接引线和分接开关的载流部分截面小，开关接触触头也较容易制造。

变压器二次侧不带负载，一次侧也与电网断开（无电源励磁）的调压，称为无励磁调压，带负载进行变换绕组分接的调压，称为有载调压。

5. 油箱

油箱是油浸式变压器的外壳，变压器器身置于油箱内，箱内灌满变压器油。油箱根据变压器的大小分为吊器身式油箱和吊箱壳式油箱两种。

(1) 吊器身式油箱。多用于 6300kVA 及以下的变压器，其箱沿设在顶部，箱盖是平的，由于变压器容量小，所以重量轻，检修时易将器身吊起。

(2) 吊箱壳式油箱。多用于 8000kVA 及以上的变压器，其箱沿设在下部，上节箱身做成罩形，故又称钟罩式油箱。检修时无需吊器身，只将上节箱身吊起即可。

6. 冷却装置

变压器运行时，由绕组和铁芯中产生的损耗转化为热量，必须及时散热，以免变压器过热造成事故。变压器的冷却装置是起散热作用的。根据变压器容量大小不同，采用不同的冷却装置。

对于小容量的变压器，绕组和铁芯所产生的热量经过变压器油与油箱内壁的接触，以及油箱外壁与外界冷空气的接触而自然地散热冷却，无需任何附加的冷却装置。若变压器容量稍大些，可以在油箱外壁上焊接散热管，以增大散热面积。

对于容量更大的变压器，则应安装冷却风扇，以增强冷却效果。

当变压器容量在 50000kVA 及以上时，则采用强迫油循环水冷却器或强迫油循环风冷却器。与前者的区别在于循环油路中增设一台潜油泵，对油加压以增加冷却效果。这两种强迫循环冷却器的冷却介质不同，前者为水，后者为风。

7. 储油柜（又称油枕）

储油柜位于变压器油箱上方，通过气体继电器与油箱相通，如图 7-4 所示。

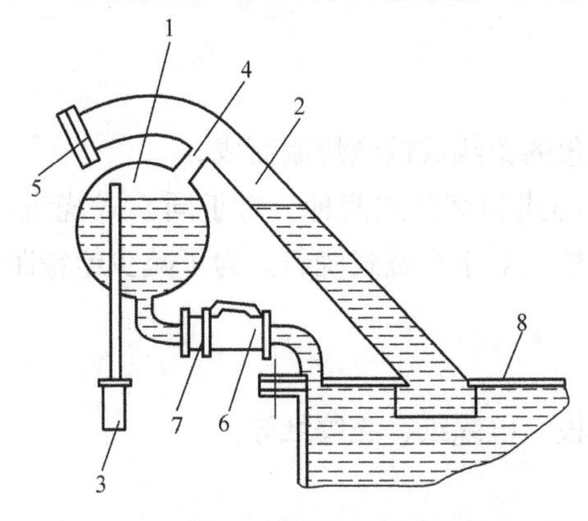

图 7-4　防爆管与变压器储油柜间的连通

1—储油柜；2—防爆管；3—吸湿器；4—油机与安全气道的连通管；5—防爆膜；6—气体继电器；7—碟形阀；8—箱盖

当变压器的油温变化时，其体积会膨胀或收缩。储油柜的作用就是保证油箱内总是充满油，并减小油面与空气的接触面，从而减缓油的老化。

8. 安全气道（又称防爆管）

位于变压器的顶盖上，其出口用玻璃防爆膜封住。当变压器内部发生严重故障，而气体继电器失灵时，油箱内部的气体便冲破防爆膜从安全气道喷出，保护变压器不受严重损害。

9. 吸湿器

为了使储油柜内上部的空气保持干燥，避免工业粉尘的污染，储油柜通过吸湿器与大气相通。吸湿器内装有用氯化钙或氯化钴浸渍过的硅胶，它能吸收空气中的水分。当它受潮到一定程度时，其颜色由蓝色变为粉红色。

10. 气体继电器

位于储油柜与箱盖的联管之间。在变压器内部发生故障（如绝缘击穿、匝间短路、铁芯事故等）产生气体或油箱漏油等使油面降低时，接通信号或跳闸回路来保护变压器。

11. 高、低压绝缘套管

变压器内部的高、低压引线是经绝缘套管引到油箱外部的，它起着固定引线和对地绝缘的作用。套管由带电部分和绝缘部分组成。带电部分包括导电杆、导电管、电缆或铜排。绝缘部分分外绝缘和内绝缘。外绝缘为瓷管，内绝缘为变压器油、附加绝缘和电容性绝缘。

三、变压器的型号及技术参数

1. 型号

变压器的技术参数一般都标在铭牌上。按照国家标准，铭牌上除标出变压器名称、型号、产品代号、标准代号、制造厂名、出厂序号、制造年月以外，还需标出变压器的技术参数。电力变压器铭牌上标出的技术参数见表 7-1。

表 7-1　　　　变压器铭牌上标出的技术参数

标注项目	附加说明
相数（单相、三相）	
额定容量（kVA 或 MVA）	多绕组变压器应给出个绕组的额定容量
额定频率（Hz）	
各绕组额定电压（V 或 kV）	
各绕组额定电流（A）	三绕组自耦变压器应注出公共线圈中长期允许电流
联结组标号、绕组联结示意图	6300kVA 以下的变压器可不画联结示意图
额定电流下的阻抗电压	实测值，如果需要应给出参考容量，多绕组变压器应表示出相当于100%额定容量时的阻抗电压
冷却方式	有几种冷却方式时，还应以额定容量百分数表示出相应的冷却容量；强迫油循环变压器还应注出满载下停油泵和风扇电动机的允许工作时限
使用条件	户内、户外使用，超过或低于海拔 1000m 等
总重量（kg 或 t）	总重量
绝缘油重量（kg 或 t）	绝缘油重量
绝缘的温度等级	油浸式变压器 A 级绝缘可不注出
温升	当温升不是标准规定值时
联结图	当联结组标号不能说明内部连接的全部情况时
绝缘水平	额定电压在 3kV 及以上的绕组和分级绝缘绕组的中性端
运输重（kg 或 t）	8000kVA 及以上的变压器
器身吊重，上节油箱重（kg 或 t）	器身吊重在变压器总重超过 5t 时标注，上节油箱重在钟罩式油箱时标出
绝缘液体名称	在非矿物油时
有关分接的详细说明	8000kVA 及以上的变压器标出带有分接绕组的示意图，每一绕组的分接电压、分接电流和分接容量，极限分接和主分接的短路阻抗值，以及超过分接电压 105%时的运行能力等
空载电流	实测值：8000kVA 或 63kV 级及以上的变压器
空载损耗和负载损耗（W 或 kW）	实测值：8000kVA 或 63kV 级及以上的变压器；多绕组变压器的负载损耗应表示各对绕组工作状态的损耗值

变压器除装设标有以上项目的主铭牌外，还应装设标有关于附件性能的铭牌，需分别按所用附件（套管、分接开关、电流互感器、冷却装置）的相应标准列出。

变压器的型号及含义如图 7-5 所示。

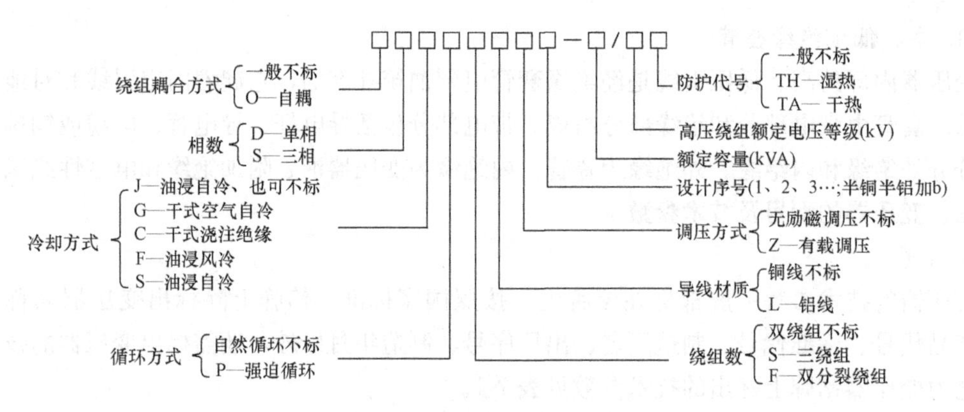

图 7-5　变压器型号及含义

例如：SFZ—10000/110 表示三相自然循环风冷有载调压、额定容量为 10000kVA、高压绕组额定电压 110kV 电力变压器。

S9—160/10 表示三相油浸自冷式、双绕组无励磁调压、额定容量 160kVA、高压侧绕组额定电压为 10kV 电力变压器。

SC8—315/10 表示三相干式浇注绝缘、双绕组无励磁调压、额定容量 315kVA、高压侧绕组额定电压为 10kV 电力变压器。

S11—M（R）—100/10 表示三相油浸自冷式、双绕组无励磁调压、卷绕式铁芯（圆截面）、密封式、额定容量 100kVA、高压侧绕组额定电压为 10kV 电力变压器。

SH11－M－50/10 表示三相油浸自冷式、双绕组无励磁调压、非晶态合金铁芯、密封式、额定容量 50kVA、高压侧绕组额定电压为 10kV 电力变压器。

电力变压器可以按绕组耦合方式、相数、冷却方式、绕组数、绕组导线材质和调压方式分类。但是，这种分类还不足以表达变压器的全部特征，所以在变压器型号中除要把分类特征表达出来外，还需标记其额定容量和高压绕组额定电压等级。

一些新型的特殊结构的配电变压器，如非晶态合金铁芯、卷绕式铁芯和密封式变压器，在型号中分别加以 H、R 和 M 表示。

2. 相数

变压器分单相和三相两种，一般均制成三相变压器以直接满足输配电的要求。小型变压器有制成单相的。特大型变压器做成单相后，组成三相变压器组，以满足运输的要求。

3. 额定频率

变压器的额定频率即是所设计的运行频率，我国为 50Hz。

4. 额定电压

额定电压是指变压器线电压（有效值），它应与所连接的输变电线路电压相符合。我国输变电线路的电压等级（即线路终端电压）为 0.38、3、6、10、35、63、110、220、330、500kV，故连接于线路终端的变压器（称为降压变压器）其一次侧额定电压与上列数值相同。

考虑线路的电压降，线路始端（电源端）电压将高于等级电压，35kV 以下的要高 5%，35kV 及以上的高 10%，即线路始端电压为 0.4、3.15、6.3、10.5、38.5、69、121、242、363、550kV。故连接于线路始端的变压器（即升压变压器），其二次侧额定电压与上列数值

相同。

变压器产品系列是以高压的电压等级区分的，分为 10kV 及以下、20kV、35kV、66kV、110kV 系列和 220kV 系列等。

5. 额定容量

额定容量是指在变压器铭牌所规定的额定状态下，变压器二次侧的输出能力（kVA）。对于三相变压器，额定容量是三相容量之和。

变压器额定容量与绕组额定容量有所区别：双绕组变压器的额定容量即为绕组的额定容量；多绕组变压器应对每个绕组的额定容量加以规定，其额定容量为最大的绕组额定容量；当变压器容量由冷却方式而变更时，则额定容量是指最大的容量。

变压器额定容量的大小与电压等级也是密切相关的。电压低、容量大时，电流大，损耗增大；电压高、容量小时，绝缘比例过大，变压器尺寸相对增大。因此，电压低的容量必小，电压高的容量必大。

6. 额定电流

变压器的额定电流为通过绕组线端的电流，即为线电流（有效值）。它的大小等于绕组的额定容量除以该绕组的额定电压及相应的相系数（单相为 1，三相为 3）。单相变压器额定电流为

$$I_N = \frac{S_N}{U_N} \tag{7-7}$$

式中　I_N——一、二次额定电流；

S_N——变压器额定容量；

U_N——一、二次额定电压。

三相变压器额定电流为

$$I_N = \frac{S_N}{\sqrt{3}U_N} \tag{7-8}$$

三相变压器绕组为 Y 联结时，线电流＝绕组电流；△联结时，线电流＝$\sqrt{3}$×绕组电流。

7. 绕组联结组标号

变压器同侧绕组是按一定形式联结的。三相变压器或组成三相变压器组的单相变压器，则可以联结成星形、三角形等。星形联结是各相线圈的一端接成一个公共点（中性点），其接线端子接到相应的线端上；三角形联结是三个相线圈互相串联形成闭合回路，由串联处接至相应的线端。

星形、三角形和曲折形联结，现在对于高压绕组分别用符号 Y、D、Z 表示；对于中压和低压绕组分别用符号 y、d、z 表示。有中性点引出时则分别用符号 YN、ZN 和 yn、zn 表示。变压器按高压、中压和低压绕组联结的顺序组合起来就是绕组的联结组，例如：变压器按高压为 D、低压为 yn 联结，则绕组联结组为 Dyn（Dyn11）。

8. 调压范围

变压器接在电网上运行时，变压器二次侧电压将由于种种原因发生变化，影响用电设备的正常运行，因此变压器应具备一定的调压能力。根据变压器的工作原理，当高、低压绕组

的匝数比变化时，变压器二次侧电压也随之变动，采用改变变压器匝数比即可达到调压的目的。变压器调压方式通常分为无励磁调压和有载调压两种方式。二次侧不带负载、一次侧又与电网断开时的调压为无励磁调压，在二次侧带负载下的调压为有载调压。

9. 空载电流

当变压器二次绕组开路，一次绕组施加额定频率的额定电压时，一次绕组中所流过的电流称为空载电流，变压器空载合闸时有较大的冲击电流。

10. 阻抗电压和短路损耗

当变压器二次侧短路，一次侧施加电压使其电流达到额定值，此时所施加的电压称为阻抗电压U_Z，变压器从电源吸取的功率即为短路损耗，以阻抗电压以与额定电压U_N之比的百分数表示，即

$$p_K = \frac{U_Z}{U_N} \times 100\% \tag{7-9}$$

11. 电压调整率

变压器负载运行时，由于变压器内部的阻抗压降，二次电压将随负载电流和负载功率因数的改变而改变。电压调整率即说明变压器二次电压变化的程度不大，为衡量变压器供电质量的数据，其定义为：在给定负载功率因数下（一般取0.8）二次空载电压和二次负载电压之差与二次额定电压的比，即

$$\Delta U\% = \frac{U_{2N} - U_2}{U_{2N}} \times 100\% \tag{7-10}$$

式中 U_{2N}——二次额定电压，即二次空载电压；

U_2——二次负载电压。

电压调整率是衡量变压器供电质量好坏的数据。

12. 效率

变压器的效率为输出的有功功率与输入的有功功率之比的百分数。通常中小型变压器的效率约为95%以上。

第二节 变压器运行

一、变压器运行方式

1. 允许温度与温升

变压器运行时，其绕组和铁芯产生的损耗转变成热量，一部分被变压器各部件吸收使之温度升高，另一部分则散发到介质中。当散发的热量与产生的热量相等时，变压器各部件的温度达到稳定，不再升高。

变压器运行时各部件的温度是不同的，绕组温度最高，铁芯次之，变压器油的温度最低。为了便于监视运行中变压器各部件的温度，规定以上层油温为允许温度。

变压器的允许温度主要决定于绕组的绝缘材料。我国电力变压器大部分采用A级绝缘材料，即浸渍处理过的有机材料、如纸、棉纱、木材等。对于A级绝缘材料，其允许最高

温度为105℃，由于绕组的平均温度一般比油温高10℃，同时为了防止油质劣化，所以规定变压器上层油温最高不超过95℃，而在正常状态下，为了使变压器油不至于过速氧化，上层油温一般不应超过85℃。对于强迫油循环的水冷或风冷变压器，其上层油温不宜经常超过75℃。

当变压器绝缘材料的工作温度超过允许值时，其使用寿命将缩短。变压器的温度与周围环境温度的差称为温升。当变压器的温度达到稳定时的温升时称为稳定温升。稳定温升大小与周围环境温度无关，它仅决定于变压器损耗与散热能力。所以，当变压器负载一定（即损耗不变），而周围环境温度不同时，变压器的实际温度就不同。我国规定周围环境最高温度为40℃。对于A级绝缘的变压器，在周围环境最高温度为40℃时，其绕组的允许温升为65℃，而上层油温则为55℃。所以变压器运行时上层油温及其温升不超过允许值，即可保证变压器在规定的使用年限安全运行。

2. 变压器过负荷能力

在不损害变压器绝缘和降低变压器使用寿命的前提下，变压器在较短时间内所能输出的最大容量为变压器的过负荷能力。一般以过负荷倍数（变压器所能输出的最大容量与额定容量之比）表示。

变压器过负荷能力可分为正常情况下的过负荷能力和事故情况下的过负荷能力。

（1）变压器在正常情况下的过负荷能力。变压器正常运行时，允许过负荷是因为变压器在一昼夜内的负载有高峰、有低谷。低谷时，变压器运行的温度较低。此外，在一年不同季节，环境温度也不同，所以变压器可以在绝缘及寿命不受影响的前提下，在高峰负载及冬季时可过负荷运行。有关规程规定，对室外变压器，总的过负荷不得超过30%，对室内变压器为20%。

（2）变压器在事故时的过负荷能力。当电力系统或用户变电站发生事故时，为保证对重要设备的连续供电，允许变压器短时过负荷的能力称为事故过负荷能力。

（3）变压器允许短路。当变压器发生短路故障时，由于保护动作和断路器跳闸均需一定的时间，因此难免不使变压器受到短路电流的冲击。

变压器突然短路时，其短路电流的幅值一般为额定电流的25～30倍。因而变压器铜损将达到额定电流的几百倍，故绕组温度上升极快。目前，对绕组短时过热尚无限制的标准。一般认为，对绕组为铜线的变压器温度达到250℃是允许的，对绕组为铝线的变压器则为200℃。而到达上述温度所需时间大约为5s。此时继电保护早已动作，断路器跳闸。因此，一般设计允许短路电流为额定电流的25倍。

3. 允许电压波动范围

施加于变压器一次绕组的电压因电网电压波动而波动。若电网电压小于变压器分接头电压，对变压器本身无任何损害，仅使变压器的输出功率略有降低。

变压器的电源电压一般不得超过额定值的5%。不论变压器分接头在任何位置，只要电源电压不超过额定值的5%，变压器都可在额定负载下运行。

二、变压器并列运行

并列运行是将两台或多台变压器的一、二次绕组分别接于公共的母线上，同时向负载供电。其接线如图7-6所示。

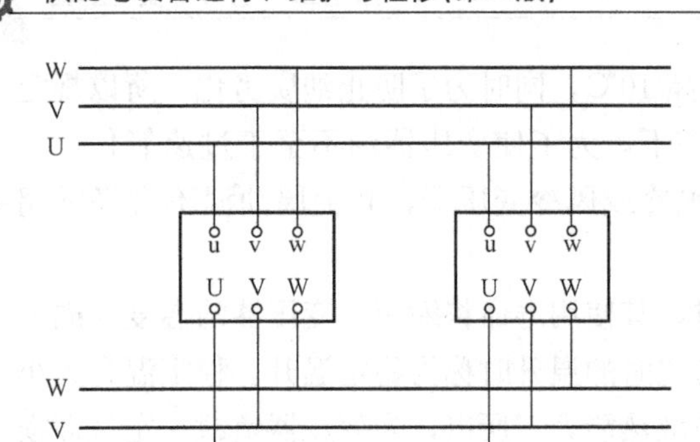

图 7-6　变压器并列运行接线图

变压器并列运行的目的为：

(1) 提高供电可靠性。并列运行时，如果其中一台变压器发生故障从电网中切除时，其余变压器仍能继续供电。

(2) 提高变压器运行经济性。可根据负载的大小调整投入并列运行的台数，以提高运行效率。

(3) 减少总备用容量，并可随着用电量的增加分批增加新的变压器。

三、变压器油及运行

1. 变压器油的作用

变压器油是流动的液体，可充满油箱内各部件之间的气隙，排除空气，从而防止各部件受潮而引起绝缘强度降低。变压器油本身绝缘强度比空气大，所以油箱内充满油后，可提高变压器的绝缘强度。变压器油还能使木质及纸绝缘保持原有的物理和化学性能，并使金属得到防腐作用，从而使变压器的绝缘保持良好的状态。此外，变压器油在运行中还可以吸收绕组和铁芯产生的热量，起到散热和冷却的作用。

2. 变压器油运行

(1) 变压器油试验。新的和运行中的变压器油都需要做试验。按规定，变压器油每年要取样试验。试验项目一般为耐压试验、介质损耗试验和简化试验。

取油样应注意：应在天气干燥时进行。从变压器底部阀门处放油取样。先将积水和底部积存的污油放掉，然后用净布将油阀门擦净，再继续放少许油冲洗，并用清洁油将取样瓶洗涤干净，再将油灌入瓶内，灌油时应严防泥土杂质混入。

(2) 变压器运行管理。应经常检查充油设备的密封性，储油柜、呼吸器的工作性能，以及油色、油量是否正常。另外，应结合变压器运行维护工作，定期或不定期取油样作油的气相色谱分析，以预测变压器的潜伏性故障，防止变压器发生事故。

变压器运行中补油注意事项如下：

1) 10kV 及以下变压器可补入不同牌号的油，但应做混油的耐压试验。

2) 35kV 及以上变压器应补入相同牌号的油，也应做耐压试验。

3) 补油后要检查气体继电器，及时放出气体。若在 24h 后无问题，可重新将气体保护接入掉闸回路。

对在运行中已经变质的油应及时进行处理，使其恢复到标准值，具有良好的性能。

四、变压器运行巡视检查

1. 变压器巡视检查

变压器运行巡视检查内容和周期如下：

(1) 检查储油柜和充油绝缘套管内油面的高度和封闭处有无渗漏油现象，以及油标管内的油色。

(2) 检查变压器上层油温。正常时一般应在 85℃以下，对强油循环水冷却的变压器为 75℃。

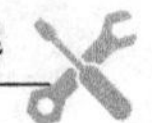

(3) 检查变压器的响声，正常时为均匀的“嗡嗡”声。

(4) 检查绝缘套管是否清洁、有无破损裂纹和放电烧伤痕迹。

(5) 清扫绝缘套管及有关附属设备。

(6) 检查母线及接线端子等连接点的接触是否良好。

(7) 容量在630kVA及以上的变压器，且无人值班的，每周应巡视检查一次。容量在630kVA以下的变压器，可适当延长巡视周期，但变压器在每次合闸前及拉闸后应检查一次。

(8) 有人值班的变（配）电站，每班都应检查变压器的运行状态。

(9) 对于强油循环水冷或风冷变压器，不论有无人员值班，都应每小时巡视一次。

(10) 负载急剧变化或变压器发生短路故障后，都应增加特殊巡视。

2. 变压器异常运行和常见故障分析

(1) 变压器声音异常的原因。

1) 当起动大容量动力设备时，负载电流变大，使变压器声音加大。

2) 当变压器过负荷时，发出很高且沉重的“嗡嗡”声。

3) 当系统短路或接地时，通过很大的短路电流，变压器会产生很大的噪声。

4) 若变压器带有晶闸管整流器或电弧炉等设备时，由于有高次谐波产生，变压器声音也会变大。

(2) 绝缘套管闪络和爆炸原因。

1) 套管密封不严进水而使绝缘受潮损坏。

2) 套管的电容芯子制造不良，使内部游离放电。

3) 套管积垢严重或套管上有大的裂纹和碎片。

五、变压器油色谱在线监测系统简介

实施电力变压器故障诊断，对于提高整个电力系统安全运行的可靠性是非常必要的。变压器存在局部过热或局部放电时，故障部位的绝缘油或固体绝缘物将会分解出小分子烃类气体（如CH_4、C_2H_4、C_2H_2等）和其他气体（如H_2、CO等）。上述每种气体在油中的浓度和油中可燃气体的总浓度（TCG）均可作为变压器设备内部故障诊断的指标。

结合色谱分析技术开发的变压器油色谱在线监测系统，可同时检测H_2、CO、CH_4、C_2H_6、C_2H_4、C_2H_2六种故障特征气体。通过对故障特性气体的分析诊断，能及时捕捉到变压器故障信息，科学指导设备运行检修。

基本原理是溶解于变压器油中的故障特性气体经脱气装置脱气后，在载气的推动下通过色谱柱，由于色谱柱对不同的气体具备不同的亲和作用，导致故障特性气体被逐一分离出来，传感器对故障气体（H_2、CO、CH_4、C_2H_6、C_2H_4、C_2H_2）按出峰顺序分别进行检测，并将气体的浓度特性转换成电信号。数据处理器对电信号进行处理转化成数字信号，并存储在数据处理器内嵌的大容量存储器上。主控计算机模块，通过现场总线获取日常监测数据，智能系统对数据进行分析处理，分别计算出故障气体各组分和总烃的含量。故障诊断系统对变压器故障进行综合分析诊断，实现变压器故障的在线监测功能。

第三节　其他变压器

一、干式变压器

干式变压器是指铁芯和绕组不浸渍在绝缘液体中的变压器。在结构上可分为以固体绝缘包封绕组和不包封绕组。

1. 环氧树脂绝缘干式变压器

环氧树脂是一种早就广泛应用的化工原料，它不仅是一种难燃、阻燃的材料，而且具有优越的电气性能，已逐渐为电工制造业所采用。用环氧树脂浇注或浸渍作包封的干式变压器即称为环氧树脂干式变压器。

2. 气体绝缘干式变压器

气体绝缘变压器为在密封的箱壳内充以 SF_6 气体代替绝缘油，利用 SF_6 气体作为变压器的绝缘介质和冷却介质。它具有防火、防爆、无燃烧危险，绝缘性能好，与油浸变压器相比重量轻，防潮性能好，对环境无任何限制，运行可靠性高，维修简单等优点，缺点是过负荷能力稍差。

气体绝缘变压器的结构特点如下：

（1）气体绝缘变压器的工作部分（铁芯和绕组）与油浸变压器基本相同。

（2）为保证气体绝缘变压器有良好的散热性能，气体绝缘变压器需要适当增大箱体的散热面积，一般气体绝缘变压器采用片式散热器进行自然风冷却。

（3）气体绝缘变压器测量温度方式为热电耦式测试装置，同时还需要装有密度继电器和真空压力表。

（4）气体绝缘变压器的箱壳上还装有充放气阀门。

3. H 级绝缘干式变压器

近年来，除了常用的环氧树脂真空浇注型干式变压器外，又推出一种采用 H 级绝缘干式变压器。用作绝缘的 NOMEX 纸具有非常稳定的化学性能，可以连续耐压 220℃高温，在起火情况下，具有自熄能力；即使完全分解，也不会产生烟雾和有毒气体，电气强度高，介电常数较小。

二、非晶态合金铁芯变压器

在变压器的运行费用中除维护费外，其中能量消耗费占了很大的比例，特别是变压器的空载损耗（铁芯损耗）占了能量损耗的主要部分。为了降低变压器空载损耗，采用高磁导率的软磁材料，将非晶态合金应用于变压器，制成非晶态合金铁芯的变压器。

非晶态合金引起的磁化性能的改善，其 B—H 磁化曲线很狭窄，因此其磁化周期中的磁滞损耗就会大大降低，又由于非晶态合金带厚度很薄，并且电阻率高，其磁化涡流损耗也大大降低。据实测，非晶态合金铁芯的变压器与同电压等级、同容量硅钢合金铁芯变压器相比，空载损耗要低 60%～80%，空载电流可下降 80%左右。

三、低损耗变压器

（1）通过加强线圈层绝缘，使绕组线圈的安匝数平衡，控制绕组的漏磁通，降低了杂散损耗。

(2) 变压器油箱上采用片式散热器代替管式散热器，提高了散热系数。

(3) 铁芯绝缘采用了整块绝缘，绕组出线和外表面加强绑扎，提高了绕组的机械强度。

由以上特点可知，低损耗变压器采用了先进的结构设计和新的材料、工艺，使变压器的节能效果十分明显。

S9 系列变压器的设计以增加有效材料用量来实现降低损耗，主要增加铁芯截面积以降低磁通密度、高/低压绕组均使用铜导线，并加大导线截面，降低绕组电流密度，从而降低了空载损耗和负载损耗。在 S9 系列变压器的基础上，改进结构设计，选用超薄型硅钢片，进一步降低空载损耗，开发了 S11 系列变压器。

四、卷铁芯变压器

单相卷铁芯变压器适用于 630kVA 及以上变压器。目前国内生产的 10kV、630kVA 及以下卷铁芯变压器，其空载损耗比 S9 系列变压器下降 30%，空载电流比 S9 系列变压器下降 20%，基本能满足在城网、农网的改造中对小型变压器的需求。

五、单相变压器

1. 单相变压器的经济性能

(1) 相同容量的单相变压器比三相变压器用铁减少 20%，用铜减少 10%。尤其是采用卷铁芯结构时，变压器的空载损耗可下降 15%以上，这使单相变压器的制造成本和使用成本同时下降，从而获得最佳经济效益。

(2) 在电网中采用单相供电系统，按经济电流密度计算，可节约导线 42%，按机械强度计算，可降低导线消耗 66%。因此可降低整个输电线路的建设投资。这在点多面广的农村和城镇路灯照明等方面具有很大的经济意义。

(3) 单相变压器因其结构特点，适于引入新技术、新材料、新工艺，且单相变压器由于结构简单，适合现代化的大批量生产，有利于提高产品质量和效益。

(4) 应用单相变压器可缩短低压主干线距离，有利于降低低压线损，且单相变压器质量轻，可灵活安装在电杆上使用，便于深入负荷中心，就近降压供电，提高供电质量。

(5) 单相变压器因其容量小，在小范围内供电，发生故障波及面小，可以提高故障处理速度，有利于提高供电可靠性。

2. 农村地区应用单相变压器的有利条件

(1) 农村地区居民用电类型，基本上是照明用电或单相动力用电，如空调器、电冰箱等家用电器，具备用单相变压器供电的条件。

(2) 广大农村的小型动力用电，其负荷不大，而且负荷波动也不大，也可以适当配置小容量单相变压器。

(3) 农村地区的负荷密度低、负荷点少等条件是单相变压器发挥效益的基础。

(4) 用单相变压器可以使高压到户，这样既可以杜绝低压电线乱拉乱搭的窃电现象，又便于分线、分变压器、分区考核线损。

3. 使用单相变压器的注意事项

单相变压器供电主要在单相小负荷供电方面有优势，因此需调查分析负荷构成及其地理环境情况，尽可能靠近负荷点。实施时应注意以下几个问题。

(1) 在选用单相变压器时，要慎重考虑低压侧的供电方式，要尽可能使单相变压器低压侧中间抽头的中性线电流趋于零，使得损耗最小。

(2) 单相变压器接入电网应考虑到尽量使得变电站 10kV 线路出口三相电流平衡。如果 10kV 出线三相电流不平衡，一方面增加变电站主变压器的附加损耗，另一方面会在系统内产生负序电压，严重时可能使主变压器后备复合电压闭锁过电流保护开放其闭锁回路，导致保护装置误动作。因此在加挂单相变压器时，一定要本着三相电流平衡为原则，来确定单相变压器接入位置。

(3) 要进行精确负荷预测，选取适当容量的配电变压器。要避免“大马拉小车”，更要防止其长期超负荷运行。

在我国农村地区，用户分散，用电负荷小，基本没有三相动力负荷，这就为单相变压器供电提供了现实前提。另外，单相变压器供电主要作用是减少了低压线路，从而进一步降低了线损，使用户的电压合格率和供电可靠性有了进一步的提高。

思 考 题

1. 变压器的作用和工作原理是什么？
2. 变压器的基本结构由哪些部分组成？其主要作用是什么？
3. 变压器有哪些技术参数？代表什么意义？
4. 我国常用电力变压器联结组别有什么特点？
5. 变压器在什么条件下才能并联运行？
6. 变压器为什么要进行调压？调压有几种方式？各有什么特点？
7. 变压器油有什么作用？
8. 变压器运行中，巡视检查有哪些内容？
9. 变压器常见故障有哪些？什么原因？
10. 什么是低损耗变压器？其主要特点是什么？我国常用的低损变压器有哪些型号？
11. 干式变压器有哪几种？有什么特点？适用于什么场所？为什么要推荐使用干式变压器？
12. 单相变压器在使用中有何优点？注意事项是什么？

第八章 电 动 机

电动机是一种能量转换的机器，电动机分为交流电动机和直流电动机。交流电动机又分为同步电动机和异步电动机。在电力系统的用户中，常用到直流电动机和异步电动机。本章简单介绍直流电动机的结构、原理、维护及故障检修，重点介绍异步电动机。

第一节 直流电动机结构与工作原理

一、直流电动机的结构

直流电动机的结构主要分定子和转子两部分。由于直流电动机需要换向，故以定子为磁场，用来产生磁场；转子为电枢，用以产生或吸收电能。直流电动机剖面图如图 8-1 所示，结构示意如图 8-2 所示。

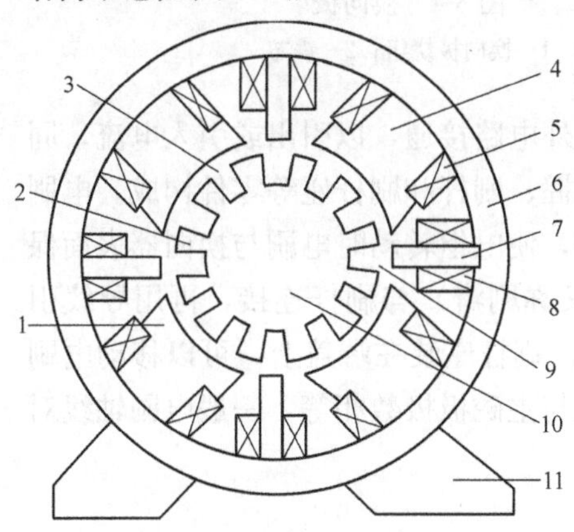

图 8-1 直流电动机剖面图

1—主磁极极靴；2—电枢齿；3—电枢槽；4—主磁极极身；5—励磁绕组；6—定子铁轭；7—换向极；8—换向极绕组；9—电枢绕组；10—电枢铁芯；11—底座

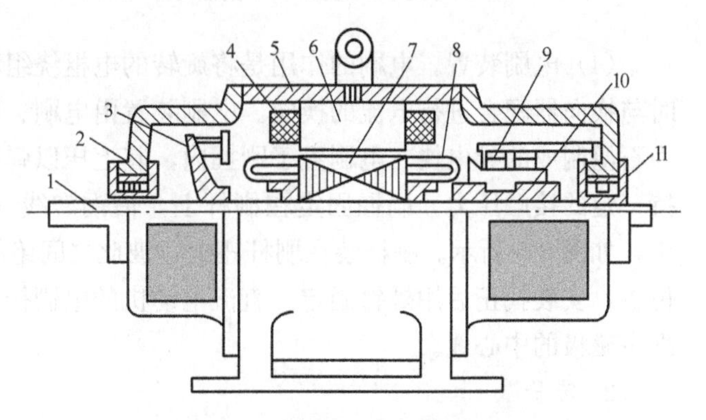

图 8-2 直流电动机结构示意图

1—转轴；2—端盖；3—风扇；4—励磁绕组；5—机座；6—主磁极；7—电枢铁芯；8—电枢绕组；9—电刷；10—换向器；11—轴承

1. 定子

直流电动机的定子包括机座、主磁极、换向极、端盖和电刷装置。

(1) 机座和端盖。由铸铁或厚钢板制成。机座既是构成直流电动机磁路的一部分(磁轭),又是电动机的机械支架。主磁极和换向器都固定于机座的内壁,机座的两侧各有一个端盖。端盖的中心处装有轴承,用以支撑转轴。中小型电动机一般采用滚动轴承,大型电动机采用麻座式轴承。

(2) 主磁极。产生磁通的部件,各主磁极依 N、S 顺序均匀分布,固定在机座内圆周上。主磁极由铁芯和励磁绕组两部分组成,如图 8-3 所示。主磁极铁芯用 0.5～1.0mm 厚的低碳钢板冲片叠装而成,再铆成一整体。为了使气隙内磁通有较好的分布波形,主磁极非固定端有极靴,极靴面积较极身面积大。励磁绕组套装在磁极极身上,各磁极的励磁绕组通常采用串联。大型直流电动机常在主磁极极靴槽内装置补偿绕组,用以改善换向条件。

(3) 换向极。在主磁极之间装了换向极,主要是为了改善换向条件。换向极也由磁极铁芯和套装在此铁芯上的绕组构成。铁芯常用厚钢板叠装。换向极绕组匝数不多,总与电枢绕组串联,通过电流较大,因此常用较大截面的扁铜线绕成,如图 8-4 所示。

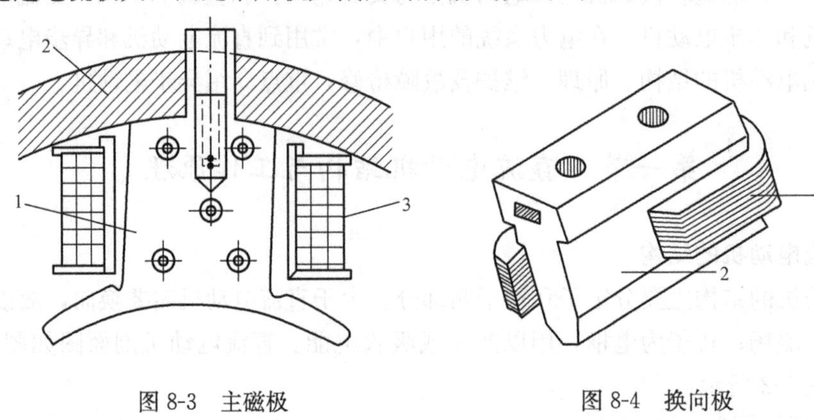

图 8-3　主磁极

1—铁芯;2—机座;3—励磁绕组

图 8-4　换向极

1—换向极绕组;2—铁芯

(4) 电刷装置。电刷的作用是将旋转的电枢绕组和外电路接通,以引出或引入电流,同时与换向器配合进行电流的换向。电刷装置由电刷、刷握、刷杆和刷杆座等零件构成。电刷为石墨制成的导电块。电刷置于刷握内,其上压以弹簧,使电枢转动时电刷与换向器表面保持一定的接触压力。刷握固定在刷杆上,借铜辫线(又称刷辫)与刷杆连接,再用导线引出,如图 8-5 所示。刷杆装在刷杆座上,彼此之间绝缘。刷杆座装在端盖上,可以移动电刷位置,安装找正后用螺钉固定。直流电动机的电刷排数与主磁极极数相等,一般电刷轴线对准主磁极的中心线。

2. 转子

直流电动机的转子包括电枢铁芯、电枢绕组和换向器及风扇。

(1) 电枢铁芯。电枢铁芯是磁路的一部分。电枢绕组固定在电枢铁芯的槽内。为了减少磁滞和涡流损耗,电枢铁芯通常用 0.35mm 厚且冲有齿和槽的硅钢片叠成,装在转轴或转子支架上。大型电动机的电枢铁芯沿轴向分成若干段,段间留有间隙,称为通风沟,用以改善冷却条件。

(2) 电枢绕组。电枢绕组是电动机的电路部分,用以生成感应电动势和通过电流。它由圆形或矩形的绝缘铜线绕制,并嵌放在电枢铁芯的槽中,每个绕组元件的首末端分别与换向片连接。

(3) 换向器。换向器是直流电动机特有的装置，其作用是将电枢绕组内的交流电动势通过机械整流方式在电刷上成为直流电动势。换向片用硬质电解铜制作，带有鸠尾，相邻的两片间用云母绝缘。整个圆筒的端部用 V 形环夹紧，换向片与 V 形环轴套间也用云母绝缘，如图 8-6 所示。每个换向片一端的凸起部分有焊线头的小槽，用以焊接绕组元件的线端。

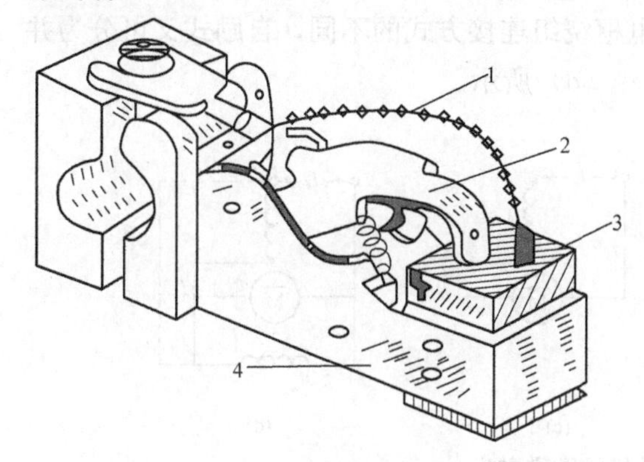

图 8-5　电刷与刷握

1—铜辫线；2—压紧弹簧；3—电刷；4—刷握

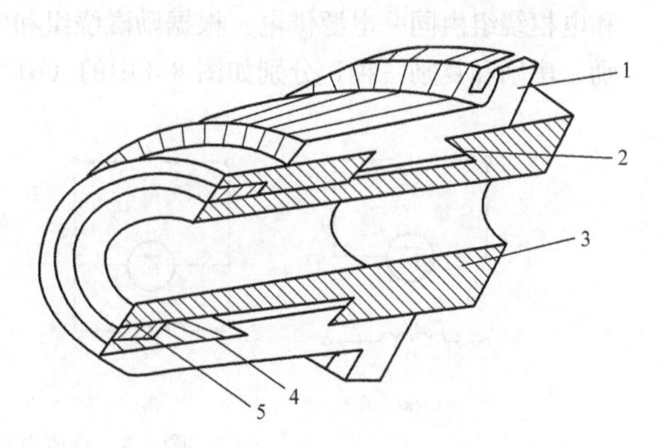

图 8-6　换向器

1—换向片；2—云母环；3—轴套；4—V 形环；5—压环

3. 气隙

同其他旋转电动机一样，气隙是直流电动机的重要组成部分，气隙的大小和形状对电动机的性能有很大影响。一般小型电动机的气隙为 0.7～5mm；大型电动机的气隙为5～12mm。

二、直流电动机的工作原理

直流电动机的结构和直流发电机的相同。它的工作原理是载流导体在磁场中受力的作用而移动。图 8-7 所示为直流电动机工作原理图，若在 A、B 电刷上加直流电压 U，则线圈内有电流通过 ab 和 cd 边要受到电磁力作用并产生电磁转矩 M。电磁力的方向由左手定则确定，如图 8-7 所示。电磁转矩将使电枢克服摩擦、风阻产生的阻力矩和轴上机械阻力矩 M_1，沿 n 所指的顺时针方向旋转。当线圈转过 180°后，ab 和 cd 边内电流方向改变而磁极极性未变，故电磁力和电磁转矩方向始终不变。电磁转矩克服机械阻力矩做功，实现了电能与机械能的转换。

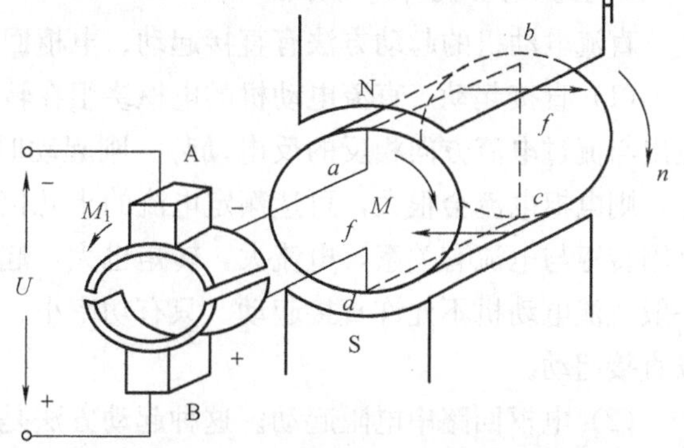

图 8-7　直流电动机工作原理图

三、直流电动机的励磁方式

励磁绕组获得电流的方式称为励磁方式。励磁绕组与电枢绕组连接方式不同，电动机特性也会有明显的不同。直流电动机的励磁方式有他励式和自励式两大类。

1. 他励式

他励式直流电动机的励磁绕组与电枢绕组没有电的联系，励磁绕组由其他直流电源供电。他励式接线如图 8-8（a）所示。

2. 自励式

自励式直流电动机的励磁绕组与电枢绕组按一定的方式连接，直流电动机中，励磁绕组和电枢绕组由同一电源供电。根据励磁绕组和电枢绕组连接方式的不同，自励式又可分为并励、串励和复励三种，分别如图 8-8 中的（b）～（d）所示。

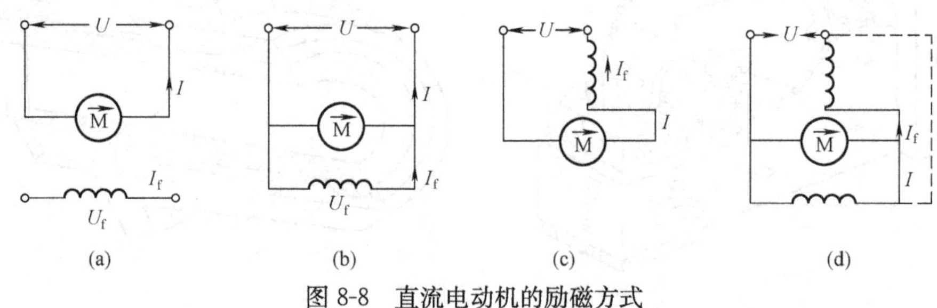

图 8-8　直流电动机的励磁方式

（a）他励；（b）并励；（c）串励；（d）复励

U—电源电压；U_f—励磁电源电压；I—总电流；I_f—励磁电流。

第二节　直流电动机起动与调速

一、直流电动机的起动

直流电动机的转速从零到达稳定转速的过程称为起动过程。对电动机起动的要求是：①起动转矩足够大；②起动电流要尽量小；③起动设备要简单、可靠、经济。

1. 直流电动机的起动方法

直流电动机的起动方法有直接起动、电枢回路串电阻起动和降压起动三种。

（1）直接起动。直流电动机的电枢绕组在转动时，由于切割磁力线，在电枢绕组中会感应出与流过电流方向相反的反电动势。刚起动时，转速 $n=0$，电源电压全部加在电枢电阻上，则电枢电流会很大，可达额定电流的十几倍至几十倍，这会造成换向困难，火花增大。且因转矩与电流有关系，电流大，转矩也大，起动转矩过大，会造成机械冲击。由此可见，一般直流电动机不允许直接起动。只有功率小、电压低、电枢电阻较大的直流电动机，才可以直接起动。

（2）电枢回路串电阻起动。这种起动方法是在刚起动时，电枢电路内串接起动变阻器，这样可以限制起动电流，当转速上升时，逐渐将电阻退出。

（3）降压起动。这种起动方法需要有一个可改变电压的直流电源。起动时，将电压降低，这样可减小起动电流；然后，逐渐升高电压，转速也逐渐升高。

2. 改变直流电动机转向的方法

改变直流电动机的旋转方向，实质上是改变电动机电磁转矩的方向。因为电磁转矩的方

向由主磁通的方向和电枢电流的方向决定，两者之中任意改变一个，就可以改变电磁转矩的方向，故改变电动机转向的方法有：

(1) 对调励磁绕组接入电源的两个线端，改变励磁电流的方向。

(2) 对调电枢绕组接入电源的两个线端，改变电枢电流的方向。

通常采用后者较多。若两者同时改变，则电动机转向不变。

有换向器的并励电动机改变转向时，要注意换向器的极性。如果改变电枢电流的方向，则换向极绕组的电流方向必须同时改变；如果改变励磁电流的方向，电枢绕组和换向极绕组的电流方向则都不必改变。

二、直流电动机调速

直流电动机的最大优点是有平滑的调速特性和很宽的调速范围。因为直流电动机的转速与所加的电源电压、电枢回路电阻及励磁电流有关，因此，并励直流电动机的调速方法有改变电枢回路的电阻、改变励磁电流、改变电枢电压三种。其中改变励磁电流调速既安全又经济，是目前应用最多的调速方法。应当注意，在调速中励磁电流不宜过小，且励磁绕组绝对不能开路，否则电动机会因转速过高而损坏。

第三节 异步电动机工作原理及结构

一、异步电动机的工作原理

三相交流电动机的定子三相绕组，通过三相对称电流时，会在电动机的定、转子组成的磁路中产生一个旋转磁场。异步电动机的转子转速与定子产生的旋转磁场的转速存在差异，即不同步（或称异步），故称异步电动机。

异步电动机又称感应电动机，它是由定子产生的旋转磁场与转子绕组中的感应电流相互作用产生电磁转矩而转动，从而实现机电能量转换的一种交流电动机。

异步电动机同其他类型电动机相比较，具有结构简单、制造方便、运行可靠、维护方便、价格低廉等优点，在工农业生产、科学实验和日常生活中应用最为广泛。据统计，动力负载的用电量占电网总负载的 60%以上，而异步电动机的用电量则占总动力负载的 85%以上。但异步电动机存在着功率因数较低、调速性能较差等缺点，所以在某些场合，例如大功率、要保持转速恒定的一些机械，异步电动机的应用就受到了一定的限制。

图 8-9 为三相异步电动机工作原理示意图。异步电动机由定子和转子两个基本部分组成。定子铁芯槽内嵌有三相对称绕组 U_1U_2、V_1V_2、W_1W_2，转子铁芯槽内放置一闭合绕组。当定子三相绕组通以三相对称电流时，在气隙中（是定、转子组成磁路中的一部分）便产生旋转磁场（用图 8-9 中的磁通 Φ_m 表示），其转速为

$$n_1=\frac{60f_1}{p} \tag{8-1}$$

式中 n_1——同步转速，r/min；

f_1——频率；

p——极对数。

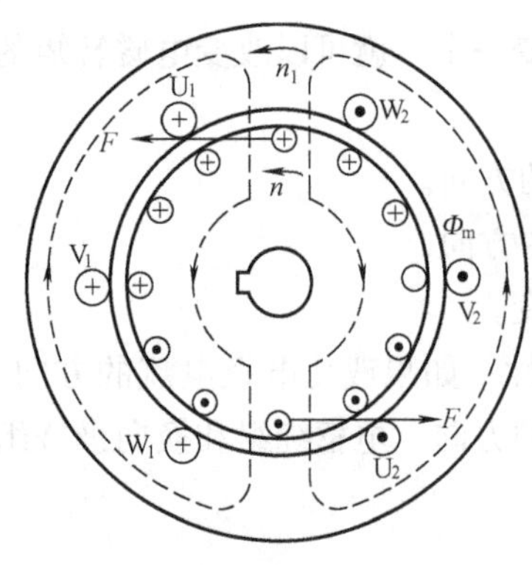

图 8-9　三相异步电动机工作原理示意图

由于旋转磁场与转子绕组存在着相对运动，旋转磁场切割转子绕组，转子绕组中便产生感应电动势。因为转子绕组自成闭合回路，所以就有感应电流通过。转子绕组感应电动势的方向由“右手定则”确定，若略去转子绕组电抗，则感应电动势的方向即是感应电流的方向。转子绕组中的感应电流与旋转磁场相互作用，在转子导体上产生电磁力 F，电磁力的方向按“左手定则”判定。电磁力所形成的电磁转矩，驱动电动机转动，其转向（图 8-9 中 n 所示）与旋转磁场的转向（图 8-9 中 n_1 所示）相同。

转子转动的方向与旋转磁场转动方向相同，但转子的转速 n 不可能达到同步转速，即 $n<n_1$。因为两者如果相等，转子与旋转磁场就不存在相对运动，转子绕组中也就不会感应出电动势和电流，这样，转子不会受到电磁转矩的作用，当然不可能继续转动。由此可见，异步电动机转子的转速 n 总是和同步转速 n_1 存在一定差异，“异步”因而得名。n 和 n_1 的差异是异步电动机产生电磁转矩的必要条件。

同步转速 n_1 与转子转速 n 之差称为转差。通常将转差（n_1-n）与同步转速 n_1 的比值称为异步电动机的转差率，用 s 表示，即

$$s=\frac{n_1-n}{n_1} \tag{8-2}$$

转差率 s 是分析异步电动机运行时的一个极其重要的概念和变量。

电动机在起动瞬间转子未转动，即 $n=0$，$s=1$。假如转子不带机械负荷，而且处于没有空载损耗的理想空载状态，转子将以同步转速旋转，即 $n=n_1$，则 $s=0$（这种状态，在电动机的实际运行中是不存在的），异步电动机的转速范围为 $n=0\sim n_1$，n_1 在实际中达不到，所以相应的转差率范围为 $0<s<1$。异步电动机额定运行时的转差率一般为 0.02～0.06。

异步电动机运行时，因需激励自身的磁场，要从电网吸取滞后无功电流，故属感性负载，因而它使电网的功率因数降低。由于转子旋转方向与定子旋转磁场方向一致，所以只要改变电源相序，即改变定子旋转磁场的转动方向，便可使电动机反转。

二、异步电动机的分类

异步电动机的品种、规格很多。按照转子结构形式可分为笼型异步电动机和绕线式异步电动机。按定子的相数可分为单相、三相两类。按照机壳防护形式可分为防护式、封闭式和开启式。

（1）防护式。能防止水滴、尘土、铁屑或其他物体从任意方向侵入电动机内部（但不密封），适用于灰沙较多的场所，如拖动碾米机、球磨机等。

（2）封闭式。电动机机壳是封闭的，只在机壳外的轴端上装有外风扇。在机壳外表铸造有许多条散热片，它用于空气潮湿或有腐蚀性气体的场合。

（3）开启式。电动机除必要的支撑结构外，转动部分及绕组没有专门的防护，与外界空气直接接触，散热性能好。

除上述分类外，还可按电动机的尺寸、安装的条件、绝缘等级、工作定额等进行分类。

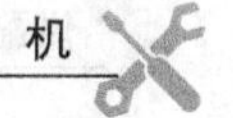

三、异步电动机的基本结构

异步电动机由两个基本部分组成，即静止部分和旋转部分，静止部分称为定子，旋转部分称为转子。

1. 定子

定子主要有定子铁芯、定子绕组和机座三部分组成，定子铁芯是电动机主磁路的一部分。为减少旋转磁场在铁芯中引起的涡流和磁滞损耗，铁芯一般由 0.5mm 厚的硅钢片叠装压紧制成，容量较大的电动机，硅钢片两面涂绝缘漆作为片间绝缘。每张硅钢片的内圆均匀冲有定子槽，用以嵌放定子绕组。绕组与铁芯之间隔以聚酯薄膜或青壳纸、黄蜡绸等绝缘材料，槽口用竹制或木制的槽楔嵌压，以防绕组松脱。

定子绕组是电动机的电路部分，由绝缘铜导线制的线圈连接而成。小型电动机通常采用漆包线绕制的散下线圈，称为软绕组；大、中型电动机多采用扁线成型线圈，称为硬绕组。按照在槽中的布置，定子绕组可分为单层和双层绕组。10kV 以下的小容量异步电动机，常用单层同心式、链式或交叉式绕组。容量较大的异步电动机都采用双层短距绕组，上、下层之间用层间绝缘隔开。

机座主要用来固定和支撑定子铁芯。中小型异步电动机一般都采用铸铁机座。绕组的出线端连接到机座外壳上的接线盒内。对于 Y 系列电动机，定子三相绕组的始端用 U_1、V_1、W_1 表示，末端用 U_2、V_2、W_2 表示。

2. 转子

异步电动机的转子由铁芯、转轴和绕组等部件组成。转子铁芯也是电动机磁路的一部分一般用 0.5mm 厚的硅钢片叠成，铁芯固定在转轴或转子支架上。整个转子铁芯的外表面呈圆柱形。转子铁芯槽内嵌有转子绕组，转子分为笼型和绕线式两种。

（1）笼型转子。笼型转子绕组是由插入每个转子槽中的导条和两端的圆形端环组成。如果去掉铁芯，整个绕组的外形就像一个鼠笼，故称笼型绕组，如图 8-10（a）所示。小型笼型转子电动机一般采用铸铝转子，如图 8-10（b）所示。铸铝转子的导条、端环均由铝液一次浇铸而成。笼型转子形成一个坚实整体，结构简单而牢固，所以应用最为广泛。笼型异步电动机的结构如图 8-11 所示。

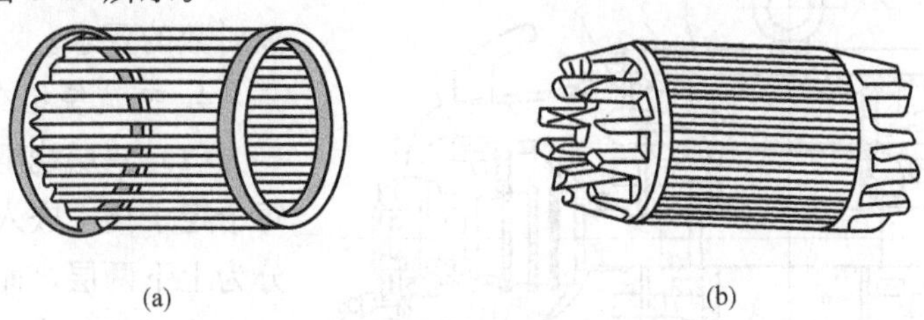

图 8-10　笼型转子

（a）笼型绕组；（b）铸铝笼型转子

（2）绕线式转子。绕线式转子绕组是指转子铁芯槽内放置的用绝缘导线制成的三相对称绕组，其相数、磁极对数和定子绕组相同。转子三相绕组一般采用星形联结，末端接在一起，始端分别引至轴上的三个彼此绝缘的铜制集电环。集电环固定在转轴上，并与转轴绝缘，靠电刷与外加变阻器相连，如图8-12所示。转子电路中接入外加电阻是为了改善电动机

的起动性能或调节电动机转速。有的绕线异步电动机还装有一种举刷短路装置，当电动机起动完毕而又不需要调节转速时，移动手柄，使电刷被举起而与集电环脱离接触，同时使三只集电环彼此短接起来，这样可以减小电刷和集电环间的磨损和摩擦损耗。与笼型转子相比较，绕线转子的缺点是结构复杂、价格贵，运行的可靠性亦稍差。因此只用在要求起动电流小，起动转矩大，或需要调节转速的场合。绕线异步电动机整体结构如图 8-13 所示。

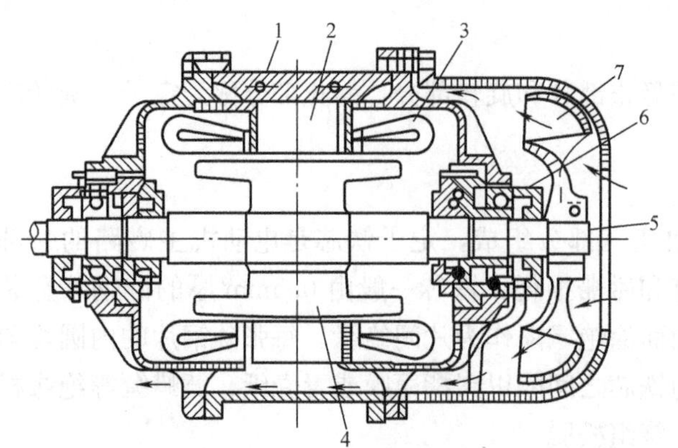

图 8-11　笼型异步电动机的结构

1—电动机外壳；2—定子铁芯；3—定子绕组；4—转子；5—转子轴；6—轴承保护盖；7—风扇

(3) 气隙。异步电动机定子、转子铁芯之间的气隙是很小的，中小型电动机一般为 0.2～2mm。气隙越大，磁阻也越大，要产生同样大小的旋转磁场，就需要较大的励磁电流，而励磁电流是无功电流，它越大，将使电动机的功率因数越低，为了减小励磁电流，气隙应尽可能地小。但是气隙过小，会使装配困难和运转不安全，因此气隙的最小值常由制造工艺以及要安全可靠等因素来决定。

图 8-12　绕线转子绕组与外加变阻器的连接

1—转子绕组；2—集电环；3—电刷；4—变阻器

3. 异步电动机绕组

由异步电动机的工作原理可知，定子三相对称绕组中通入三相对称电流后，便产生一个旋转磁场。对异步电动机来说，定子绕组的布置不仅要做到三相对称，而且还要能够获得尽可能大的旋转磁势和满足一定的磁极对数的要求。

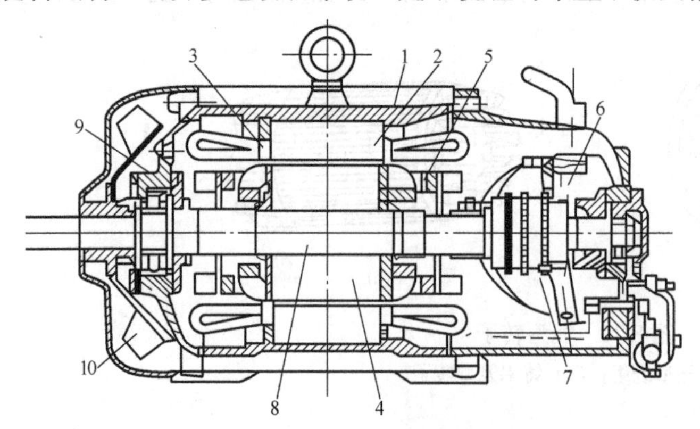

图 8-13　绕线异步电动机的结构

1—电动机外壳；2—定子铁芯；3—定子绕组；4—转子铁芯；5—转子绕组；6—转子轴；7—集电环；8—短路装置；9—轴承保护盖；10—风扇

4. 交流绕组有关概念

(1) 双层绕组。双层绕组即为每个定子槽中嵌入两个线圈边，并分为上下两层，而且是每个线圈的一个边置于某槽的上层，另一个边就置于另一槽的下层。这种绕组的线圈节距相同，绕组的线圈数应等于定子总槽数。三相双层绕组有叠绕组和波绕组两种。

(2) 单层绕组。单层绕组的每个槽内放置一个线圈边，因此整个绕组的线圈数为定子总槽数的一半，异步电动机常用的单层绕组按其端部连接的不同，可分为同心式、链式和交叉式等几种。

(3) 极距。极距 r 是指沿定子铁芯内圆每极所占的圆周长度或槽数，用圆周长度表示的表达式为

$$r = \pi \frac{D_1}{2p} \tag{8-3}$$

式中 D_1——定子铁芯内径；

p——极对数。

用槽数的表达式为

$$r = \frac{Z}{2p} \tag{8-4}$$

式中 Z——定子总槽数。

(4) 电角度。一个圆周的几何角度（即机械角度）为 360°，这是不变的。当旋转磁场一对磁极转动掠过定子某导体时，该导体的感应电动势变化一个周期，一个周期也为 360°，这个 360°称为电角度。若电动机有 p 对磁极，则整个圆周应有 $p \times 360°$电角度。故电角度＝$p \times$机械角度。使用电角度后，定子导体在圆周上的位置用电角度表示这与感应电动势的相位对应，便于绕组排列。

(5) 线圈节距。一个线圈的两个直线边间所跨的槽数称为线圈节距，用 y_1 表示。从绕组的感应电动势尽可能大些的观点出发，y_1 一般要求等于或接近等于极距 r。$y_1 = r$，称为整距线圈（后面讲绕组时也称整距绕组）；$y_1 < r$，称为短距线圈（后面讲绕组时也称短距绕组）；$y_1 > r$ 的长距线圈一般不采用。

(6) 槽距电角。槽距电角 a 是指定子铁芯相邻两槽对应点之间的电角度。若电极磁极对数为 p，定子总槽数为 Z，则槽距电角度为

$$a = \frac{p \times 360°}{Z} \tag{8-5}$$

(7) 每极每相槽数、相带、极相组。每相在每个磁极下连续占有的槽数称为每极每相槽数，用 q 表示

$$q = \frac{Z}{2mp} \tag{8-6}$$

式中 m——相数。

每极每相槽数 q 连续占有的区域称为相带，相带也可用电角度表示。由图 8-14 可见，对于三相绕组，定子总槽数 Z 应按极数均分为 $2p$ 个部分，每一部分占 180°电角度，再将每部分按相数均分为三个区段，每一区段的槽数为 q，占 60°电角度称为 60°相带。交流电动机绕组通常采用 60°相带。根据每极每相槽数 q，把相邻的 q 个线圈串联成组，就称它为极相组。

5. 三相双层叠绕组

双层叠绕用得较多，故介绍双层叠绕组。

叠绕组的外形特点是，任何两个相邻的线圈均为后一个叠在前一个上面。现以 4 磁极、24 槽，$y_1 = 5/6r$ 的电动机为例，说明三相双层短距叠绕组的一般连接规律，如图 8-14 所示。

通常用绕组展开图来表示绕组的连接规律。绕组展开图是假想从定子某齿中心线处沿轴

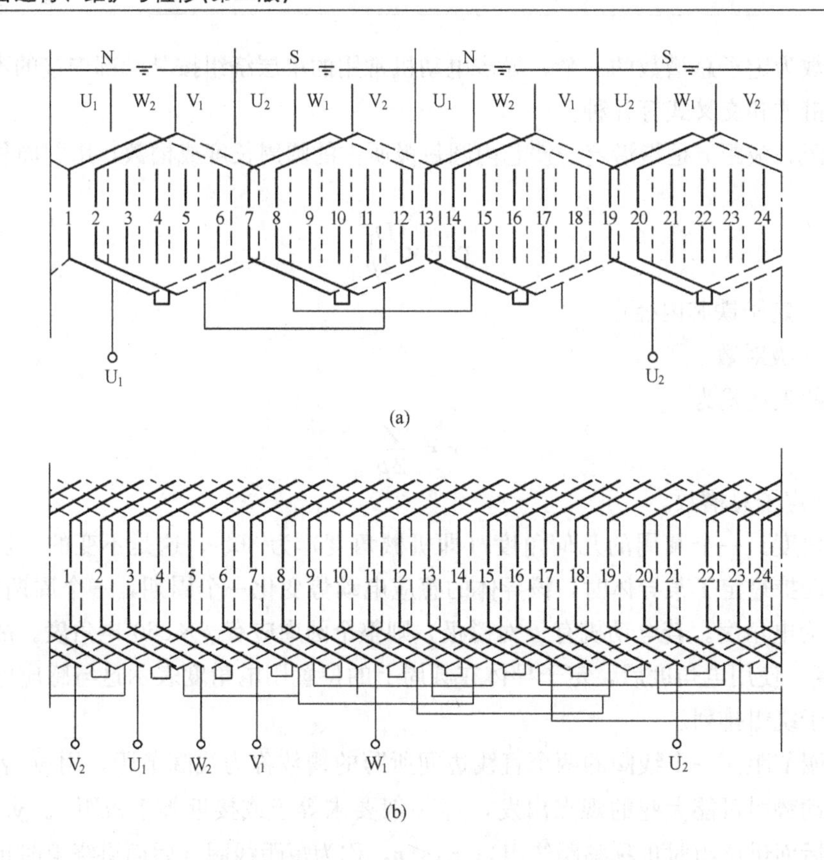

图 8-14　三相双叠绕组（$Z=24$，$2p=4$）

(a) U 相绕组展开图；(b) 三相绕组展开图

向切开，而展成平面的绕组连接示意图。

下面是画绕组展开图的具体步骤：

(1) 根据所给条件，求 r，a 和 q。

$$r = Z/2p = 24/4 = 6(\text{槽})$$

$$a = \frac{p \times 360^\circ}{Z} = \frac{2 \times 360^\circ}{24} = 30^\circ$$

$$q = \frac{Z}{2mp} = \frac{24}{2 \times 3 \times 2} = 2(\text{槽})$$

(2) 画槽、编号并划分各相所属槽号。将整个定子表面的 24 个槽按极数划分为四部分。依次相间标上 N、S、N、S 极性，如图 8-14 (a) 所示。再将每部分划分为三相带，整个定子共划分为 12 个相带。相带按 U_1、W_2、V_1、U_2、W_1、V_2 等标注，可见，属 U 相的槽号为 1、2、7、8、13、14、19、20。

(3) 根据分相结果和绕组节距连接线圈。以 U 相为例，将 1、2、7、8、13、14、19、20 槽的上层放置 U 相绕组的上层边，根据节距 $y_1=5/6r$（一般采用短距绕组，可改善电性能和减小电磁噪声），将对应的下层边放在 6、7、12、13、18、19、24、1 槽的下层，其中 1 槽上层圈边与 6 槽下层圈边为一个线圈，2 槽上层圈边与 7 槽下层圈边为一个线圈，以此类推，如图 8-14 (a) 所示。每相有 8 个线圈，三相共 24 个线圈。

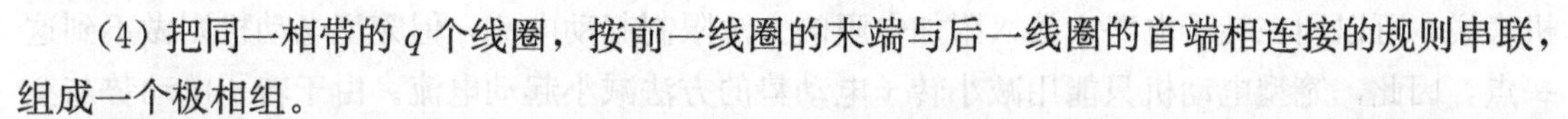

（4）把同一相带的 q 个线圈，按前一线圈的末端与后一线圈的首端相连接的规则串联，组成一个极相组。

例如，N 极下 U 相的 1 号线圈末端与 2 号线圈首端连接，即为 U 相的一个极相组，余均按此规则连接，每相有 4 个极相组，三相共 12 个极相组。由此可见，双层叠绕组每相有 $2p$ 个极相组，三相共 $2pm$ 个极相组。

（5）根据所要求的并联支路数，将同一相的极相组按一定规则连接成相绕组。

本例确定每相为一条支路。为了得到一条支路，应把同一相的 4 个极相组串联起来。由于 N 极和 S 级下的极相组电动势方向相反，为避免电动势抵消，极相组 U_1 和极相组 U_2 应反向串联，即采用“首接首”或“末接末”的连接规则。如图 8-14（a）所示，所有 U 相线圈连成后，再将 1 号线圈的首端引出，作为 U 相绕组的首端 U_1，再把 19 号线圈的首端引出，作为 U 相绕组的末端 U_2。U 相绕组展开图如图 8-14（a）所示。按同样方法，可以构成 V、W 相绕组。三相绕组展开图如图 8-14（b）所示。

双层绕组主要用于 10kW 以上的电动机中，电动机容量越大，额定电流也越大，导线的截面也相应增大，这就给制造工艺带来困难。因此双层绕组常采用多路并联，其最大可能并联支路数等于每相的极相组数。

第四节　异步电动机起动、调速与制动

异步电动机要投入运行，首先遇到的是起动问题。电动机从静止状态开始转动，直至升速到稳定的转速，这个过程称为起动过程，简称起动。起动过程虽短暂（仅数秒钟），但起动时电动机内的电磁状态与正常运转时有些不同，如果起动方法不当，易损坏电动机，并对电网有影响。为了安全，必须重视起动问题。

一、异步电动机的起动性能

电动机的起动性能，主要指起动电流倍数 $\frac{I}{I_N}$（I_N 为起动电流）、起动转矩倍数 $\frac{M_{st}}{M_N}$、起动时间、起动设备和简易性、可靠性等。其中，最重要的是起动电流和起动转矩的大小。

对于电动机的起动，基本的要求主要有两点：一是要有足够大的起动转矩，二是起动电流不要太大。在电动机的实际起动过程中，以上两个要求往往是互相矛盾的。因为在起动瞬间，转差很大，转子电路中的感应电流很大，引起定子电流即起动电流剧增，通常，定子起动电流可达额定电流的 4～7 倍。另外，起动时转子电路的功率因数很低，尽管转子电流很大，而起动转矩并不大，一般只有额定转矩的 0.8～2.0 倍。

由此可见，异步电动机起动时存在的主要问题是起动电流太大。起动电流过大将造成下列不良影响：

（1）电网电压降低。

（2）使电动机绕组过热，加速绝缘老化。

（3）过大的电动力将使中、大型异步电动机定子绕组端部变形，还可能使转子笼型断条等。

减小起动电流的途径有两个：一是增大转子阻抗，二是减小转子电动势。对绕组式电动

机来说，可以用在转子电路中接入附加电阻的方法限制起动电流，但笼型电动机则做不到这一点，因此，笼型电动机只能用减小转子电动势的方法减小起动电流。由于转子电动势与主磁通成正比，而主磁通又由外施电压所决定，所以转子电动势与外施电压成正比。这说明，要减小起动电流就必须降低外施电压。

二、笼型电动机起动

由于笼型电动机只能靠降低外施电压减小起动电流，所以笼型电动机的起动性能是比较差的。下面介绍笼型电动机常用的几种起动方法。

1. 直接起动

直接起动又称全压起动。其方法是用断路器（或接触器）将电动机的定子绕组直接接到相应额定电压的电源上。这种起动方法简单，应尽可能首先考虑采用，其缺点是起动电流大。

电动机是否直接起动，主要取决于电网容量的大小、电动机的形式、起动次数以及线路上允许干扰的程度。允许直接起动的电动机容量大致可按下述原则确定：

(1) 电动机由变压器直接供电时，不经常起动的电动机的容量不宜超过变压器容量的30%；经常起动的电动机容量则不宜超过变压器容量的20%。

(2) 电动机由发电机直接供电时，允许直接起动的电动机容量可按发电机每千伏安0.1kW计算。当然，这里所说的原则也不是绝对的，要根据具体情况，在保证安全的前提下通过试验确定。

2. 降压起动

容量较大的笼型电动机起动电流比较大，不允许直接起动，则可采用降低外施电压的方法减小直接起动。不过，降低电压，也减小了起动转矩，故这种方法也只适用于对起动转矩要求不高的场合。常用的降压起动方法有以下几种：

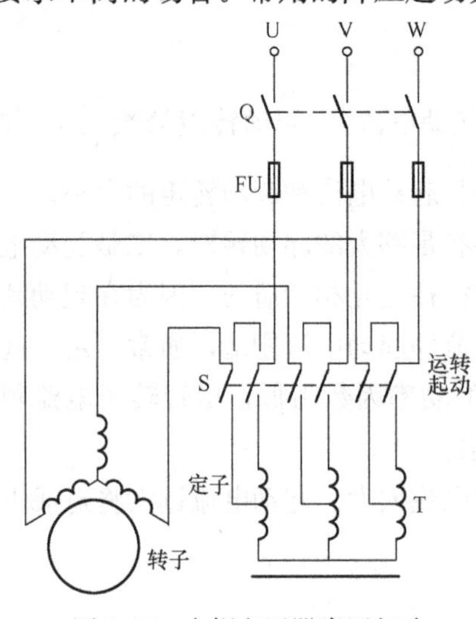

图 8-15　自耦变压器降压起动原理接线图

(1) 自耦变压器降压起动。这种方法的原理接线图如图 8-15 所示。起动时，合上开关 Q，并将转换开关 S 合向“起动”位置。这时，利用自耦变压器降压加在电动机定子绕组端头上的电压。起动完毕，再将 S 合向“运行”位置。

自耦变压器的二次绕组通常有几个抽头，使二次侧电压为一次侧电压的 40%、60%、80%，根据不同起动转矩的要求可以选用。这种起动设备的缺点是投资大，且易损坏。

(2) 星形-三角形换接起动。凡正常运行时三相定子绕组为三角形联结的电动机，可采用这种方法起动，即起动时将定子绕组按星形联结，起动完毕再转换为三角形。这种方法的原理接线图如图 8-16 所示。

起动时，合刀开关 Q，并把转换开关 S 合向“起动”位置，定子绕组为 Y 联结。起动完毕，将 S 合向“运转”位置，定子绕组换成△联结。

三、绕线异步电动机起动

绕线异步电动机的起动通常采用在转子电路中串联变阻器的方法，如图 8-17 所示。起动时，先将起动变阻器调到电阻最大的位置，然后合上电源开关 Q，使电动机起动。随着转速升高，逐步将起动变阻器的电阻值减小，直到转速接近额定转速时，再将起动变阻器的全部电阻切除，转子电路直接短接。

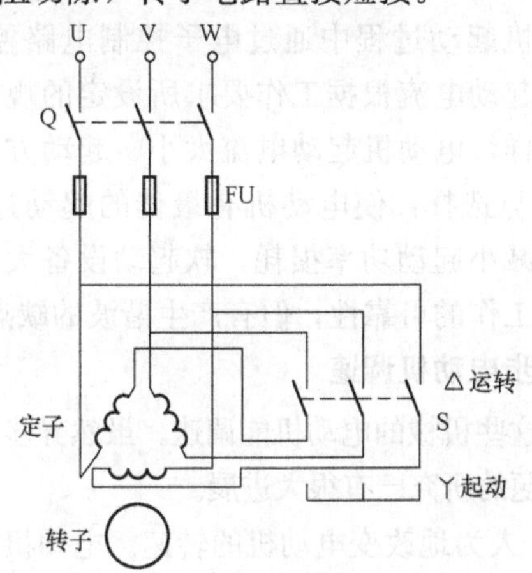

图 8-16　星形-三角形换接起动原理接线图

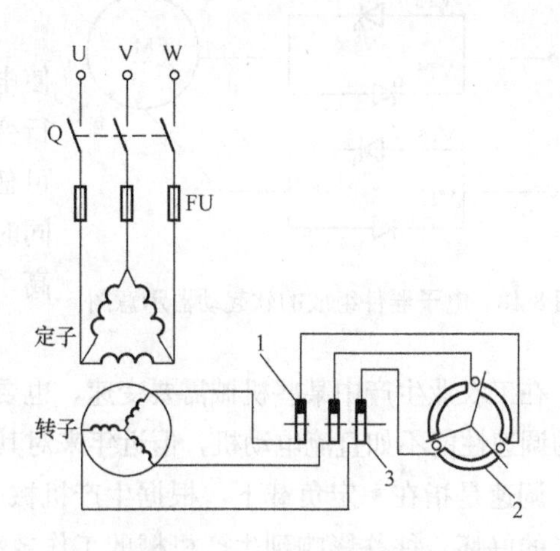

图 8-17　绕线异步电动机的起动原理接线图

1—电刷；2—起动变阻器；3—集电环

转子电路中串入电阻后，一方面是将转子电流减小，从而减小起动电流；另一方面可提高转子电路的功率因数，若串联的电阻值适当，还可增大起动转矩。

近年来生产的频敏变阻器是绕线式电动机的新型起动设备。频敏变阻器的特点是其等值电阻随转子电流频率的降低而自动减小，这样，就可免去起动过程中的人工操作，或省去自动控制的装置。频敏变阻器实际上是一个特殊的三相铁芯电抗器，其铁芯由几片或几十片较厚（30～50mm）的钢板或铁板制成，三个铁芯柱上绕有三相绕组。当绕组中通过交流电时，铁芯中便产生交变磁通，从而产生铁耗，其等值电阻为 r_m。电动机刚起动时，转子电流频率较高，频率变阻器的涡流损耗较大，等值电阻 r_m 也较大，从而起限制起动电流并增大起动转矩的作用。转子转动以后，随着转速的上升，转子电流频率降低，铁芯中的损耗及等值电阻 r_m 也跟着减小。因此，频率变阻器完全符合绕线式电动机起动的要求。

综上所述，绕线式异步电动机在转子电路中串联电阻起动，不仅可限制起动电流，而且还可增大起动转矩，因而使起动性能大大得到改善。所以，起动次数频繁，要求起动时间短和起动转矩较大的生产机械，常采用绕线式异步电动机。

功率大于 100kW 的笼型异步电动机常制成双笼型或深槽式的，这类电动机属笼型结构，但有接近绕线式的起动性能的优点。

四、异步电动机的软起动

如前所述，笼型异步电动机的起动方式和绕线异步电动机的起动方法，都无法避免电动机起动瞬间电流冲击，也无法避免起动过程中进行电压切换。这样，由于起动设备触点多，发生故障机会也多。一种叫做软起动器（或固态软起动器）的新型设备已经问世，并已推广应用。这种软起动器使得电动机起动平衡，对电网冲击小，可以实现电动机软停车、软制动，以及电动机的过负荷、短路、缺相等保护，还可以使电动机轻载节能运行。软起动器具有良好的起动控制性能及保护性能。

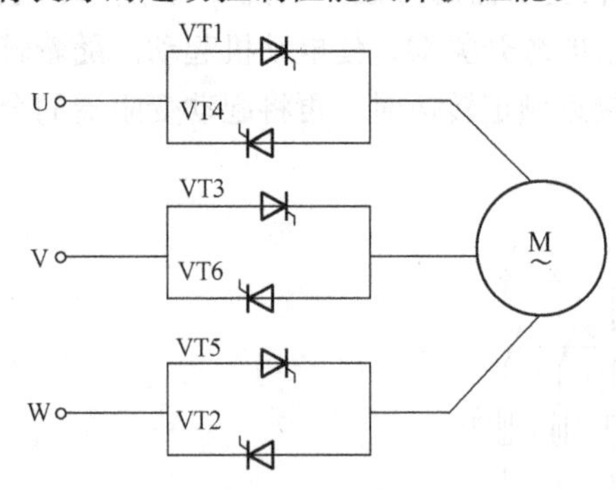

图 8-18 电子器件组成的软起动器示意图

图 8-18 是以电子器件组成的软起动器示意图，图中电子器件 VT1～VT6 串接在电动机的三相电路中。

在电动机起动过程中通过电子控制电路控制，使电动机的起动电流根据工作要求所设定的规律进行变化。这样，电动机起动电流大小、起动方式均可任意控制与选择，使电动机有最佳的起动过程，同时还可以减小起动功率损耗。软起动设备大大提高了电动机工作的可靠性，但有产生谐波的缺点。

五、异步电动机调速

在工农业生产中某些机械需要变速，也要求拖动这些机械的电动机能调速。虽然异步电动机的调速性能不如直流电动机，但近年来对其调速问题的研究已有很大进展。

调速是指在一定负载下，根据生产机械的需要，人为地改变电动机的转速。电动机调速性能的好坏，往往影响到生产机械的工作效率和产品质量。电动机的调速性能和特点，通常用调速范围、调速的平滑性、经济性、稳定性和调速方向以及高速时允许负载等指标来描述。不同的生产机械所需要的功率和转矩是不同的，有的生产机械要求电动机在各种转速下都能输出同样的机械功率，这时电动机应具有所谓恒功率调速；有的生产机械要求电动机在各种转速下都能输出同样的机械转矩，这时电动机应具有所谓恒转矩调速。

从转差率的定义可知，异步电动机的转速为

$$n=(1-s)n_1=(1-s)\frac{60f_1}{p} \tag{8-7}$$

由此可看出，异步电动机的调速方法有以下几种：

(1) 变频调速。改变电源频率 f_1。

(2) 变极调速。改变定子绕组的极对数 p。

(3) 变转差率调速。改变电动机的转差率 s。

前两种方法有时又统称为改变同步转速的调速方法，后一种方法称为不改变同步转速的调速方法。改变转差率调速方法又有以下几种：

(1) 转子串电阻调速。绕线式异步电动机转子回路串接可变的电阻。

(2) 串级调速。绕线式异步电动机转子串接电动势。

(3) 调压调速。改变异步电动机定子电源电压。

此外，还有不属于上述基本调速方法的，如电磁调速电动机等。

改变电源频率 f_1 可以得到平滑而且范围较大的调速。近年来，由于利用电子控制实现交流变频的技术取得新进展，用变频装置进行交流调速得到一定程度的推广。

改变三相定子绕组的接法可以改变旋转磁场的磁极对数，从而改变电动机的转速，这是变极调速。由于磁极只能按极对数变化，所以这种调速方法为有极调速。

六、异步电动机制动

在交流电力拖动系统中，如果三相异步电动机的电磁转矩与转子转动的方向相反时，那么电动机转矩便处于制动状态。异步电动机制动时，电动机转矩起反抗旋转的作用，为制动转矩，此时，电动机将从轴上吸收机械能，并把它转换成电能，而转换的电能或者回馈给电网，或者消耗在转子回路中。

通常，异步电动机制动有两个目的：①为了使拖动系统迅速减速及停车，这时制动是指电动机从某一稳定转速下降到零的过程；②为限制位能性负载的下降速度，这时制动是指电动机处于某一稳定的制动运行状态，电动机的转矩与负载转矩相平衡，系统保持匀速运行。三相异步电动机的制动方法有回馈制动、反接制动、倒拉反转运行和能耗制动四种。

1. 回馈制动

当三相异步电动机的实际转速高于同步转速，即 $n>n_1$ 时，异步电动机便处于回馈制动状态。这时电动机转子导体切割旋转磁场的方向与电动机状态时的方向相反，相应地，转子感应电动势和转子电流的方向与电动机状态时的方向相反，则电磁转矩也改变方向，这样转矩的方向与转速 n 的方向相反，起到制动的作用。

2. 反接制动

三相异步电动机的反接制动就是在电动机稳态运行时，突然改变异步电动机的三相电源相序，由此产生的制动。当异步电动机在三相电源正相序稳定运行时突然改变为负相序的制动叫做正向反接制动；反过来，异步电动机在三相电源负相序稳定运行时突然改变为正相序的制动叫做反向反接制动。

3. 倒拉反转运行

三相绕线式异步电动机拖动位能性恒转矩负载运行，当转子回路串入一定的电阻时，电动机的转速会下降。如果所串的电阻超过某一数值后，电动机的电磁转矩小于负载转矩，使得电动机反转。此时，电动机旋转磁场的方向与转子转动的方向相反，若电动机旋转磁场的方向为正，同步转速为 n_1，则电动机转速 n 为负，于是电动机转差率 $s>1$。倒拉反转运行主要用于下放重物的场合，转子回路串入的电阻越大，倒拉反转运行的速度越高，重物下放得越快。

4. 能耗制动

把异步电动机的定子绕组从交流电源上切断，并立即按一定接线方式把它接到直流电源上，此时电动机也处于制动状态。能耗制动时，制动转矩的大小与通入定子中的直流电流大小有关，也与转子电路中的电阻有关。

第五节　异步电动机选择、使用与维护

一、异步电动机选择

1. 选用电动机一般步骤

在选用电动机之前，一般应首先了解以下几个问题：

（1）负荷的工作类型（连续工作、短时工作、变负荷工作和断续工作等）。

（2）负荷的转速。

（3）负荷的工作转速以及是否需要调速（定速、有级调速和无级调速等）。

（4）起动频率。

(5) 驱动负荷所需功率。

(6) 起动方式。

(7) 制动方式（是否要快速制动）。

(8) 是否要反转。

(9) 工作环境条件（温度高低，湿度大小，有无腐蚀性、爆炸性液体或气体、灰尘或粉尘多少，室内还是室外等）。

根据对负荷的了解，应考虑电动机以下几个技术要求：

(1) 电动机的机械特性。

(2) 电动机的转速以及是否能调速。

(3) 工作定额（连续、短时或断续周期定额等）。

(4) 电动机的起动转矩、最大转矩。

(5) 电动机的类型。

(6) 电动机的额定输出功率、效率、功率因数。

(7) 电源容量、电压、相数。

(8) 绝缘等级。

(9) 外壳防护形式。

(10) 安装形式、轴伸尺寸、附件。

(11) 使用的控制器。

2. 电动机种类选择

电动机种类选择的原则是在满足生产机械对稳态和动态特性要求的前提下，优先选用结构简单、运行可靠、维护方便、价格低廉的电动机。电动机种类选择时应考虑的主要内容有：

(1) 电动机的机械特性。它应与所拖动生产机械的机械特性相匹配。

(2) 电动机的调速性能。它包括调速范围、调速的平滑性、调速系统的经济性等几个方面，它们都应该满足生产机械的要求。对调速性能的要求在很大程度上决定了电动机的种类、调速方法以及相应的控制方法。

(3) 电动机的起动性能。不同的生产机械对电动机的起动性能有着不同的要求，电动机的起动性能主要是起动转矩的大小，同时还应注意电网容量对电动机起动电流的限制。

(4) 电源种类。采用交流电源比较方便。

(5) 经济性。①电动机及其相关设备（如起动设备、调速设备等）的经济性，也就是要考虑电动机及其拖动系统的经济性，应该在满足生产机械对电动机各方面运行性能要求的前提下，优先选用价格低廉、运行可靠、维护方便的电动机拖动系统；②电动机拖动系统运行的经济性，主要是要效率高，节省电能。

二、电动机容量选择

电动机的容量要根据机械负载所需要的功率和运行情况来确定。怎么才能正确选择呢？必须经过以下计算和比较：

(1) 对于恒定负载连续工作的方式，如果知道负载的功率 P_1，可按下式计算出所需电动机的功率 P

$$P=\frac{P_1}{\eta_1\eta_2} \tag{8-8}$$

式中 η_1——机械负载的效率；

η_2——传动机构的效率。

根据所计算的 P，使所选电动机额定功率 $P_N \geqslant P$ 即可。

(2) 短时工作定额的电动机与功率相同的连续工作定额的电动机相比，最大转矩大、重量轻、价格便宜。在条件许可时，选用短时定额的电动机比较经济。

(3) 对于断续工作定额的电动机容量的选择，要根据负载持续率的大小，选用专门用于断续定额运行方式的电动机。负载持续率的计算公式为

$$负载持续率=\frac{t_g}{t_g+t_0}\times 100\% \tag{8-9}$$

式中 t_g——工作时间；

t_0——停机时间；

t_g+t_0——一个工作周期。

三、异步电动机的使用与维护

1. 异步电动机使用前的准备工作

异步电动机安装后第一次起动前，或电动机检修后投入运行送电前，应进行必要的检查、测量及试验，检验电动机有无问题，可否投入运行。

(1) 电动机外部部件完整、清洁、运行名称编号清楚、正确。保护接地完好，靠背轮防护罩已装好，四周整洁、无杂物。

(2) 电动机电缆相色齐全、整洁，电缆与电动机接线压紧良好。

(3) 若是调速电动机，调速的增减方向、增减后的速度要和调速装置相对应，符合调速要求。

(4) 测量绕组相间及对地绝缘电阻和吸收比（相间绝缘只有在各相绕组断开时才能测量）合格后，方可送电。

(5) 所带机械具备了起动条件。

(6) 继电保护装置完好。

(7) 空转合格。旋转方向符合转动机械的旋转方向。

2. 电动机起动时的注意事项

电动机送电前经检查符合送电条件，按照接受命令、开操作票等操作程序进行送电操作。在起动过程中，应注意以下问题：

(1) 电动机操作的基本原则是不能带负荷拉合刀熔开关，以防止发生设备和人身事故。

(2) 起动时应先试起动一次，观察电动机能否起动，转动方向是否正确。

(3) 合闸后，如无故障，电动机应能很快地进入稳定运行。如发现转速不正常或声音不正常，应进行详细检查。

(4) 由于电动机在起动时，其电流很大，虽然时间很短，也会使电动机绕组的绝缘老化加剧，同时使绕组的导线间产生机械力压挤绝缘。因此，电动机的起动次数过于频繁会使绝缘过早损坏。为此规定，电动机在冷状态下允许连续起动 2 次，在热状态下允许再起动 1 次。

3. 异步电动机运行中的监视与维护

电动机在运行中应定期进行巡视点检，要注意电压、电流、温度、声音及气味等几个方面。具体监视项目如下：

(1) 监视电动机的电流是否超过额定值。如果没有装电流表，应当用钳形电流表定期进行测量。

(2) 检查运行中的大、中容量电动机接线端子处有无过热现象，电缆引线绝缘有无过热变色，有无异常气味，有无冒出的轻烟等。

(3) 检查轴承是否良好，对于滚动轴承应检查有无过热、流油现象，用听针检查轴承声音是否正常。

(4) 检查电动机振动是否超过允许值，必要时用振动表进行测量。

(5) 对装有温度计、温度表的电动机要检查进、出口风温。对未装温度表的电动机可用手触电动机上部外壳处，摸电动机是否超温。

(6) 对大容量电动机停运时间超过规定时（如给水泵），在起动前应测验绝缘，是否受潮。查看电动机起动、升速过程中的电流变化，直到进入正常运行状态。

(7) 保持电动机及周围环境的整洁，不得有杂物、水、油等落入电动机内，要定期拭抹电动机。

(8) 发现有可能发生人身事故或电动机和被驱动机械损坏至危险程度时，应立即切断电源。当电动机发生不允许继续运行的故障（如内部有火花、绝缘有焦味，电流或温度超出规定值，特别响声及强烈振动）时，则可以先起动备用机组，然后停机。

(9) 如电动机起火，应先切断电源，然后进行灭火。灭火应使用电气设备专用灭火器。

4. 异步电动机常见故障、原因及处理

异步电动机的故障一般可分为电气故障和机械故障两大类。电气故障除了电动机绕组或导电部件的错接、接触不良及损坏以外，还包括控制保护设备的故障。机械故障主要是轴承、风叶、靠背轮、端盖、铁芯、转轴、紧固件等损坏所致。

当电动机发生故障时，应仔细观察所发生的异常现象，并测量有关数据，然后分析其原因，找出故障部件，采取措施加以排除。异步电动机的常见故障、原因及处理方法见表 8-1。

表 8-1　　异步电动机的常见故障、原因及处理办法

故　障	故障原因	处理方法
电动机不能转动或转速低于额定转速	熔断器熔件烧断，电源未接通或电压过低	检查电源电压和开关工作情况
	定子绕组或外部电路有一相断线	自电源起逐段检查，找出断头并接通
	绕线式转子电路断路，接触不良或脱焊	消除断路点
	笼型转子鼠笼条断裂	修复断条
	三角形联结的电动机引线错接成星形	改正接线
	负载过大或被所传动的机械卡住	减小负载更换容量大的电动机，检查被带动机械，消除故障
电动机三相电流不对称	定子绕组匝间短路	检修定子绕组，消除短路
	重换定子绕组后，部分线圈数有错误	严重时，测出匝数有错的线圈并更换
	重换定子绕组后，部分线圈之间的接线有错误	校正接线

续表

故　障	故 障 原 因	处 理 方 法
电动机全部过热或局部过热	电动机过负荷	应降低负载或换一台容量较大的电动机
	定子铁芯硅钢片之间绝缘漆不良或有毛刺	检修定子铁芯，处理铁芯绝缘
	电源电压较电动机额定电压过低或过高	调整电源电压
	定子和转子在运行中摩擦（扫膛）	查明原因，消除摩擦
	电动机通风不良	检查风扇，疏通风孔道
	定子绕组有匝间短路故障	局部或全部更换线圈
	运行中的电动机一相断线	停机检查，修复断线
	绕线式转子绕组的焊点脱焊	将脱焊点重焊
	重换线圈后的电动机由于接线错误或绕制线圈的匝数不符，或浸漆后未彻底烘干	校正绕组接线，更换匝数不符的线圈，将电动机彻底烘干
电刷冒火、集电环过热或烧坏	电刷的型号尺寸不符	更换电刷
	电刷压力过大或不足	调整各电刷的压力
	电刷与集电环的接触面磨得不好	打磨电刷
	滑环表面不平，不圆或有油污	消除集电环表面的脏污，必要时开车旋转
	电刷质量不好或电刷总面积不够	更换质量良好的电刷或增加电刷的数量
电动机有不正常的振动和响声	电动机的地基不平，电动机安装得不好	检查地基情况及电动机安装情况
	滑动轴承的电动机轴颈与轴承的间隙过大	检查调整滑动轴承间隙
	滚动轴承在轴上装配不良或滚动轴承本身的缺陷	检查滚动轴承的装配情况或更换轴承
	电动机转子和轴上所附的皮带轮、飞轮、齿轮等不平衡	做静平衡或动平衡试验，调整平衡
	转子铁芯变形或轴弯曲	在车床上找正，并处理
	定子绕组局部短路或接地	寻找短路或接地故障点，进行局部修理或更换绕组
	绕线式转子局部短路	寻找短路点并进行处理
	定子铁芯硅钢片压得不紧	重新压紧后用电焊焊住
	定子铁芯外径与机座内径之间的配合不够紧密	可用电焊点焊
轴承过热	滚动轴承中润滑脂加得过多	检查油量，一般只装到轴承室容积的1/3或1/4
	润滑脂变质、陈老、干涩或缺油	清洗后换新润滑脂，或补注润滑油
	润滑脂中有杂物、灰尘、砂等	洗净轴承后，换洁净润滑脂
	轴与轴承有偏心，如端盖与机座不同心	调整端盖或止口车大，对正同心度后，加定位销定位
	滑动轴承间隙过小或油环不转动，油位过低	调整间隙或使油环转动，补注润滑油
	润滑脂使用不当	根据不同使用环境，更换润滑脂
	皮带张力太紧或靠背轮装配不正	适当放松皮带，调整靠背轮
	轴承端盖过紧或机械负荷过重	适量松盖，减轻负荷
	轴间间隙过小	调整间隙
	轴承损坏	更换同型号轴承，修理轴瓦

思 考 题

1. 如果图 8-7 的线圈 a 端接的是一个圆铜环，d 端接另一个圆铜环，电刷 A 和 B 分别与两个铜环接触，那么电刷 A 和 B 间的电动势是交流的还是直流的?

2. 直流电动机的起动存在什么问题?

3. 直流电动机起动时，为什么电枢回路要串电阻?

4. 直流电动机用改变励磁电流调速要特别注意什么问题?

5. 感应电动机施加电压后是怎么转起来的?

6. 什么叫转差率?

7. 异步电动机起动时存在什么问题?

8. 怎样改变异步电动机转子的转向?

9. 异步电动机的调速方法有哪几种?

10. 巡视异步电动机有哪些项目?

第九章　互　感　器

第一节　电流互感器作用及分类

一、电流互感器的作用、原理及接线方式

电流互感器（TA）主要作为电力系统中测量仪表、继电保护等二次设备获取电气一次回路信息的传感器。电流互感器是一次系统和二次系统之间的联络元件，将一次侧的大电流变成二次侧的小电流（5A或1A），这样仪表或其他测量装置就可以小型化、标准化。同时由于电流互感器与高压电器隔离，以及电流互感器二次绕组中性点的接地，也保证了测量的安全，使二次电路正确反映一次系统的正常运行和故障情况。

电流互感器的工作原理与变压器完全相同，主要结构也是由一次绕组、二次绕组和铁芯组成。一次绕组串联于要测量的电流电路，而电流互感器的负载是仪表或继电器电流线圈，它们全部串联后与电流互感器的二次绕组连接。当电流互感器一次绕组（匝数为 N_1）通以交流电流 I_1 时，在铁芯中产生交变的磁通并沿铁芯形成闭合的回路，同时绕在铁芯中二次绕组（匝数为 N_2）产生感应电压和感应电流 I_2。而电流互感器的一次绕组电流 I_1 由一次主回路决定，不受二次回路的影响；而二次电流 I_2 则主要决定于一次绕组的电流，但也受负载阻抗的影响。由于负载电流线圈的阻抗极小，故电流互感器在正常工作时，二次绕组接近于短路状态，此时，二次绕组产生的磁势 F_2（I_2N_2）与一次绕组磁势（I_1N_1）趋于平衡，所需的工作磁势很小，一、二次绕组产生的磁势在数值上近似相等。所以电流互感器的变化可看成是一、二次绕组的匝数比（$K=I_1/I_2\approx N_2/N_1$）。

1. 电流互感器的技术参数

（1）额定电压。指一次绕组主绝缘能长期承受的工作电压等级，主要有0.22、0.38、6、10、35、110、220kV等。

（2）额定电流比。指额定一次电流与额定二次电流之比。额定一次电流是指一次绕组按长期发热条件允许通过的工作电流，而二次额定电流是标准化的二次电流，一般为5A或1A。如某一电流互感器的变比为100/5，表示一次额定电流为100A时二次电流为5A。当一次绕组分段时，通过分段间的串、并联得到几种电流比时，则表示为：一次绕组段数×每段的额定电流/额定二次电流（A），例如2×100/5A。当二次绕组具有抽头，借以得到几种电流比时，则分别标出每一对二次出线端子及其对应的电流比。电流互感器一次额定电流标

准值有1、5、10、15、20、30、40、50、60、75、100、160、200、315A，大于315A时，其数值与R_{10}优先数列完全相同。

(3) 额定二次负载。当二次绕组通过额定电流时，与规定的准确度等级相对应的负载阻抗限额值。

(4) 额定短时热电流。即电流互感器的热稳定电流，是电流互感器在1s内所能承受而无损伤的一次电流有效值，这时其二次绕组是短路的。

(5) 额定动稳定电流。动稳定电流为峰值电流，电流互感器的额定动稳定电流通常为额定短时热电流的2.5倍。

2. 电流互感器的额定功率和相应的准确级

电流互感器的额定输出功率很小，标准值有5、10、15、20、30、40、50、60、80、100VA。

电流互感器的准确级根据其变化误差命名，误差又与一次电流、二次负载等使用条件有关。电流互感器的用途不同，对准确级的要求也不同。

(1) 测量用电流互感器的准确级。测量用电流互感器的标准准确级有0.1、0.2、0.5、1、3、5共6级，都是以规定条件下电流的最大比值差命名的，也称为变比误差。其相对百分值$f_1=(KI_2/I_1)\times100\%$，对于0.1～1级，在二次负载为额定负载的25%～100%时；对于3级和5级，在二次负载为额定负载的50%～100%时，测量用电流互感器的误差限值见表9-1。

表9-1　测量用电流互感器的误差限值

准确级	电流误差±（%）（在额定电流百分数时）				相位差（在额定电流百分数时）							
					±（′）				±crad			
	5	20	100	120	5	20	100	120	5	20	100	120
0.1	0.4	0.2	0.1	0.1	15	8	5	5	0.45	0.24	0.15	0.15
0.2	0.75	0.35	0.2	0.2	30	15	10	1	0.9	0.45	0.3	0.3
0.5	1.5	0.75	0.5	0.5	90	45	30	30	2.7	1.35	0.9	0.9
1	3.0	1.5	1.0	1.0	180	90	60	60	5.4	2.7	1.8	1.8
准确级	50		120									
3	3		3									
5	5		5									

注　1crad=10^{-2}rad。

在测量用电流互感器中有一种特殊使用要求的电流互感器，它用于与特殊电能表相连接。这些电能表在0.01～1.2倍二次额定电流（5A）之间的某一电流下能作准确测量。与这种电能表的电流线圈连接的电流互感器有0.2S和0.5S两个级别（S表示特殊），它们的电流误差（%）的最大值在前述的二次负载条件下，当I=0.2～1.2倍额定电流时，相应为0.2与0.5。详细要求未在表9-1中列出。

每一电流互感器有一最高准确级，对应于此准确级有一额定输出功率。当负载功率超过此额定值时，误差超过规定值，电流互感器的准确级就降低，则又有一较大的相应的额定功率，即每一电流互感器随着输出功率不同可以有不同的准确级。电流互感器在铭牌中将最高准确级标在相应的额定输出功率之后，例如，15VA 0.5级。有时在其后还标有FSX，例如

15VA 0.5 级 FS10，FS 表示仪表的保安系数，10 为其数值。FS 的定义为额定仪表保安电流/额定一次电流。FS 值越小，对由该互感器供电的仪表越安全。

（2）保护用电流互感器的准确级。接有保护用电流互感器的电流发生过负荷或短路时，要求互感器能将过负荷或短路电流的信息传给继电保护装置。由于互感器铁芯的非线性特性，使这时的励磁电流和二次电流中出现较大的高次谐波，故保护用电流互感器的准确级不是以电流误差命名，而是以复合误差的最大允许百分值命名，其后再标以字母 P（表示保护）。复合误差包括比值误差和相位差，它是在稳态时一次电流瞬时值对折算后的二次电流瞬时值的差值的有效值，并用一次电流有效值的百分数表示。

保护用电流互感器的标准准确级有 5P 和 10P。和测量用电流互感器每一准确级有相应的额定功率一样，5P 和 10P 也有相应的额定输出功率。在额定负载的条件下能使电流互感器的复合误差达到 5%或 10%的一次电流，称为额定准确限值一次电流。它与额定一次电流的比值，称为准确限值数。准确级和准确限值系数都要标在额定输出功率之后，例如 15VA 5P10，保护用电流互感器的误差限值见表 9-2。

表 9-2　　保护用电流互感器的误差限值

准确级	电流误差±（%）（在额定一次电流时）	相位差（在额定一次电流时）		复合误差（在额定准确限值一次电流时）
		±（′）	±crad	
5P	1	60	1.8	5
10P	3	—	—	10

3. 电流互感器的接线

电流互感器是单相电器，其一次绕组串接在被测电路中，它的接线主要是指二次侧的接线。电流互感器的接线首先要注意其极性，极性接错时，功率和电能表将不能正确测量，这些保护装置也会误动作。电流互感器的一次绕组首、尾两端标有 L1、L2 字样，分别与二次绕组的 K1、K2 端子同极性。若一次电流由 L1 流向 L2，则相同相位的二次电流由绕组 K1 端流出至外接回路，再从 K2 端流入绕组。也就是说，L1 和 K1 为同名端，L2 和 K2 为同名端。若一次绕组为分段式，用字母 C 表示中间出线端子，则 L1—C1 为一段，C1—L2 为另一段。若同一个一次绕组具有两个二次绕组，每个绕组有自己的铁芯，则两个绕组的端子分别标以 1K1、1K2、2K1、2K2。若二次绕组有抽头，则顺次标以 K1、K2、K3 等。

电流互感器常用的几种接线方式如图 9-1 所示。

图 9-1（a）为单相接线，只能测量一相电流，一般用于负载平衡的三相电力系统中的一相电流的测量。

图 9-1（b）为不完全星形接线，两台电流互感器分别接于 U、W 两相。在 35kV 及以下三相三线小电流接地系统中测量三相功率或电能时，这种接线用得最多。这种接线除了能测 U、W 两相电流外，还可在公共导线上测得 V 相的电流，因为在电流二次回路中 I_u、I_v、I_w 三相电流相位相差 120°，而幅值相等，所以三相电流相量和为零，而据相量图可知 $\dot{I}_u+\dot{I}_w=-\dot{I}_v$。所以两台电流互感器同样可反映出中性点不接地系统（满足 $\dot{I}_u+\dot{I}_v+\dot{I}_w=0$）的三相电流。

图 9-1（c）为完全星形接线，三相各装一台电流互感器，其二次侧为星形联结，可测量

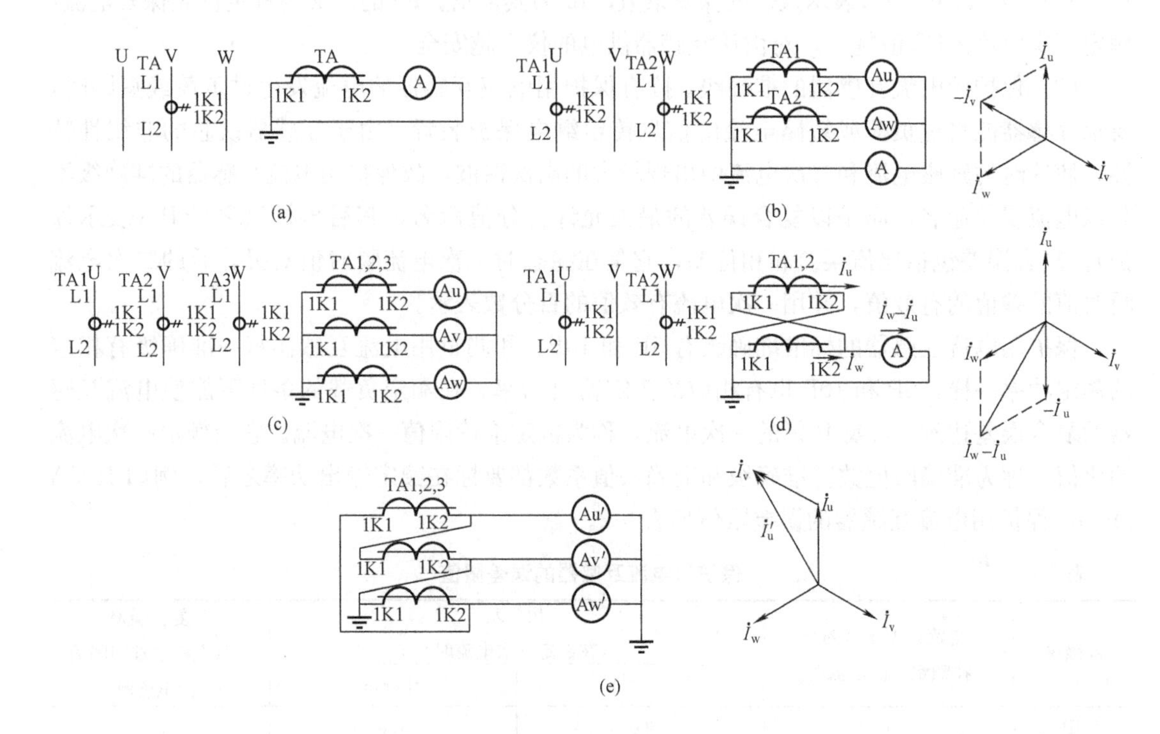

图 9-1　电流互感器的接线方式

(a) 单相接线；(b) 不完全星形接线；(c) 完全星形接线；(d) 两相电流差接线；(e) 三角形接线

三相三线或三相四线制中各相的电流，中性线中的电流为零序电流，这种接线在继电保护中用得很多。

图 9-1 (d) 为 U、W 两相电流差接线方式，此时流过负载的电流为电流互感器二次电流的$\sqrt{3}$倍，相位则超前 W 相位 30°，或滞后 U 相 30°，视负载二次回路的正方向而定。

图 9-1 (e) 为三角形接线，也是三相电流差接线。此时流至负载的三相电流为电流互感器二次电流的$\sqrt{3}$倍，相位则相应超前 30°，也可改变三角形串联顺序使负载二次电流滞后于互感器电流 30°。该接线常用于变压器高压侧的差动保护回路，以补偿该侧的电流相位。

二、电流互感器的分类

电流互感器按一次绕组的匝数可分为单匝式和多匝式，而单匝式又可分为贯穿式和母线式；按安装方式可为穿墙式、支柱式和套管式；按安装地点可分为户外式和户内式；按照绝缘结构分为干式、瓷绝缘、浇注式和油浸式。

下面介绍几种常用的电流互感器。

1. LMKB1—0.5 型户内低压母线式电流互感器

该互感器应用于交流 500V 及以下回路中测量线路中的电流、电量及继电保护。该互感器铁芯用带状矽钢片绕制成环形，用绝缘包扎后绕上二次绕组，用酚醛塑料热压形成外壳，既作为绝缘，又对线圈起保护作用。整个互感器成环形，环形中间的圆孔，作为一次绕组的软导线缠绕之用。额定一次电流较大的为扁孔兼有圆孔，LMKB1—0.5 型电流互感器外形如图 9-2 所示，扁孔可供相应截面的铜铝母线穿过。其一次额定电流有 5、10、15、20、30、

40、50、75、100、150、200、300、400、500、600、800A 等。

2. LMZ—10 型穿墙式电流互感器

LMZ—10 型穿墙式电流互感器外形如图 9-3 所示，系母线式，本身不带一次绕组，在安装时将母线穿过其中心孔作为一次绕组，它由两个由优质冷轧硅钢片卷成的环形铁芯，同时还采用辅助小铁芯来提高准确度。两个二次绕组分别均匀地绕在各自的主环形铁芯上，再用环氧树脂浇注成一体。该电流互感器适用于各种不同气候地区，它的动稳定性好，本身又无接触连接，应用在大电流回路中更显出其优点。

3. LQJ—10 型半封闭浇注绝缘户内支持式电流互感器

LQJ—10 型支持式电流互感器外形如图 9-4 所示。它有两个条形硅钢片叠装成的铁芯，准确度高的还采用辅助小铁芯。一次绕组和部分二次绕组段用环氧树脂浇注成一个整体组件，大部分二次绕组和铁芯外露。铁芯处于平放位置，一次绕组引出端L1、L2在最顶部，

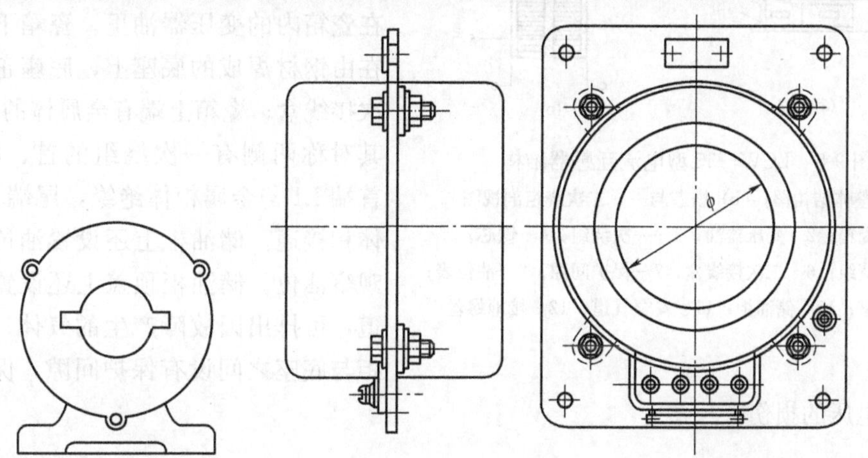

图 9-2 LMKB1—0.5 型电流互感器外形

图 9-3 LMZ—10 型穿墙式电流互感器外形

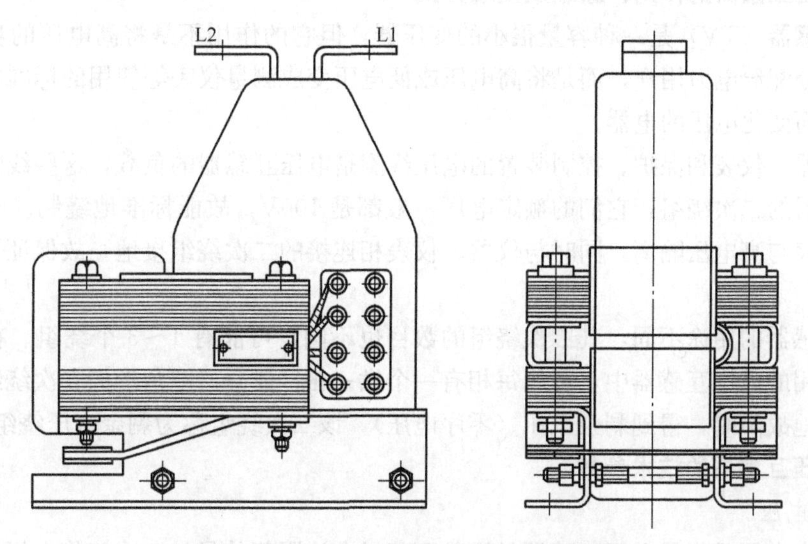

图 9-4 LQJ—10 型支持式电流互感器外形

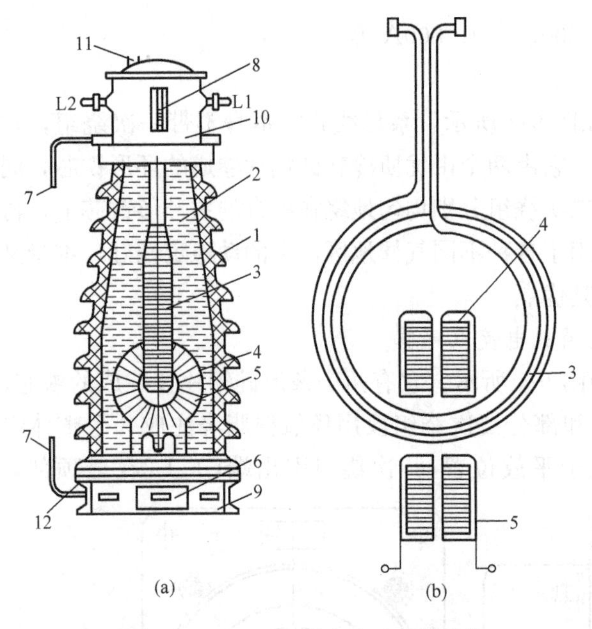

图 9-5 LCW—35 型电流互感器结构

(a) 整体结构图；(b) 铁芯与一、二次绕组剖视图

1—瓷箱；2—变压器油；3—一次绕组；4—铁芯；5—二次绕组；6—二次接线盒；7—保护间隙；8—油位表；9—底座；10—储油柜；11—安全气道；12—接地螺丝

两组二次绕组引出端 1K1、1K2 和 2K1、2K2 在侧面。该电流互感器的电气性能好，且体积小、重量轻，常用于不需穿墙过板的 10kV 及以下户内配电装置中。

4. LCW—35 型支柱式电流互感器

LCW—35 型为油浸绝缘、多匝链式绕组的户外支持式电流互感器，其结构如图 9-5 所示。该电流互感器有两个由硅钢片卷成环形的铁芯，两个二次绕组分别均匀地绕在每个铁芯圆周上；一次绕组套着铁芯构成“8”字形；一起浸泡在瓷箱内的变压器油里。瓷箱下端安装在由钢材焊成的底座上，底座正面有二次接线盒；瓷箱上端有金属体的储油柜，其对称两侧有一次绕组的首、尾两端，首端 L1 与金属柜体绝缘，尾端 L2 与柜体相接通。储油柜上还设置油位表以便观察油位。储油柜顶盖上还设置安全气道，可排出因故障产生的气体。在储油柜与底座之间设有保护间隙，保护瓷箱不致受过电压的损伤。

第二节 电压互感器作用及分类

一、电压互感器的作用、原理及接线方式

电压互感器（TV）是一种容量很小的变压器，但它的作用不是将高电压的功率变成低电压的功率分配给电力用户，而是将高电压或低电压变成测量仪表等使用的标准电压，是为了传递信息而变化电压的电器。

测量仪器、仪表和保护、控制装置的电压线圈是电压互感器的负载，这些线圈并联后接于电压互感器的二次绕组，它们的额定电压一般都是 100V，故能标准地绕制。电压互感器将仪器、仪表与高电压隔离，同时与仪器、仪表相连接的二次绕组接地，故保证了测量时的安全。

电压互感器的用途不同，其二次绕组的数目也不同，可能有 1～3 个绕组。在供三相系统继电保护用的电压互感器中，可能每相有一个供三相接成开口三角形的二次绕组，以便在发生单相接地故障时，得到剩余电压（零序电压），该二次绕组称为剩余电压绕组。

二、电压互感器的技术参数

1. 额定电压

一次额定电压是指使电压互感器的误差不超过允许限值的最佳一次工作电压等级，并与

相应的电网额定电压等组一致，即 3、6、10、35、110kV 等，对于高压侧采用星形接线的单相电压互感器还应除以 $\sqrt{3}$ 。

基本二次侧额定电压为 100V，对于星形接线的单相电压互感器还应除以 $\sqrt{3}$ 。

附加二次每相绕组的额定电压对于 35kV 及以下的小电流接地系统的电压互感器为 100/3V；对于 110kV 及以上的大电流接地系统为 100V。

2. 额定输出功率及相应准确级

电压互感器的准确级也以在规定使用条件下的最大电压误差（比差值）的百分值命名。规定使用条件对供测量用的电压互感器和对保护用的电压互感器是不同的，这两种互感器的准确级也不同。对于测量用电压互感器，规定使用条件是：在额定频率，电压为 0.8～1.2 倍额定电压，负载为 0.25～1.0 倍额定负载，功率因数为 0.8。对于保护用电压互感器，规定使用条件是：在额定频率，电压为 0.05 倍额定电压与额定电压因数相对应的电压，负载为 0.25～1.0 额定负载，功率因数为 0.8。电压互感器的准确级和在规定使用条件下的误差限值见表 9-3。

表 9-3　　电压互感器的准确级和在规定使用条件下的误差限值

准确级		电压误差±（%）	相位差	
			±（′）	±crad
测量用	0.1	0.1	5	0.15
	0.2	0.2	10	0.3
	0.3	0.5	20	0.6
	1	1.0	40	1.2
	3	3.0	不规定	不规定
保护用	3P	3.0	120	3.5
	6P	6.0	240	7.0

每一个电压互感器有一个它的最高准确级，与此对应有一额定负载。由于电压互感器的误差受其负载的影响，当负载超出额定负载时，误差加大，准确级降低。与低一级的准确级对应的又有一额定负载。电压互感器从最高准确级起，每一准确级都有相应的额定负载，也叫额定输出。电压互感器的负载常以视在功率的伏安值来表示。准确级标在相应的输出之后，例如某保护用互感器的准确级为 3P，相应的额定负载为 100VA，则标为 100VA 3P。

电压互感器的额定输出功率（容量）的标准值为 10、15、30、50、75、100、150、200、250、300、400、500、1000VA。

电压互感器具有剩余电压绕组时，该绕组也有准确级和相应的额定功率。用于中性点有效接地系统的互感器，剩余电压绕组的标准准确级为 3P 或 6P；用于中性点非有效接地系统的为 6P，当二次绕组和剩余电压绕组所带负载都在各自的 0.25～10 倍额定负载时，彼此对对方的准确级都没有影响。

3. 额定电压因数及其相应的额定时间

互感器在一次电压升高时，励磁电流增大，铁芯趋于饱和，铁芯损耗增加，同时绕组的铜损也增加，这使得发热加剧，温度上升。时间越长，温度越大。电压高到一定程度，或时间长到一定程度，温度可能达到不能容许的数值。互感器在规定时间内仍能满足热性能和准确级要求的最高一次电压与额定一次电压的比值，就称为额定电压因数。它有其对应的额定时间，同时互感器一次绕组接法和系统的接地方式也有关系。对于所有一次绕组的接法和系统接地方式以及任意长的时间，电压互感器的额定电压因数都为 1.2，即使电压互感器能在 1.2 倍额定电压下长期工作。此外，还有其他的电压因数值和额定时间值。

电压互感器的接线方式应根据负载的需要来确定，其二次侧主要用于向测量、保护、同期等二次回路提供所需的二次电压。由于所供二次回路对其功能的具体要求不同，电压互感器主要有以下几种接线方式，如图 9-6 所示。

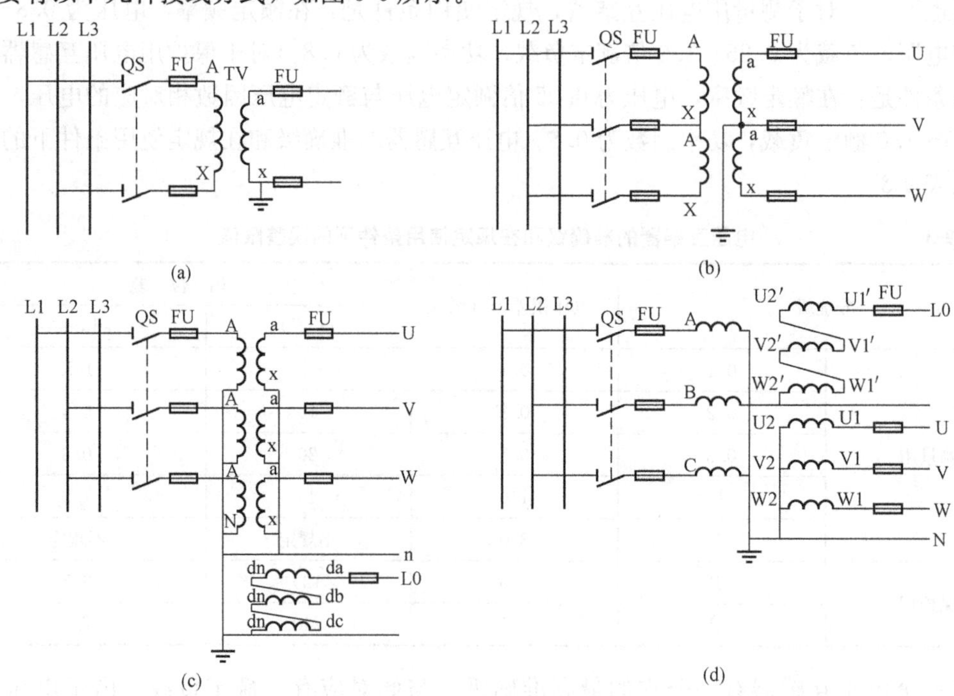

图 9-6 电压互感器的接线方式

(a) 一台单相电压互感器的接线；(b) 两台单相电压互感器接成不完全星形的接线；
(c) 三台单相电压互感器的接线；(d) 三相五心柱式电压互感器的接线

图 9-6 (a) 是一台单相电压互感器的接线，一次绕组接于线电压，二次绕组可接入电压表、频率表及电压继电器及阻抗继电器；适用于中性点不接地系统的小电流接地系统，主要用于 3～35kV 系统中简单的场合。

图 9-6 (b) 是两台单相电压互感器接成不完全星形的接线，简称 Vv 接线，三相三线制系统测量功率或电能时多用这种接线，也可接入需要线电压的其他仪表与继电器，当负载为计费电能表时，所用的电压互感器为 0.5 级或 0.2 级。

图 9-6 (c) 是三个单相电压互感器的接线，一、二次绕组都接成星形，中性点接地，剩余电压绕组接成开口三角形。这种互感器因为接在相电压上，故额定一次电压为该级系统额定电压的 $1/\sqrt{3}$ 。互感器供给仪表等负载的电压在额定情况下是标准电压 100V，故二次绕

组的额定电压为 $100/\sqrt{3}$ V。

剩余电压绕组的额定电压与系统接地方式有关，在中性点有效接地系统，当发生单相金属接地短路时，在短路处，短路对地电压为零。非故障相对地电压不变，三相剩余电压绕组的电压中，也是一相电压为零，另两相电压不变。图 9-7 为剩余电压绕组在系统正常运行与单相故障时的电压相量图。由图 9-7（a）可看出，w 相短路后，输出电压为 U，要求 U 为标准电压 100V，故 U_u 或 U_v 也应是 100V。在中性点非有效接地系统，当 w 相完全接地时，v 相和 c 相剩余电压绕组中的电压如图 9-7（b）所示，为 U_u 和 U_v，数值上是 $\sqrt{3}\,U_v$。开口三角形出口的电压 U 又为 U_u、U_v 的 $\sqrt{3}$ 倍，为 U_u 或 U_v 的 3 倍。U 应为 100V，故剩余电压绕组的额定电压 U_u、U_v 和 U_w 都应是 100/3V。

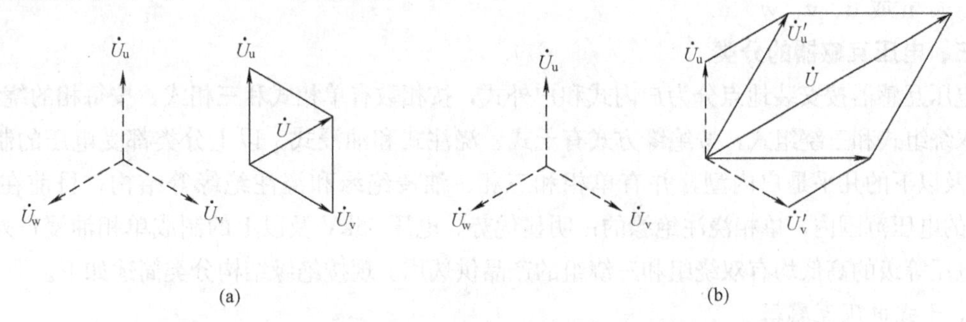

图 9-7　剩余电压绕组在系统正常运行与单相故障时的电压相量图

（a）中性点有效接地系统；（b）中性点非有效接地系统

注：虚线是系统正常运行时剩余电压绕组中的电压；实线是系统 w 相发生短路或完全接地时的电压。

35kV 及以上接于母线的电压互感器，多是用三台单相互感器连接。

在 6～10kV 系统中，除了可用三台单相互感器连接成图 9-6（c）的接线外，三相五柱式电压互感器的内部接线也是星形、开口三角形，如图 9-6（b）所示。图 9-8 是三相五柱式电压互感器的结构原理图，边上的两个铁芯柱是零序磁通的通路。当系统发生单相接地时，零序磁通 Φ_{A0}、Φ_{B0}、Φ_{C0} 有了通路，磁阻小，磁通增多，则互感器的零序阻抗大，零序电流小，发热不严重，不会危害互感器，作为三相电源，从接线图 9-6（d）可以看出，其一次额定电压为系统的额定电压，二次额定电压为 100V，开口三角形在正常时电压为零；当一次侧单相金属性接地时，开口三角形处电压为标准电压 100V，即剩余电压绕组的额定相电压为 100/3V。

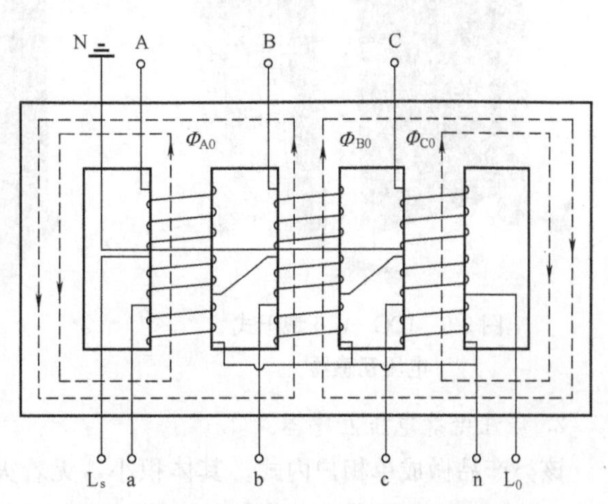

图 9-8　三相五柱式电压互感器结构原理图

电压互感器在接于电网时，除低压的可只经熔断器外，高压电压互感器都经隔离开关和熔断器接入电网，在 110kV 以上的则只以隔离开关接入。电压互感器一次侧装熔断器的作用是：当电压互感器本身或引线上发生故障时，自动切除故障。但高压侧的熔断器不能作二次侧过负荷的保护，因为熔断器熔体是根据机械强度选择的，其额定电流比电压互感器额定电流要大很多，二次侧过负荷时可能熔断不了。所以，为了防止电压互感器二次侧过负荷或短路引起的持续过电流，在电压互感器的二次侧应装设低压熔断器。

电压互感器二次绕组也必须接地，其原因和电流互感器相同，是为了防止当一次绕组和二次绕组之间的绝缘损坏时，危及二次设备及工作人员的安全。在变电站中，电压互感器二次侧一般是中性点接地。

在电压互感器的接线图上有了线端子标记，单相电压互感器的一次绕组为 A、X，或 A、N，N 表示接地端，相应的二次绕组的出线端标记为 a、x 和 a、n，剩余电压绕组出线端为 da、dn 或 L_s、L_0 三相电压互感器的端子标记为一次绕组 A、B、C、N，二次绕组标为 a、b、c、n 或 u、v、w、n。

三、电压互感器的分类

电压互感器按安装地点分为户内式和户外式，按相数有单相式和三相式，按每相的绕组数分为双绕组式和三绕组式，按绝缘方式有干式、浇注式和油浸式。以上分类都受电压的制约：20kV 及以下的几乎是户内型，并有单相和三相、油浸绝缘和浇注绝缘等结构。目前在 3～20kV 的电压范围内，单相浇注绝缘的占明显优势。电压 35kV 及以上的制成单相油浸户外式。无论电压等级的高低均有双绕组和三绕组的产品供选用。现按绝缘结构分类简述如下。

1. 干式电压互感器

该产品主要用于低压，最高电压可达 6kV 只限于户内且空气干燥的场所。优点是重量轻，便于装入低压配电屏内。有单相的 JDG 和三相五柱三绕组的 JSGW 等型，JDG—0.5 型和 JSGW—0.5 型干式电压互感器外形分别如图 9-9 和图 9-10 所示。

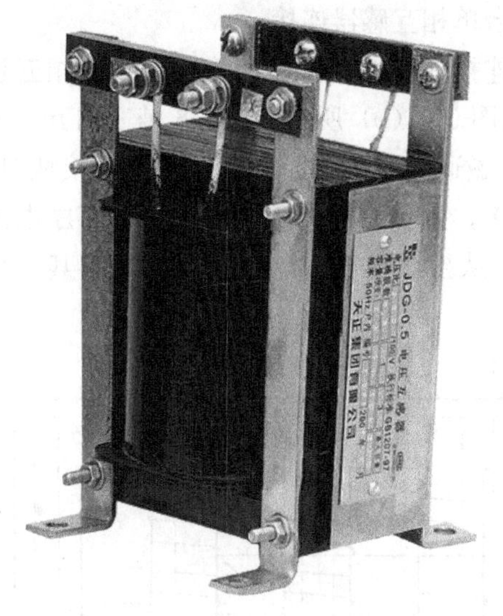

图 9-9　JDG—0.5 型干式电压互感器

图 9-10　JSGW—0.5 型干式电压互感器外形图

2. 浇注绝缘电压互感器

该类产品做成单相户内式，其体积小，无着火、无爆炸危险，广泛应用于 3～20kV 户内配电装置。它们又分为双绕组和三绕组两类。前者有 JDZ 系列，选用 1～3 台并适当选择其一、二次侧额定电压可构成多种接线方式。后者有 JDZJ 等系列，可用三台代替三相五柱式产品。

以上两类除铁芯柱上相差一个附加绕组以外，结构基本相同。图 9-11 所示为 JDZJ—10 型浇注绝缘电压互感器结构。其铁芯由优质硅钢片叠装成方形（有的卷成 C 型）。一次绕组和两个二次绕组绕制成同芯柱体，连同一次绕组的引出线一起用环氧树脂浇注成型，然后装上铁芯。因铁芯外露，称为半浇注式。浇注体下面涂有半导体漆，并与金属底板和铁芯相连，还在一次绕组的两端设置屏蔽层，以改善电场的不均匀性，防止在冲击电压作用下发生局部发电。

3. 油浸绝缘电压互感器

油浸绝缘电压互感器的绝缘性能高，使用电压范围广，3～110kV 及以上各级电压均有其产品，品种较多，总的可分为 35kV 及以下的普通油浸式电压互感器、110kV 及以上的串激式电压互感器，以及 10～35kV 的电压—电流组合型油浸式互感器等。

（1）普通油浸式电压互感器。

1）JDJ 型电压互感器。20kV 及以下的做成户外式，图 9-12 为 JDJ—10 型户外式电压互感器结构，它由铁芯和一、二次绕组组成的器身放在充满油的钢制圆筒形壳体内，并固定在箱盖下，与小型油浸式变压器相似。铁芯由条形硅钢片叠成三柱式，一、二次绕组套在中间柱上。箱盖上有带呼吸孔的注油塞。而 JDJ—35 型户外式电压互感器内部结构与上述 JDJ—10 型相似。但因电压高引起尺寸增大和油量增多，加上户外温差较大，故该互感器油箱设有较完善的储油柜、油标和呼吸器等。其瓷套管内腔也基本充满油，可消除内部空气放电。

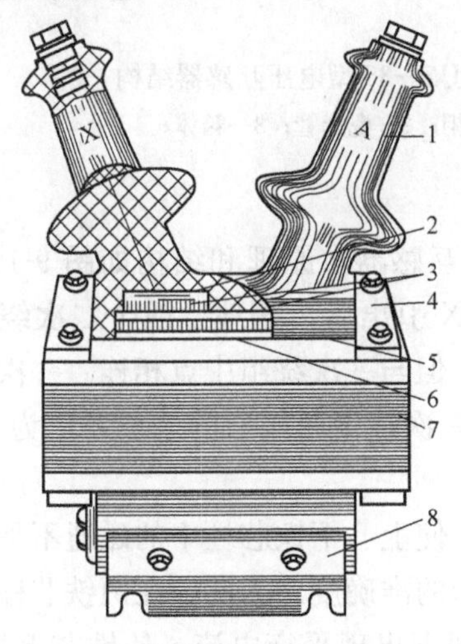

图 9-11 JDZJ—10 型浇注绝缘电压互感器结构

1—浇注套管；2—静电屏蔽；3—一次绕组；4—一、二次绕组间绝缘；5—基本二次绕组；6—附加二次绕组；7—铁芯；8—支架

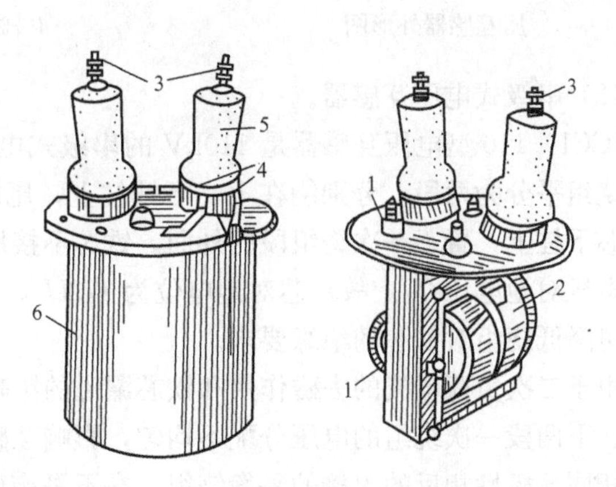

图 9-12 JDJ—10 型户外式电压互感器结构

1—铁芯；2—一次绕组；3—一次引出端；4—二次引出端；5—套管绝缘子；6—外壳

2) JSJW 型电压互感器。JSJW—10 型电压互感器由五个铁芯和两个铁箍组成磁路系统，一次侧三个绕组接成星形，两个二次绕组分别接成星形与开口三角形。二次侧星形接线的绕组用来测量线电压和相电压以及相对地电压，开口三角形用来测量单相接地后的零序电压。JSJW—10 型电压互感器外形如图 9-13 所示。

3) JDJJ2—35 型油浸式电压互感器。该互感器系三绕组的单相户外油浸式，与 JDJ—35 型的内部结构相似，但在铁芯上增设一个附加二次绕组。如图 9-14 所示为 JDJJ2—35 型电压互感器结构示意图，一次绕组的首端（A 端）经 35kV 充油瓷套管，从储油柜的上端引出，末端（X 端）经 0.5kV 等级瓷套管引出接地。

图 9-13　JSJW—10 型电压互感器外形图

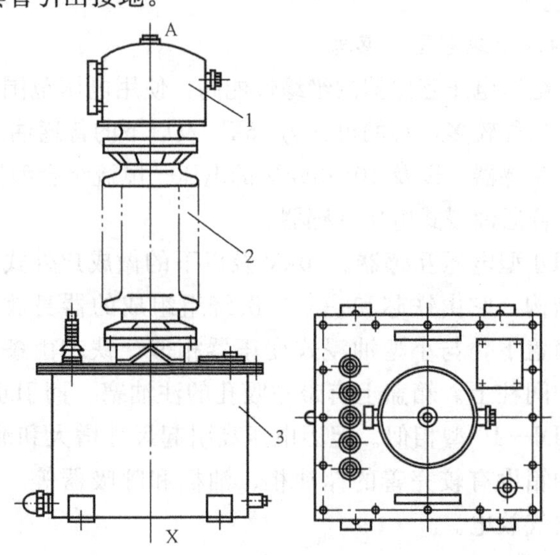

图 9-14　JDJJ2—35 型电压互感器结构

1—储油柜；2—瓷套管；3—箱体

(2) 串级式电压互感器。

JCC1—110 型电压互感器是 110kV 的串级式电压互感器，原理和结构如图 9-15 所示。一次绕组平分为两段，分别绕在上、下铁柱上，尾端 X 引出后再接地。两个二次绕组只绕在铁芯下柱上，置于一次绕组段的外面。铁芯不接地，但与一次绕组中点相连。一次绕组承受相电压对地电压 U_1。故铁芯对地电位为 $1/2U_1$，与一次绕组两端头的电位差也为 $1/2U_1$，因而可降低绕组对铁芯的绝缘要求。

由于二次负荷电流的去磁作用和铁芯漏磁的影响，使上、下铁芯柱中的磁通不平衡，造成上、下两段一次绕组的电压分配不均匀，影响互感器的准确度。为此，在两铁芯柱上加设匝数相同、极性相反的串接的平衡绕组，在不平衡磁通下出现平衡电流，使铁芯上柱去磁，下柱增磁，自动达到两柱中的磁通基本平衡。平衡绕组置于铁芯的最内层，并与铁芯一点相连。

JCC1—110 型电压互感器的结构如图 9-15 所示，器身置于充满变压器油的瓷箱 2 内。铁芯 4 为方形结构。由四根支撑电木板 6 支撑对底座绝缘。瓷箱上部设置油扩张器 1，其上面装有油标和吸湿器的呼吸器。一次绕组的首端从油扩充器顶盖上引出，尾端和两个二次绕组从底座 7 中的端子板接出。一次绕组尾端的接地必须可靠，一旦发生开断将使尾端电位升高为相电压，危及一、二次绕组间的绝缘，进而造成高压窜入低压的严重后果。一次/基本二次/附加二次三绕组的额定电压按序为（$110/\sqrt{3}$）/（$0.1/\sqrt{3}$）/0.1kV。用3台该型互感器可构成不同的接线方式。串级式电压互感器的体积小、重量轻、内部结构的通用性强、生产方便、成本低，但准确度不高。

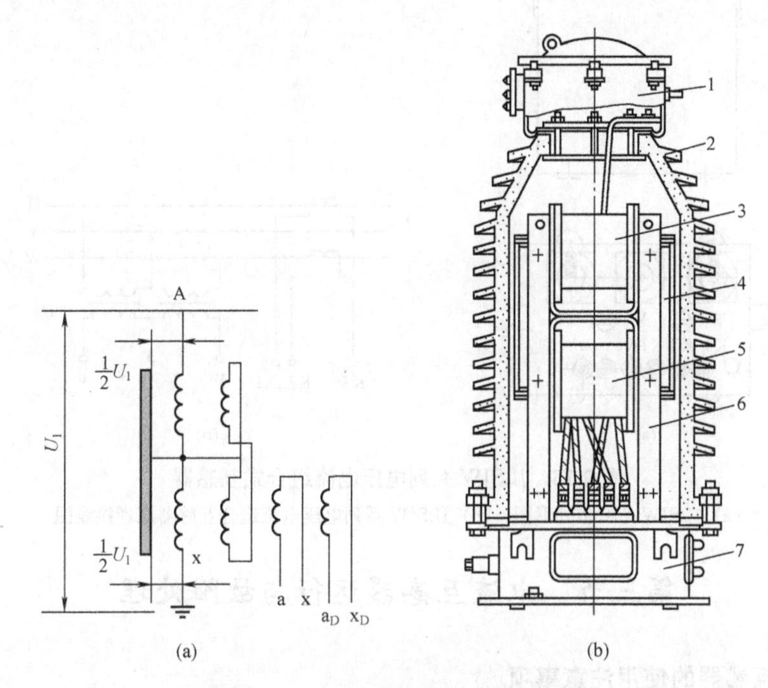

图 9-15 JCC1—110 型电压互感器

（a）原理图；（b）结构图

1—油扩张器；2—瓷箱；3—上段一次绕组；4—铁芯；

5—下段一次绕组；6—支撑电木板；7—底座

（3）电压电流组合式互感器。

电压电流组合式互感器是为了满足高压供电用户在高压侧进行计量的要求而设计的产品。JLSJW 系列电压电流组合互感器为三相户外油浸式，包含接成 Vv 接线的两台单相电压互感器和接成不完全星形接线的两台电流互感器。JLSJW 系列组合式互感器如图 9-16 所示。其电压电流的额定参数分别为 10～35/0.1kV 和 5～200/5A，准确度等级可达 0.5 级，适应于工业、企业的小型变（配）电站，既经济又简化配电装置布置。

该产品系列的内部结构基本一致，两台单相电压互感器安装在箱内下部，并悬挂固定在箱盖下面。两台电流互感器安装在箱内上部，其一次绕组与环形铁芯交链成“8”字形，分别固定在 U、W 两相高压套管下面的箱盖上。U、W 两相高压套管采用特殊结构，它有两根相互绝缘的导电心棒 L1 和 L2，分别与该相电流互感器一次绕组的首、尾两端相接。电压电流二次线端也从顶盖 0.5kV 套管引出，并注意与一次端的极性关系。

该产品系列的外部结构与同电压等级的小容量三相油浸式变压器相似，图 9-16（a）为JLSJW—10型外形图。JLSJW—35型除电压增高引起的绝缘和尺寸增大外，还增设了油扩张器，并使高压瓷套管内充油以消除内腔空气放电。

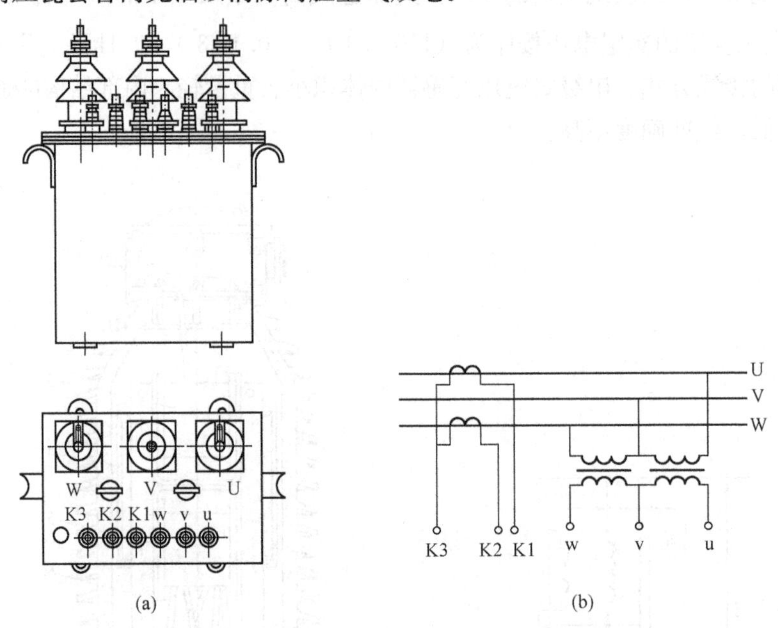

图 9-16　JLSJW 系列电压电流组合式互感器

(a) JLSJW—10 型外形图；(b) JLSJW 系列电压电流组合互感器原理接线图

第三节　电流互感器运行与故障处理

一、电流互感器的使用注意事项

电流互感器除在接线时要注意极性正确外，外壳和二次绕组的一端必须接地；在电流互感器的一次绕组有电流流过时，二次绕组绝对不允许开路，因为运行中电流互感器所需工作磁势很小，由于其二次绕组磁势对一次绕组的磁势起到去磁作用，而一旦二次侧回路开路时，一次侧电流所产生的磁势不再被去磁的二次磁势所抵消而全部用作励磁。如果此时一次电流较大，会在二次侧感应出很高的电压，这对工作人员的安全构成严重的威胁；还可能造成二次回路绝缘击穿，甚至烧毁二次设备，引发火灾。同时，很大的励磁磁势作用在铁芯中，使铁芯过度饱和而严重发热，导致互感器烧坏。所以，在运行中的电流互感器二次回路严禁开路。电流互感器二次绕组一端接地，是防止在一次绕组绝缘损坏时，高电压使二次绕组的绝缘损坏而带上高压，危及人身及其他二次设备的安全。如果需要接入仪表测试电流或功率，或更换表计或其他装置时，应先将二次电流回路进线一侧短路并接地，确保工作过程中无瞬间开路。此外，电流回路的导线或电缆芯线必须用截面积不小于 2.5mm^2 的铜线，以保持必要的机械强度的可靠性。

1. 投入运行前的检查

(1) 检查绝缘电阻是否合格。

(2) 检查二次回路有无开路现象。

(3) 检查二次绕组接地线是否完好无损伤，接地牢固。

(4) 检查外表是否清洁，瓷套管有无破损、有无裂纹，周围有无杂物。

(5) 检查充油器电流互感器的油位、油色是否正常，有无渗、漏油现象。

(6) 检查各连接螺栓是否紧固。

2. 运行后定期的巡视检查

(1) 检查瓷质部分。瓷质部分应清洁、无破损、无裂纹、无放电痕迹。

(2) 检查油位。油位应正常，油色应正常，油色应透明不发黑，无渗、漏油现象。

(3) 检查声音等。电流互感器应无声音和焦臭味。

(4) 检查引线接头。一次侧引线接头应牢固，压接螺丝无松动，无过热现象。

(5) 检查接地。二次绕组接地线应良好，接地牢固，无松动，无断裂现象。对电容式电流互感器的末屏应接地。

(6) 检查端子箱。端子箱应清洁、不受潮、二次端子接触良好，无开路、放电或打火现象。

(7) 检查仪表指示。二次侧仪表指示应正常。

3. 电流互感器二次回路带电工作时的安全措施

(1) 严禁在电流互感器二次侧开路。

(2) 短路电流互感器的二次绕组，必须使用短路片和短路线，短路应妥善可靠，严禁用导线缠绕。

(3) 严禁在电流互感器与短路端子之间的回路和导线上进行任何工作。

(4) 工作时，必须认真仔细，不得将回路中永久接地点断开。

(5) 工作时，必须有专人监护，使用绝缘工具，并站在绝缘垫上。

二、电流互感器的常见故障及其处理

1. 二次回路开路或短路

由于电流互感器二次回路中只允许带很小的阻抗，所以它在正常工作情况下接近于短路状态，声音极小，一般认为无声。电流互感器的故障常常伴有声音或其他现象发生。若铁芯穿心螺丝夹得不紧，硅钢片就会松动，铁芯里交变磁通就会发生变化。随着铁芯里交变磁通的变化，硅钢片振动幅度增大而发出较响的“嗡嗡”声，此声音不随负荷变化，会长期保持。

轻负荷或空负荷时，某些离开叠层的硅钢片端部发生振荡，会造成一定的“嗡嗡”声。此声音时有时无，且随线路的负荷的增加而消失。

当二次回路开路、电流为零时，阻抗无限大，二次绕组产生很高的电动势，其峰值可达几千伏，因为在电流互感器正常运行时，二次回路呈闭路状态，所以二次侧磁势产生的磁通对一次侧产生的磁通起去磁作用。当二次侧开路时，去磁的磁通消失，使铁芯里磁通急剧增加，处于严重饱和状态。这时磁通随时间的变化，波形呈平顶波，由于二次绕组的感应电动势与磁通变化的速度成比例，很显然，可能造成铁芯过热而烧坏电流互感器。因磁通密度的增加和磁通的非正弦性，使硅钢片振荡不均匀，从而发出大的噪声。

电流互感器二次侧开路时，值班人员应穿上绝缘鞋和戴好绝缘手套，在配电柜上将事故电流互感器的二次回路的试验端子短路，进行检查处理。若采取上述措施无效时，则认为电流互感器内部可能产生故障，此时应将其停止使用。若电流互感器可能引起保护装置动作时，应停用有关保护装置。

电流互感器二次绕组或回路发生短路时，能使电能表、功率表等指示为零或减少，同时也可能使继电保护装置误动作或不动作。若运行值班人员未及时发现而仍按正常情况加负荷时，则将引起设备不允许的过负荷而损坏。发生这种故障以后，应保持负荷不变，停用可能误动作的保护装置，通知检修人员迅速消除。

若发现电流互感器内部冒烟或着火时，应用断路器将其切除，并用砂子或干式灭火器灭火。

2. 电流互感器爆炸

电容性电流互感器常见的故障之一就是爆炸，引起电容性电流互感器爆炸的常见原因如下：

(1) 电容屏主绝缘击穿。导致电容屏主绝缘击穿的原因如下：

1) 线圈绕制质量差，电容屏严重错位，绝缘浸渍不彻底，电容屏间有空气、水分等杂质存在。例如，某变电站一台 LCLWD3—220 型电流互感器在运行中发生爆炸。事故后解体发现，该电流互感器的内部有四处放电痕，其中最严重处一导线有破口，而且绝缘凹凸不平。电容屏铝箔上打孔处可见毛刺，主屏铝箔包扎不均匀并有错位。

2) 绕制电容芯棒用的电缆纸含水量偏高，在电流互感器运行的热状态下产生热击穿。没有经过干燥处理的绝缘纸，纸中含水量为 7%~10%，一般运行中电流互感器绝缘纸的含水量不大于 2%。例如，某台 LCLWD3—220 型电流互感器，1992 年 5 月发现油中色谱分析结果异常，退下来进行局部放电试验，局部放电起始电压为 98kV，在 160kV 下的局部放电量为 150pC，吊瓷套解体发现该电流互感器的电容屏击穿约 86%，最大烧伤面积为 100mm×90mm。

3) 进水受潮。由于电流互感器进水，导致绝缘受潮而引起爆炸。例如，某台 LGL-WD3—220 型电流互感器，1991 年 8 月发生爆炸，其直接原因是油柜内的积水突然灌入器身引起的。

4) 电流互感器的末屏未接地或接地不良，使末屏出现悬浮电位，而引起长时间的局部放电，烧毁末端绝缘，进一步发展引起主屏击穿。

5) 在真空干燥过程中，由于绝缘纸的收缩引起铝箔撕裂，造成局部电场集中，烧坏绝缘。

(2) 绝缘油质量不良。虽然不合格的绝缘油经过脱水、脱气处理后，油的绝缘程度将会有很大提高，但对 5μm 以下的杂质处理目前尚有困难，杂质的存在对油的高温介质损耗有很大的影响。运行中电流互感器油质下降的常见原因如下：

1) 电流互感器密封不良，引起进水受潮。

2) 补充油时，加入不合格的绝缘油或混油。

3) 电流互感器一次绕组出线接触不良或接触面积不够，引起该处过热，绝缘油裂解、老化。

4) 雷电或隔离开关切空载线路过程中产生的高频电流在电流互感器的一次绕组出线端子之间产生的过电压，使电流互感器顶部的绝缘油发生火花放电。

(3) 其他原因。

1) 污秽引起主瓷套对地闪络。

2) 电流互感器外部变比切换板未拧紧或变比切换板载流容量不够，引起变比切换板烧熔，高温使电流互感器的外瓷套熔化。例如，某台 220kV 电流互感器瓷套突然破裂，事故

的原因仅仅是该电流互感器的外部一次串并联换接板在检修试验中拆开后，复装时没有将螺丝拧紧就投入运行。结果导电部位接触不良，运行电流长期流过后，由于过热造成串并联换接烧熔，高温作用又使瓷套逐渐损伤，直至突然开裂。

3）电流互感器二次绕组开路。引起过电压，使油中气体急剧增加，瓷套内压力迅速增加直至爆炸。

为防止电容型电流互感器爆炸，在日常的运行与维护中应采取以下措施：

（1）认真进行预防性试验。DL/T 596—1996《电气设备预防性试验规程》规定，电流互感器的预防性试验项目有：测量绕组及末屏的绝缘电阻、介质损耗因数 tanδ 和油中溶解气体的色谱分析等。对这些项目的测试结果进行综合分析，可以发现进水受潮及制造工艺不良等方面的缺陷。表 9-4 列出了油纸电容式电流互感器的油中溶解气体色谱分析结果和判断检测缺陷的实例。

表 9-4　油纸电容式电流互感器的油中溶解气体色谱分析结果和判断检测缺陷的实例

设备名称		LCLWD3—220						
油中气体含量（×10^{-6}）	H_2	14800	8	8	0	5420	75	650
	CH_4	1505	5	9.7	3.8	1620	0.43	0.46
	C_2H_6	27.7	4	3.9	4.7	180	0.21	0.45
	C_2H_4	511	8	13.8	25	0.9	3.2	2.6
	C_2H_2	3.2	2	12	3.5	1.4	0	0
	总烃	2046.9	19	39.4	42	1802.3	5.7	4.8
判断故障性质		内部过热，并有放电故障	内部可能存在放电性故障		内部存在过热性故障	内部存在过热性故障	氢气单独增大，但在试验报告中结论不明确，根据导则规定应判定可能进水受潮	
电气诊断情况		互感器末屏与地的连接线焊接不良、烧伤、脱落，处理后情况正常	绝缘电阻 整体：2500MΩ 末屏：1000MΩ tanδ：0.7% Cx：861pF，正常			tanδ：2.7%；在138kV 时，tanδ 值增大至 4.25%，在电热稳定试验中，经9h 后，tanδ 值为12.79%，且继续上升，说明不合格	主绝缘（电容芯棒）的 tanδ 值正常，但未能检测末屏对地的绝缘情况	
吊芯检查内部情况		互感器末屏与地连接线焊接不良、烧伤、脱落，处理后情况正常	误补加仅经过滤处理后的原断路器用油，经换新油处理，投运后恢复正常		发现互感器端部储油柜侧引出线端子的绝缘上有烧伤痕迹	电容芯棒的 10 个电容器中有 4 个屏，tanδ 值为 7%～8%，且纸层和铝箔上有明显的蜡状物，并发现一对电屏间的端屏位置放错	互感器爆炸损坏，互感器的电容芯棒在 U 形导线底部距中心15cm 处被击穿	
分析结论		绝缘不合格	绝缘不合格		绝缘不合格	绝缘不合格	绝缘不合格	

（2）测试值异常应查明原因。当投运前和运行中测得的介质损耗因数 $\tan\delta$ 值异常时，应综合分析 $\tan\delta$ 与温度、电压的关系；当 $\tan\delta$ 随温度明显变化或试验电压由 10kV 上升到 $U_{m}/\sqrt{3}$，$\tan\delta$ 增量超过±0.3%时，应退出运行。对色谱分析结果异常时，要跟踪分析，考察其增长趋势，若数据增长较快，应引起重视，将事故消灭在萌芽状态。

（3）一次端子引线接头要接触良好。电流互感器的一次端子引线接头部位要保证接触良好，并有足够的接触面积，以防止产生过热性故障。L 端子与膨胀器外罩应注意作好等电位连接，防止电位悬浮。另外，对二次线引出端子应有防转动措施，防止外部操作造成内部引线扭断。

（4）保证母线差动保护正常投入。为避免电流互感器电容芯底部发生击穿事故时扩大事故影响范围，应注意一次端子 L1 与 L2 的安装方向及二次绕组的极性连接方式要正确，以确保母线差动保护的正常投入运行。

（5）验算短路电流。根据电网发展情况，注意验算电流互感器所在地点的短路电流，超过互感器铭牌的动热稳定电流值时，要及时安排更换。

（6）积极开展在线监测和红外测温。目前电流互感器开展的在线监测项目主要有：测量主绝缘的电容量和介质损耗因数；测量末屏绝缘的绝缘电阻和介质损耗因数。测试经验表明，它对检测出绝缘缺陷是有效的。目前针对红外测温，有的单位已在开展，就现有测试结果表明，它对检测电流互感器内部接头松动是有效的，但仍需积累经验。

3. 电流互感器受潮

（1）轻度受潮。进潮量较少，时间不长，又称初期受潮。其特征是：主屏介损值无明显变化，末屏绝缘电阻降低，介损增大，油中含水量增加。

（2）严重进水受潮。进水量较大，时间不太长。其特征是：底部往往能放出水分，油耐压降低；末屏绝缘电阻较低，介损值较大；主屏若水分向下，渗透过程中介损有较大增量，否则不一定有明显变化。

（3）深度进水受潮。进潮量不一定很大，但受潮时间较长。其特征是：长期渗透潮气进入电容芯部使主屏介损增大，末屏绝缘电阻较低，介损较大，油中含水量增加。

另外，试验判定受潮的互感器，一般都能发现密封缺陷，主要是：密封胶垫没有压紧，胶垫外沿有积水，呼吸器堵塞或出口失去油封，呼吸管与上盖连接处密封不良，硅胶变色规律也可反映端部密封状况，若较长时间硅胶不变色，端部一般都有密封缺陷。抽取微水油样应注意油温影响，尽量在运行中取得。

4. 电流互感器干燥处理

电流互感器受潮后对其进行干燥处理，由于电容型绝缘既紧又厚，具有受潮不易、排潮难的特点，所以干燥工艺要求高，应慎重对待。

从现场条件、工期、安全等多方面考虑，热油循环干燥方式是一种最适宜的处理方式，它是通过真空滤油机升温对互感器进行热油循环，绝缘受潮后介质内部水分子热运动加剧，水汽蒸发加速，其中一部分克服油阻从互感器顶部排出，一部分被循环油带至真空滤油机排出；油温升高，使绝缘纸中含水比例下降，油的含水比例上升，通过不断对油的干燥处理，达到干燥目的；热油浸入绝缘材料，在内外层间起到桥接作用，使热传导和绝缘内层的水分排散比较容易，得到较好的排潮效果。本方式主要优点是不需吊出和分解器身，节省时间，

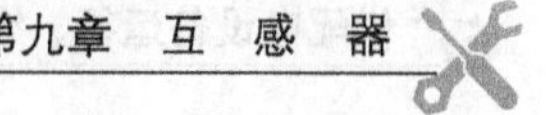

工期较短，处理后器身内部洁净。

其干燥的要点如下：

(1) 干燥技术措施规定，所监视部位绝缘电阻稳定 12h 后停止循环处理。试验表明此时的绝缘电阻只是一个相对稳定值，它出现的时间和大小主要由抽潮强度即油温和强部压强决定，不同的抽潮强度可得到不同的绝缘电阻。因此正确选择抽潮强度是一次干燥成功的关键。

油温高固然对干燥有利，但过高则会加速一次导线内残油或绝缘纸的劣化，同时，一般现场使用的真空滤油机长期工作油温不宜超过 65℃，所以平均油温控制在 65～70℃对互感器绝缘寿命和真空滤油机的运行都是有利的。互感器内部压强越低，水分汽化温度越低。当油温高于汽化温度时，绝缘内水分产生气泡，开始汽化。过热度越大，汽水化越激烈和迅速。水的汽化温度与压强的关系见表 9-5。

表 9-5　水的汽化温度与压强的关系

压强 (Pa)	101×10^3	98.12×10^3	49.06×10^3	25.02×10^3	19.86×10^3	12.36×10^3	4.91×10^3
汽化温度 (℃)	100	99	81	65	60	50	33

将上盖换为专门盖板后，电流互感器即可承受一个以上的大气压力，使循环系统密封得当，将内部空气残压控制在 2.7×10^3Pa 以下是可能的，而绝缘所受压强是空气残压与油自重压强的叠加，一米油柱产生的自重压强约为 8.4×10^3Pa，以 LCWD3－220 为例，现场全油位循环时油位高度约 2.3m，最大压强在下部油箱中约有 $2.3\times8.4\times10^3\approx22\times10^3$Pa，见表 9-5，油温采用 65℃可以满足汽化要求。这只是一个静态估算，实际上液体在流动时压强进一步降低。

和温度不同，真空度的高低本身对互感器绝缘没有副作用，因此应尽可能地提高真空来达到提高抽潮强度的目的，具体讲就是使真空表指示值接近大气压力，二者之差就是互感器内空气残压。

(2) 在循环升温开始前，对一次绕组施加 30%～40%的额定电流，目的是建立一定温差防止潮气向芯内扩散。此电流宜在循环结束数小时后切断。

(3) 首先逐步升温循环，待温度上升到控制值并经一定时间后可缓慢地提高真空度，在干燥开始阶段，由于绝缘内部潮气较多，相应产生较大的蒸气压力，过早、过快地减小外层压强可能会使绝缘层间遭受损伤。

(4) U 形一次绕组弯处绝缘包扎最厚，绝缘外部压强最大，在循环方向上又属油温偏低部分，因此是排潮最难的部位，可以在全油位循环到某一时间后，适当降低油位循环，减小底部压强，增加对该绝缘部位的抽潮强度。

(5) 循环油宜用新油也可用原互感器油，但要先作单独干燥处理。为提高绝缘浸油程度，必须重视以下几个方面：

1) 坚持预抽真空，不应低于 6h。

2) 残压降低时，浸油程度加大，对于 220kV 以上互感器尽量使其压力不大于 133.3Pa。

3) 研究确定最大浸油程度是在油温 70℃左右时达到，故尽量用热油注入，并可在注油过程中对一次绕组施加40%额定电流以助热。

4）油应从互感器上部注入，注入油应经真空干燥脱气处理，注油前油箱下部放油嘴处密封应可靠，防止从底部抽入空气。

5）进油速度不能过快。根据经验，油位每增长1m的时间不宜低于3h，可根据互感器油量的多少选择注油内孔，一般为ϕ1.5mm或ϕ2mm，内孔长度5mm，管口呈喇叭形以利喷洒均匀。

第四节　电压互感器运行与故障处理

一、电压互感器在使用中的注意事项

电压互感器在使用中一定要注意严防二次侧短路，因为电压互感器是一个内阻极小的电压源，正常运行时负载阻抗很大，相当于开路状态，二次侧仅有很小的负载电流。当二次侧短路时，负载阻抗为零，将产生很大的短路电流，会将电压互感器烧坏。为此在带电的电压互感器二次回路上工作要注意：①严格防止电压互感器二次回路短路或接地，工作时应使用绝缘工具，戴手套；②二次侧接临时负载时，必须装有专用的刀闸或熔断器。

1. 投入运行前的检查

(1) 送电前，应将有关工作票收回，拆除全部临时检修安全措施，恢复固定安全措施，并测量其绝缘电阻合格。

(2) 定相。大修后的电压互感器（包括二次回路变动）或新安装的电压互感器投入运行前应定相。所谓定相，就是将两个电压互感器的一次侧接在同一电源上，测定它们的二次侧电压相位是否相同。若相位不正确，造成的后果是：①破坏同期的正确性；②倒母线时，两母线的电压互感器会短时并列运行，此时二次侧会产生很大的环流，导致二次侧熔断器熔断，使保护装置误动或拒动。

(3) 检查一次侧中性点接地和二次绕组一点接是否良好。

(4) 检查一、二次侧熔断器，二次侧快速空气开关是否完好和接触正常。

(5) 检查外观是否清洁，绝缘子、套管有无破损、有无裂纹，周围无杂物；充油式电压互感器的油位、油色是否正常，有无渗、漏油现象；各接触部分连接是否良好。

2. 运行后定期的巡视检查

(1) 检查绝缘子。绝缘子表面是否清洁，有无破损，有无裂纹，有无放电现象。

(2) 检查油位。油位是否正常，油色是否透明不发黑，有无渗、漏油现象。

(3) 检查内部。内部声音是否正常，有无吱吱放电声、有无剧烈电磁振动声或其他异声，有无焦臭味。

(4) 检查密封情况。密封装置是否良好，各部位螺丝是否牢固，有无松动。

(5) 检查一次侧引线接头。接头连接是否良好，有无松动，有无过热；高压熔断器限流电阻是否良好；二次回路的电缆及导线有无腐蚀和损伤，二次接线有无短路现象。

(6) 检查接地。电压互感器一次侧中性点及二次绕组接地是否良好。

(7) 检查端子箱。端子箱是否清洁，是否受潮。

(8) 检查仪表指示。二次侧仪表应指示正常。

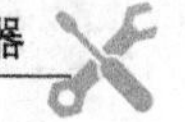

二、电压互感器的常见故障及处理

电压互感器实际上就是一种容量很小的降压变压器。其工作原理、构造及连接方式都与电力变压器相同。正常运行时，应有均匀的轻微"嗡嗡"声，运行异常时常伴有噪声及其他现象。

线路单相接地时，因未接地两相电压升高及零序电压产生，使铁芯饱和而发出较大的噪声，主要是沉重且高调的"嗡嗡"声。

铁磁谐振，发出较高的"嗡嗡"或"哼哼"声，这声音随电压和频率的变化。而且，工频谐振时，三相电压上升很高，使铁芯严重饱和，发出很响而沉重的"嗡嗡"声。分频谐振时，三相电压升高，铁芯饱和，且分频谐振时频率不到 50Hz，只发出较响的"哼哼"声。

（一）电压互感器本身故障

电压互感器本身故障在电力系统也不断发生，由于制造工艺不良，防患措施不利，曾发生过多起工厂电压互感器爆炸的重大事故。值班人员在巡回检查中，在发现充油和充胶式的互感器有下列故障征象之一时应立即停用。因为内部发生故障时，常会引起火灾或爆炸。

（1）高压熔断器熔体连续熔断 2～3 次。

（2）互感器本体温度过高。

（3）互感器内部有"噼啪"声或其他噪声。

（4）在互感器内部或引线出口处有漏油或流胶的现象。

（5）从互感器内发出臭味或冒烟。

（6）绕组与外壳之间有火花放电。

如果发现电压互感器高压侧绝缘有损伤（如已冒烟等）的征象时，应使用断路器将故障的互感器切断，禁止使用隔离开关或取下熔断器等方法停用故障的电压互感器。因为它们都没有灭弧装置，若使用它们断开故障电压互感器时，故障电流将引起母线短路，设备损坏或者可能发生人身事故等。像这类事故曾在电力系统中发生过，因此应引以为戒。电压互感器的回路上都不装设断路器，如直接拉开电源断路器时，就要影响对用户的供电，所以可根据下列具体情况进行处理。若时间允许，先进行必要的倒闸操作，使拉开该故障设备时不致影响工厂的供电。若为双母线系统即可将各元件倒换到另一母线上，然后用母联断路器来拉开，若 110kV 及以上的电压互感器已冒烟着火，来不及进行倒换母线等操作时，应立即停用该条母线，然后拉开故障互感器的隔离开关，再恢复母线运行。

电压互感器二次负荷回路的故障，在实际运行中，电压互感器二次熔断器或隔离开关辅助触点常因接触不良而使回路电压消失，或者因负荷回路中有故障而使二次侧熔断器熔断。此时，将使控制室或配电盘上的电压表、功率表、功率因数表、电能表、周波表等指示发生异常，同时将使保护装置的电压回路失去电压。

仪表指示消失或不正确时，值班人员应保持清醒的头脑，不应盲目调整或进行有关操作，防止把异常状态扩大为事故。因此，在发现上述表针指示不正常且系统又无冲击时，值班人员要迅速观察电流表及其他表计指示是否正常，若正常时，则说明是电压互感器及其二次回路有故障。这时，值班人员应根据电流表及其他表计的指示，对设备进行监视并尽可能不变动设备的运行方式，以免发生误操作。若这类故障可能引起保护装置的误动作（如低电压闭锁过电流保护中失去电压）时，应按照继电保护运行规程中的有关规定，退出相应保护装置。在采取上述措施后，应尽快消除这些故障。若因熔断器接触不良所致，则可及时修复；若发现互感器二次侧熔体熔断，则可以换上同样规格的熔断器试送电，如再次熔断则要查明原因，消除故障后才可以换上。若发现一次侧熔断器的熔体熔断，则应对电压互感器一次侧进行一番检查，并且存在有限流电阻时，不允许更换试送电，否则可能引起更大的事故。有时只有个别仪表如电压表等指示不正常，则可判断为该仪表本身有故障，应通知检修人员处理。电压互感器二次回路发生故障的现象可能是多种多样的，特别是大中型发电厂中，由于发电机或主变压器的电压互感器二次回路接线不一致，故障现象也不完全相同，因此值班人员要熟悉本厂电气运行规程中关于互感器事故处理，以便在发生以上故障现象时，正确地排除。

（二）电磁式电压互感器的谐振故障

中性点不接地的系统中装设的电磁式电压互感器，在一定的条件下，极易引起谐振过电压事故。而10kV电力系统谐振事故多由于接地故障激发而引起。其中引起各种谐波谐振过电压的幅值，根据有关资料介绍一般为相电压的2～3.5倍，其中分频谐振不超过2倍，基波谐振不超过3倍，高次谐波不超过3.5倍。

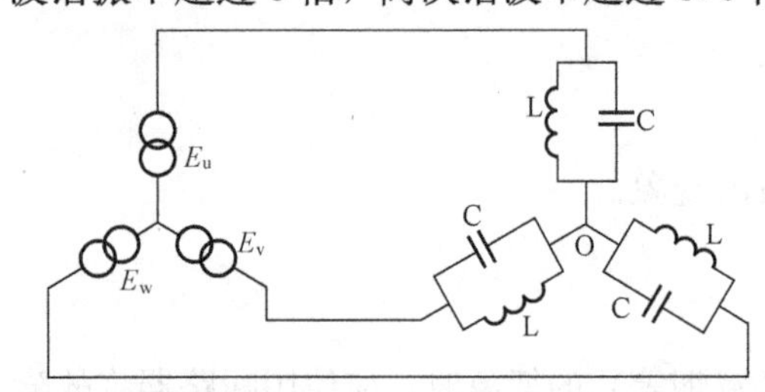

图9-17　电压互感器与对地电容等值电路

在中性点不接地的电网中，为了监视系统各相对地的绝缘情况，在变电站的母线上，均装有三相五柱型电压互感器或单相电压互感器三台。设每相对地接有互感器电感L和线路对地电容C的三相电网，其等值电路如图9-17所示。在L和C并联的电路里有一个特点是：当电压较低时，互感器铁芯尚未饱和，感抗大于容抗 $X_L > X_C$，$I_C > I_L$（电容电流大于电感电流），此时相当于一个等值电容C；当电压突然升高，由于铁芯逐渐饱和，使 X_L 逐渐下降，达到一定程度时，会使 $X_L < X_C$，即电感电流大于电容电流（$I_L > I_C$），此时相当于一个等值电感L。

根据以上特点分析其谐振过程：系统三相电压正常时，$E_u = E_v = E_w = U_\Phi$，三相对地阻抗呈现三个等值电容C电源中性点O对地电位。当U相发生瞬间接地，突然使V相和W相电压升高为 $\sqrt{3}U_\Phi$ 时，由于互感器铁芯磁饱和而使V相和W相对地的阻抗变成等值电感L，而U相对地仍保持为一个等值电容C，三相对地导纳失去对称性，电源的中性点O不再是地电位，电网中性点出现零序电压。

此时的等值电路如图9-18所示，图中，V相和W相变为电感性导纳，$Y_V = Y_W = -jI/L$ 时，U相为电容性导纳，$Y_U = j\omega_C$，其等值电路如图9-19所示。

从图9-19可看出，在感抗大于容抗 $\omega_L > 1/\omega_C$ 时，电路不具备谐振条件，但当铁芯饱和时，其电感 X_L 逐渐减小，以致降到 $\omega_L = 1/\omega_C$，满足谐振条件，于是在电感和电容两端出现高压。电路中励磁电流急剧增大，可达到额定电流的几十倍以上，引起电压互感器一次熔断器熔断或者造成互感器烧损。根据以上分析得知，引起谐振过电压的主要原因是由于电压互感器的铁芯磁饱和使感抗 X_L 逐渐减小而与线路对地容抗 X_C 相等，从而引起串联谐振所致。

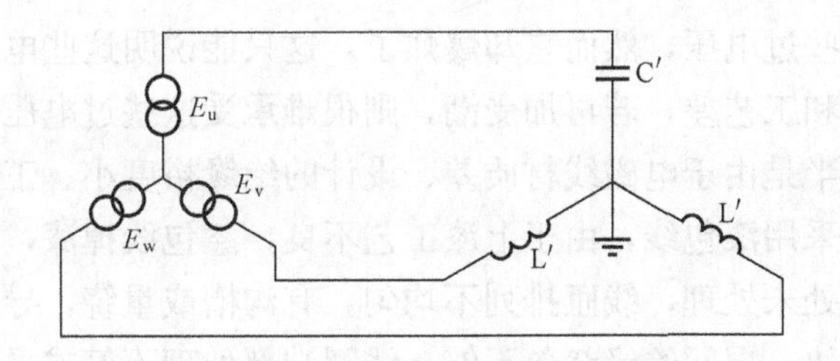

图 9-18 电压互感器与铁芯饱和时等值电路

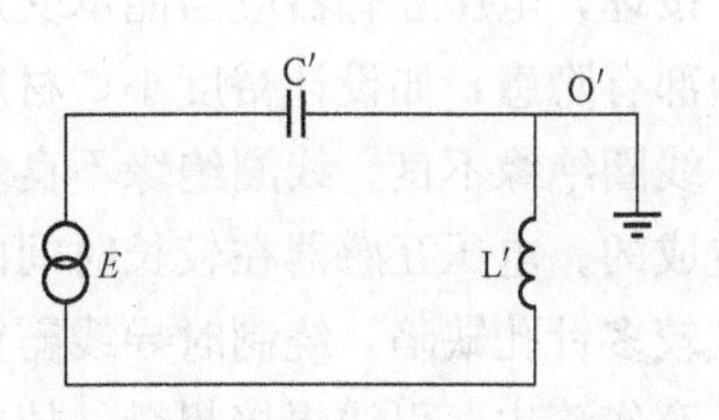

图 9-19 电压互感器与对地电容串联谐振等值电路

消除电磁式电压互感器谐振的方法如下：

(1) 调整系统对地电容与互感器的电感使其互相适合。

(2) 在互感器开口三角绕组并接 200～500W 灯泡。

(3) 在互感器开口三角绕组投入有效电阻。

根据实际 10kV 系统运行情况，虽在开口三角形处并接 500W 灯泡，但仍然发生过多次谐振过电压，给系统安全供电造成严重威胁。通过对各种电压互感器的励磁阻抗进行的试验表明，当电压升高时，均处于饱和状态。

为防止由于电压升高使铁芯饱和，经现场试验证明，如将两台电压互感器串联就能使其励磁阻抗提高一倍以上，使感抗 X_L 远远大于容抗 X_C，当系统发生单相接地的铁芯不处在饱和区时，就可以从根本解决谐振过电压的老大难问题。

（三）串级式电压互感器发生事故的原因及其预防措施

1. 串级式电压互感器发生事故的原因

(1) 在过电压时损坏。

1) 铁磁谐振过电压。它是导致串级式电压互感器损坏或爆炸的一种常见过电压。它是由断路器均压电容与母线电磁式电压互感器在某些运行状态下产生的串联铁磁谐振过电压。这种过电压大多数在有空母线的变电站，当打开最后一条线路的断路器时发生。这种过电压造成电压互感器损坏或爆炸的原因是：①过电压幅值高。现场实测到的过电压为 1.65～3 倍额定电压，在这样高的电压作用下，电压互感器的励磁电流急剧增加，有时可达几十倍额定励磁电流，这个电流将破坏绝缘。同时高压使得绝缘击穿，造成互感器事故。②过电流数值大。当断路器的均压电容与母线电磁式电压互感器引起分频谐振时，虽然电压幅值并不高，但是磁通密度可达额定电压下的 3 倍，产生数值甚大的过电流，它将使得高压绕组发热严重，绝缘严重受烤，从而损坏电压互感器，国内目前对前一种过电压研究较多，已引起充分重视，而对后一种过电压还很少引起重视。

研究表明，铁磁谐振过电压与断路器的均压电容、电压互感器的励磁特性、线路的分布电容有关。均压电容越大时，谐振越严重，过电压越高。电压互感器的励磁特性曲线越容易饱和时，谐振的频率越高，但过电压较低。有关部门曾做过对比试验，结果发现 ICC2—110 型电压互感器的谐振发生概率远大于 JCC1—110 型的电压互感器，因为前者铁芯截面小、磁通密度高、容易饱和，因而其事故居多。

2) 其他过电压。运行经验表明，电压互感器也有在雷电过电压、工频过电压下损坏或爆炸的情况。例如有的电压互感器在单相接地事故引起的电压升高的作用下，不到几分钟就爆炸了。按理，电压互感器应当能承受这些过电压，然而它却爆炸了，这只能说明这些电压互感器内部有隐患，如设计裕度小，材质和工艺差，若再加受潮，则很难承受这些过电压。

(2) 线圈绝缘不良。线圈绝缘不良多半是由于电磁线材质差、设计的绝缘裕度小、工艺不严格造成的。电压互感器在较长时间内采用漆包线，由于上漆工艺不良，漆包线掉漆，在表面形成较多针孔缺陷，绕制时导线露铜处未处理，线匝排列不均匀，有沟槽或重绕，导线“打结”，磨伤漆皮，引线焊接粗糙、掉锡块，层间绝缘绕包不够，线圈端部处理不好或采用层压纸板端圈等，很容易发生匝间短路，层间和主绝缘击穿。运行中引起互感器事故。例如某互感器厂生产的JCC1型电压互感器，1988年后采用的一批导线，在总共73台产品中已经先后有4台次因此而发生爆炸事故，而且运行时间都很短。

(3) 支架绝缘不良。国产的110～220kV电压互感器一般均为串级式结构，用绝缘支架夹紧铁芯，并支撑整个器身及相应电位。支架材料一般选用酚醛层压板或层压环氧玻璃布板，由于加工、处理不当，有分层、开裂现象，水分和气泡不易排除，故极易发生闪络和内层击穿。另外，由于结构设计不周，装配中使支架内侧穿心螺杆的螺母与铁芯的金属压接处脱开，致使运行中穿钉的电位悬浮而放电，不仅是油分解劣化，也直接影响了支架的绝缘强度。

(4) 运行中进水受潮。进水受潮是历来引起电压互感器事故的重要原因，约占事故总数的1/3。这类事故大多发生在雨季，主要是由于结构密封不合理，尽管不少互感器也装有胶囊密封，但质量较差，易漏气渗水。另外，有些互感器的端部法兰用螺杆直接穿透胶垫，密封胶垫变形，雨水很容易通过螺纹沿胶垫上侧流入胶囊内，或顺着胶垫孔渗入瓷套内部，导致事故。

(5) 安装、检修和运行疏忽。造成这类事故的主要原因是责任心不强，技术素质较差。例如，某工厂有一台电压互感器，在事故前半年，色谱分析结果已表明其不正常，但是并未引起重视，结果造成爆炸事故；再如某厂一台串级式电压互感器，在进行预防性试验时，已发现其介质损耗因数明显上升，也未及时处理，结果造成爆炸事故。

另外，还有因接线失误引起的爆炸或烧损事故。例如，在试验结束后恢复接线时，误将电压互感器的二次线短接，投运后数分钟即爆炸；再如，应该接地的X端，在投入运行时未可靠接地，致使电位升高烧损。

2. 预防串级式电压互感器事故的措施

(1) 防止串联铁磁谐振过电压。为防止由于串联铁磁谐振过电压引起的电压互感器烧损或爆炸，在系统运行方式和倒闸操作中应避免用带断口电容器的断路器投切带电磁式电压互感器的空母线，如运行方式不能满足要求，应采取其他预防措施，如装设稳压消谐装置等。

(2) 严格选材。对绕制线圈的导线，应选用SQ单丝漆包线并加强制造过程中的质量监督，这是目前消除匝间短路隐患的唯一有效方法。

对绝缘支架也应严格选择，并控制其介质损耗因数值。

(3) 选用全密封型产品。选用全密封型产品是防止进水受潮十分有效的措施。在新建的变电站中应首选这类产品，防止劣质产品或已淘汰的品种进入电力系统。

对运行中的老旧互感器应加强管理，对非金属全密封型互感器（胶垫与隔膜密封），应根据具体情况，分期分批逐步改造为金属全密封型结构。尚未改造的互感器每年应利用预防

性试验或停电检修机会，对各部位密封进行检查，对老化的胶垫与隔膜应及时更换；对隔膜上有积水的互感器，应对本体绝缘及油进行有关项目试验，不合格的应退出运行；对充氮密封的互感器，应定期检测其压力；对运行20年以上绝缘性能与密封结构均不理想的老旧互感器，应考虑分期分批进行更换，或安排进行更换内绝缘及其他先进结构的技术改造，以提高其运行可靠性。在进行密封改造前，应按规程进行有关试验，当绝缘性能良好时，方可进行改造，以保证改造质量。

(4) 新安装和大修后的电压互感器应进行检查或测试。对国产的电压互感器，在投运前应进行油中溶解气体分析及油中微量水分、本体和绝缘支架（宜在互感器底座下垫绝缘）的介质损耗因数的测量，同时还应进行额定电压下及1.5倍（中性点有效接地系统）或1.9倍（中性点非有效接地系统）最高运行电压下的空负荷电流测量，并将测量结果与出厂值和标准值进行比较，必要时还应增加试验项目，以查明原因，不合格的互感器不得投入运行。在投运前要仔细检查密封和油位情况，有渗漏油的互感器不得投运，对多次取油样后油量不足的互感器要补足油量（防止假油位）。当补油较多时，应按规定进行混油试验。

互感器在安装、检修和试验后，投运前应注意检查电压互感器高压绕组的X（或N，B）端及底座等接地是否牢固可靠，应直接明显接地，不应通过二次端子牌过渡，防止出现悬空和假接地现象。此外互感器构架应有两处与接地网可靠连接。

(5) 及时处理或更换有严重缺陷的互感器。对试验确认存在严重缺陷的互感器，应及时处理或更换。对怀疑存在缺陷的互感器，应缩短试验周期，进行追踪检查和综合分析，以查明原因。对全密封型互感器，当油中溶解气体分析氢气单值超过注意值时，应考察其增长趋势，如多次测量数据平稳则不一定是故障的反映，如数据增长较快，则应引起重视。

当发现运行中互感器某处冒烟或膨胀器急剧变形（如明显向上升起）等危及情况时，应立即切断互感器的有关电源。

(6) 开展在线监测和红外测温。积极开展高压互感器的在线监测和红外测温工作，及时发现运行中互感器的绝缘缺陷，减少事故发生。目前开展的在线监测项目主要有：测量高压绕组中的电流和介质损耗因数。对红外测温工作，目前有的单位已在现场应用，对发现电压互感器发热异常很有效。

(四) 电容式电压互感器产生故障的原因及其处理

1. 电容式电压互感器产生故障的原因

(1) 制造质量不佳致使铁芯气隙变化。例如，变电站一台电容式电压互感器投入电网运行时，测量二次电压为3V、辅助二次电压为5V，电磁装置外壳无发热现象。由于二次电压值及辅助二次电压值偏离正常值太多，只好临时停电，将该电容式电压互感器退出运行。吊芯检查发现，谐振阻尼器Z中的电感L0的铁芯有松动现象。该阻尼器Z由电感L0与电容器C0并联，再与电阻r串联组成，并接在辅助二次绕组内部端子上，L0电感量的大小通过调整铁芯气隙距离进行整定。气隙变化后，X_{L0}不等于X_{C0}，阻尼器Z流过很大的电流，致使辅助二次端有了一个很大负荷，输出电压迅速下降，导致一、二次电压比相差很大。由于该台电容式电压互感器的投产试验是在单位车间内进行的，试验后经过长途运输到达施工现场，途中受到多次强烈振动，导致电感L0的铁芯松动，改变原来的铁芯气隙距离，使电容式电压互感器阻尼器的调谐工作条件遭到破坏，因此产生了上述不正常情况。

类似上述电容式电压互感器引起的故障在其他用电部门也多次发生过。为此，应提高铁芯的抗振性。

(2) 安装错误引起谐振。某厂将电容式电压互感器投入运行不到两个月的时间内，先后有 7 台次电容式电压互感器发生故障，其现象大多数为中间变压器响声异常、漏油，并出现了严重的不平衡电压，而测试结果除电抗值的一些误差外，其他各参数均属正常。因此可以认为上述现象是由于电容式电压互感器中的耦合电容及分压电容与中间变压器组合不当产生铁磁谐振引起的。为避免这种现象发生，鉴于电容式电压互感器中的耦合电容器、分压电容器、中间变压器及补偿电抗器在出厂时已经组合好，所以安装和使用时不允许互换。

(3) 匝间短路。现场运行中曾发生过中间变压器和补偿电抗器匝、层间短路的故障。故障的原因：一是匝间绝缘不良；二是过电压。例如某工厂一台 TYD/10/$\sqrt{3}$ −0.01 型电容式电压互感器投入电网运行，工作人员在投运 4h 后测量其二次绕组电压及辅助二次绕组电压分别为 10V 和 17V，用手触及油箱外壳，外壳发烫，将其退出运行并进行复试，结果是：二节电容器数据与出厂报告相符；对电容式电压互感器施加 110/$\sqrt{3}$kV 电压，测得二次绕组电压为 10kV、辅助二次绕组电压为 17V；测量中间变压器抽头引出端子 A′对地电压只有 1400V，分压比完全不对。将电容式电压互感器电磁装置进行吊芯检查，发现中间变压器高压侧内部存在匝间短路现象。投运前由于试验设备限制，所加试验电压低，没有能把绝缘缺陷暴露出。因此，在投运前没有条件加高压进行试验时，要在投运后立即测量电容式电压互感器的二次绕组电压与辅助二次绕组电压，以便及时发现存在的缺陷或故障。

2. 预防电容式电压互感器发生故障的措施

(1) 对 220kV 及以上的电容式电压互感器，必要时进行局部放电测量，同时还应进行二次绕组绝缘电阻、直流电阻测量，并将测量结果与出厂值和标准值进行比较，差别较大时应分析原因，必要时还应增加试验项目，以查明原因，不合格的互感器不得投入运行。

(2) 对电容式电压互感器，如发现渗漏油，或压力指标下降时，应停止使用。

(3) 当电容式电压互感器介损值增长时，应尽快予以处理或更换，避免发生事故。

(4) 应注意对电压互感器电磁单元部分进行认真检查，当阻尼器未接入时不得投入运行，当发现有异常响声时，应将互感器退出运行，进行详细试验、检查，并立即予以处理；当测试电磁单元对地绝缘电阻时，应注意内接避雷器绝缘电阻的影响；当采用电磁单元作电源测量电容分压器 C1 和 C2 的电容量和介损值时，应注意控制电磁单元一次侧电压不超过 3kV 或二次辅助绕组的供电电流不超过 10A，以防过负荷。

(5) 运行期间应经常注意阻尼装置的工作状况，发现损坏或阻值变化并超过制造厂所允许的范围时，应停止使用，立即更换。

(6) 不要使二次侧短路，以免因短路造成保护间隙连续火花放电，并造成过电压而损坏设备。

(7) 电容式电压互感器在 1.2 倍额定电压下长期连续运行，1.3 倍额定电压下运行 8h，1.5 倍额定电压下运行 30min。

(8) 运行期间应经常检查电容式电压互感器的电气连接及机械连接是否可靠与正常。

第五节 互感器试验及检修

一、电流互感器的试验及其结果分析

1. 绝缘试验

（1）测量绝缘电阻。

此项试验的周期为：①在大修时进行；②对于 35kV 及以下的，1～3 年进行一次；③对于63～110kV 的，1～2 年进行一次。

测量时，一次绕组用 2500V 的绝缘电阻表进行测量，二次绕组用 1000V 或 2500V 的绝缘电阻表进行测量，非被试绕组应短路接地。测量时应考虑湿度、温度和套管表面脏污对绝缘电阻的影响。规程上对绝缘电阻值未作规定，试验中可将绝缘电阻值与同一条件下的历史试验结果进行比较，再与其他试验项目一起综合比较。

（2）测量介质损失角 tanδ 参考值。对于 20kV 及以上的互感器，应测量一次绕组连同套管的介质损失角正切值 tanδ。此项试验的周期为：①在大修时进行；②对于 35kV 及以下的，1～3 年进行一次；③对于 63～110kV 的，1～2 年进行一次。

测量时采用反接法，二次绕组应短路接地，测量结果不应低于表 9-6。

表 9-6　　电流互感器介质损失角 tanδ 参考值

电　压		35kV 及以下	35kV 以上
充油的电流互感器	大修后	3	2
	运行中	6	3
充胶的电流互感器	大修后	2	2
	运行中	4	3

（3）交流耐压试验。对于电压等级为 10kV 及以下的电流互感器，由于它们都是固体综合绝缘结构，要求1～3年对绕组连同套管一起对外壳进行交流耐压试验。电流互感器交流耐压试验电压的标准见表 9-7。

表 9-7　　电流互感器交流耐压试验电压标准　　单位：kV

额定电压		3	6	10	15	20	35
试验电压	出厂	24	32	42	55	65	95
	交接及在修	22	28	28	50	59	85

2. 特性试验

（1）测量直流电阻。直流电阻的测量，可以发现绕组层间绝缘有无短路、绕组是否断线、接头有无松脱等缺陷。在交接和大修更换绕组时，都要测量绕组的直流电阻。用单臂电桥测量绕组的直流电阻，是最简单且准确的方法。测量结果与制造厂数据比较，不应有显著差别。

（2）极性检查。检查电流互感器的极性在交接和大修时都要进行，这是继电保护和电气计量的共同要求，当运行中的差动保护、功率方向保护误动作或电能表反转或计量不准确时，都要检查电流互感器的极性。

现场最常用的是直流法，其试验接线如图 9-20 所示，在电流互感器的一次侧接入 3～6V 的直流电源（通常是用干电池），在其二次侧接入毫伏表。试验时，将刀闸开关瞬间投入、切除，观察电压表的指针偏转方向，如果投入瞬间指针向正方向，则说明电流互感器正端与电压表接的正端是同极性。由于使用电压较低，可能仪表偏转方向不明显，可将刀闸开关多投、切几次以防止误判断。

（3）变比试验。电流互感器的变比试验采用比较法，其接线如图 9-21 所示。将标准电流互感器与被试验电流互感器的一次绕组互相串联，用调压器慢慢将电压升起，观察 A1 和 A2 两只电流表的指示情况。当达到额定电流时，同时读取两只电流表的数值，此时被试电流互感器的实际变比为

$$K_x=\frac{K_0 I_0}{I_x}$$

式中　K_0——标准电流互感器的变比；

I_0——标准电流互感器二次侧电流值，A；

K_x——被试电流互感器变比；

I_x——被试电流互感器的二次侧电流值，A。

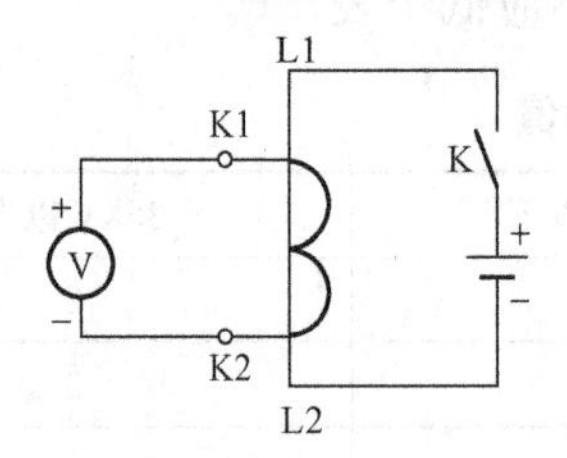

图 9-20　用直流法检查电流互感器极性试验接线

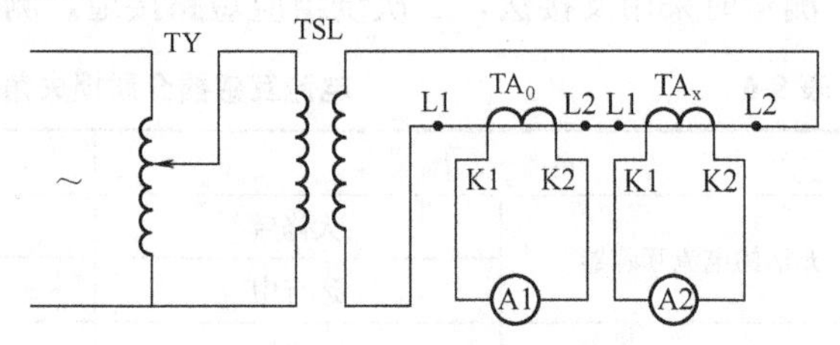

图 9-21　电流互感器变比试验接线

TY—调压器；TSL—升流器；TA_0—标准电流互感器；TA_x—被试电流互感器

变比差值为

$$K\%=\frac{K_N-K_x}{K_N}\times 100\%$$

式中　K_N——被试电流互感器的额定变比。

在试验时，被试电流互感器和标准电流互感器变比应相同或接近，使用的电流表应在 0.5 级以上。当电流升至很大时，应特别注意二次侧不能开路。对所有的一、二次绕组都要进行试验。

（4）伏安特性试验。电流互感器的伏安特性试验，是指一次侧开路时，二次侧电流与所加电压的关系试验，实际上就是铁芯的磁化曲线试验。做这项试验的主要目的是检查电流互感器二次绕组是否有层间短路，并为继电保护提供数据。

在现场一般都采用单相电源法，其试验接线如图 9-22 所示。试验时电流互感器一次侧开路，在二次侧加压，读取电流值。为了绘制曲线，电流应分段上升，直至饱和为止。一般电流互感器的饱和电压为 100～200V。在试验时要注意以下事项：如果电流互感器的二次接线已经接好，应将二次侧接地线拆除，以免造成短路。升压过程中应均匀的由小到大的升上去，中途不能降压后再升压，以免因磁滞回线的影响使测量准确度降低；读数以电流为准。

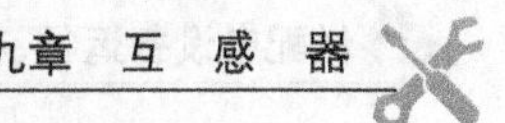

试验仪表的选择，对测量结果有较大影响。如果电压表的内阻较大时，应采用图 9-22（b）的接线，因为此时电压表的分流较小，电流表测得的电流只包括电压表的分流，测出电流的精度较高。如果电压表的内阻较低，则宜采用图 9-22（a）的接线。

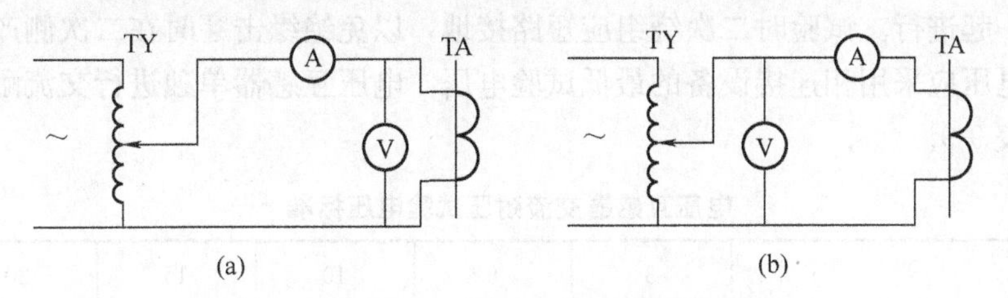

图 9-22 电流互感器伏安特性试验接线

（a）用低内阻电压表接线；（b）用高内阻电压表接线

如果电流互感器有两个以上二次绕组时，非被试绕组均应开路；若两个绕组不在同一铁芯上，则非被试绕组应短路或接电流表。

将测得的电流、电压值，绘成励磁特性曲线，再与制造厂给出的曲线相比较。如果在相同的电流值下，测得的电压值偏低，则说明电流互感器有层间短路，应认真检查。

（5）电流互感器的退磁。电流互感器在运行中若二次侧开路且通过短路电流时或在试验中切断大电流之后，都有可能在铁芯中残留剩磁，从而使电流互感器的变比误差和角误差增大。因此，在做各项工作试验之前和做完全部试验之后，均应对电流互感器进行退磁。退磁的方法很多，现场常用的方法是将一次侧绕组开路，从二次侧通入 0.2～0.5 倍额定电流，由最高值均匀降到零，时间不少于 10s，并且在切断电源之前将二次绕组先短路，如此重复 2～3 次即可。

二、电压互感器的试验及其结果分析

1. 绝缘试验

对于电压为 35kV 的电压互感器，它的绝缘多为分级绝缘结构，故一般仅以测量绝缘电阻和介质损失角正切值 $\tan\delta$ 为主，必要时才测量绕组的绝缘电阻。

（1）绝缘电阻的测量。测量电压互感器的绝缘电阻时，一次绕组使用 2500V 的绝缘电阻表，二次绕组使用 1000V 的绝缘电阻表，并将所有非被试绕组短路接地。绝缘电阻值规程上没有规定，可与历次试验结果比较，或与同型号电压互感器相互比较，以判断绝缘的情况。

（2）测量介质损失角正切值 $\tan\delta$。只对 35kV 电压互感器进行一次绕组连同套管的测量，它是检测电压互感器绝缘状况的有效方法。试验数据不应大于表 9-8 规定的相应数值。

表 9-8　　电压互感器介质损失角正切值 tanδ 参考值

温　　度（℃）		5	10	20	30	40
35kV 以上	交接及大修后	2.0	2.5	3.5	5.5	8
	运行中	2.5	3.5	5.0	7.5	10.5
35kV 及以下	交接及大修后	1.5	2.0	2.5	4.0	6.0
	运行中	2.0	2.5	3.5	5.0	8.0

(3) 交流耐压试验。电压互感器的交流耐压试验是指绕组连同套管对外壳的工频交流耐压试验。对于分级绝缘的电压互感器不进行此项试验。

电压互感器一次侧的交流耐压试验可以单独进行，也可以与相连接的一次设备如母线、隔离开关等一起进行。试验时二次绕组应短路接地，以免绝缘击穿时在二次侧产生危险的高电压。试验电压应采用相连接设备的最低试验电压。电压互感器单独进行交流耐压时的试验电压标准见表9-9。

表9-9　　电压互感器交流耐压试验电压标准　　单位：V

额定电压	3	6	10	15	20	35
出厂试验电压	24	32	42	55	65	95
交接及大修试验电压	22	28	38	50	59	85
运行中非标准产品及出厂试验电压不明的且未全部更换绕组的试验电压	15	21	30	38	47	72

2. 特性试验

(1) 直流电阻试验。测量电压互感器的直流电阻，一般只测量一次绕组的直流电阻，因为它的导线较细发生断线和接触不良的机会较二次绕组多。测量时使用单臂电桥，测量结果与制造厂或以往的测量数据进行比较应无显著差别。

(2) 极性和接线组别测定。电压互感器的极性和联结组别的测定方法，与电力变压器完全相同，在此不再重复。但对精度较高的电压互感器，为了防止铁芯磁化对测量结果的影响，最好不用直流法试验。

此外按现场试验规程要求还应进行电压互感器的变比试验、空载电流试验，误差试验等。

三、互感器的检修

1. 电流互感器的小修内容

(1) 检查电流互感器的坚固情况并清除灰尘。

(2) 检查通电连接部分和电流互感器铁芯是否有过热烧焦痕迹。

(3) 检查绝缘子是否清洁完好。

(4) 检查接地是否可靠。

(5) 检查二次回路是否完好。

2. 电压互感器小修的内容

(1) 检查坚固情况。

(2) 检查是否漏油，必要时补充加油。

(3) 检查瓷瓶是否清洁完好。

(4) 检查接地是否完整可靠。

(5) 清扫电压互感器上的尘垢。

(6) 测量绝缘并检查励磁回路。

(7) 解决检查中发现的问题。

3. 电流、电压互感器大修的内容

(1) 抽芯检修，换油，必要时刷漆。

(2) 必要时重绕线圈。

(3) 检查铁芯。

(4) 必要时更换套管。

(5) 按试验规程进行相关项目的试验。

思 考 题

1. 电流互感器的作用是什么？有几种类型？各是什么？
2. 电压互感器的作用是什么？有几种类型？各是什么？
3. 电流互感器在使用中应注意哪些事项？
4. 电压互感器在使用中应注意哪些事项？
5. 电流互感器常见的故障如何处理？
6. 电压互感器常见的故障如何处理？
7. 电流互感器试验项目是什么？
8. 电压互感器试验项目是什么？

第十章　绝　缘　子

第一节　绝缘子运行与维护

一、绝缘子的作用和分类

在电气装置中，用于支持、固定裸带电体，并使其对地或对其他不同电位部分保持绝缘的一类装置部件，称为绝缘子。它必须具有足够的机械强度和电气强度，并有良好的耐热、防潮、防化学腐蚀等性能。绝缘子广泛应用于各类电气装置中，按其应用领域的不同，分为以下三类。

1. 电器绝缘子

该类绝缘子应用于各种电器产品中，成为其结构的零部件。多为专用特殊设计，且名目繁多，一般有套管式、支柱式及其他多种形式（如柱、牵引杆、杠杆等）。前者一般用来将载流导体引出电器的外壳，其外露部分构成电器的外部绝缘，如变压器、断路器等的出线套管。其他则用于电器内部，构成内绝缘结构的一部分。

2. 线路绝缘子

线路绝缘子用来固定架空输电线的导线和室外配电装置的软母线，并使其保持对地绝缘。结构型式包含针式、棒式和悬式三种，但都是户外型。

3. 电站绝缘子

电站绝缘子是指在工厂和变电站中，用来支持和固定配电装置硬母线并使其保持对地绝缘的一类绝缘子。电站绝缘子分为支柱绝缘子和套管绝缘子，后者在硬母线需要穿墙过板时，特别是由屋内引出屋外时给予支持和绝缘。

电站绝缘子按硬母线所处的环境分为户内式和户外式两种。户外式绝缘子有较大的伞裙，用以增长表面爬电距离，并阻断雨水，使绝缘子能在恶劣的户外气候环境中可靠地工作。在多尘、盐雾和化蚀气体的污秽环境中，还需使用防污型户外绝缘子。户内绝缘子无伞裙结构，也无防污型。

各类绝缘子均由绝缘体和金属配件两部分组成。目前高压绝缘子的绝缘体多为电瓷，其结构紧密，机械强度高，耐热和介电性能好，此外，在表面涂硬质釉层以后，表面光滑美观，不吸水分，故电瓷具有良好的机械和电气性能。为了将绝缘子固定在接地的支架上和将硬母线安装到绝缘子上，需要在绝缘体上牢固地胶结金属配件。电站绝缘子与支架固定的金

属配件称为底座和法兰，与母线连接的金属配件称为顶帽。底座和顶帽均作镀锌处理，以防锈蚀。瓷件的胶结处不涂釉层，胶合后涂以防锈层。胶合剂一般采用高标号水泥。

二、支柱绝缘子

支柱绝缘子有户内式和户外式两类。

1. 户内式支柱绝缘子

户内式支柱绝缘子由瓷件、铸铁底座和铸铁帽三部分组成。按照金属附件对瓷件的胶装方式分为外胶装（Z 系列）、内胶装（ZN 系列）和联合胶装（ZL 系列）三种，如图 10-1 所示。

（1）外胶装。图 10-1（a）所示为外胶装的 ZA—10Y 型支柱绝缘子，其上下金属附件均用水泥胶合剂胶装于瓷件两端的外面。该式绝缘子的机械强度，但高度尺寸大，上帽附近的瓷表面处电场应力较集中。

（2）内胶装。图 10-1（b）所示为内胶装的 ZN—6/400 型支柱绝缘子，其上下金属附件作水泥胶合在瓷体两端的孔内。该绝缘子与同电压等级的外胶装式比较，高度尺寸小，质量轻。而且瓷件端部附近表面的电场分布大有改善，故电气性能也较优。但该绝缘子下端的机械抗弯强度较差。

（3）联合胶装。图 10-1（c）所示为联合胶装的 ZLB—35F 型支柱绝缘子，其上下金属附件采用内胶装方式以降低高度和改善顶部表面的电场分布，下部金属附件采用外胶装方式以获得较高的抗弯强度，因而兼内、外胶装的优点。此外，该型瓷件采用实心体，提高了安全可靠性，也减少了维护测试工作量。

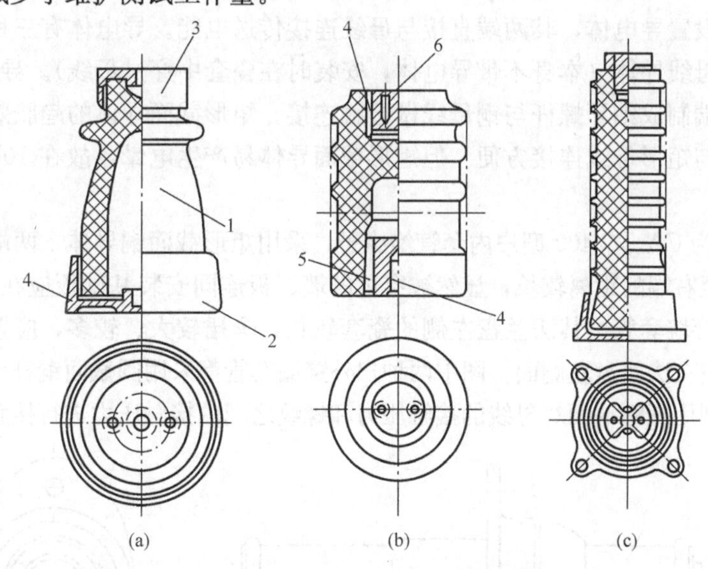

图 10-1　户内式支柱绝缘子

（a）外胶装 ZA—10Y 型；（b）内胶装 ZN—6/400 型；（c）联合胶装 ZLB—35F 型

1—瓷件；2—铸铁底座；3—铸铁帽；4—水泥胶合剂；5—铸铁配件；6—铸铁配件螺孔

2. 户外式支柱绝缘子

户外式支柱绝缘子有针式和实心棒式两种。

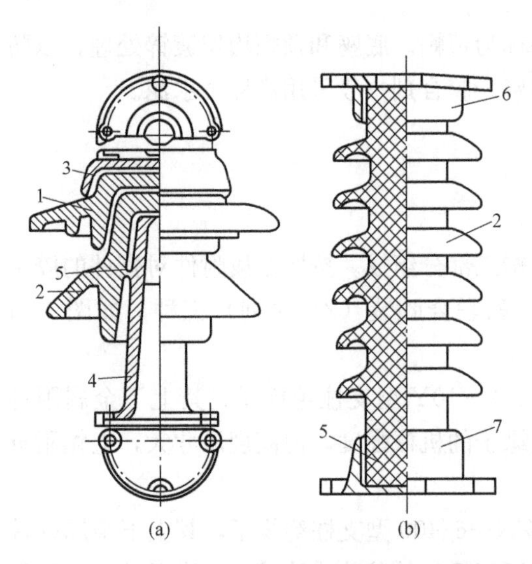

图 10-2　户外支柱绝缘子

(a) 针式绝缘子；(b) 实心棒式绝缘子

1、2—瓷件；3—铸铁帽；4—铁脚；

5—水泥胶合剂；6—上金属附件；7—下金属附件

针式绝缘子如图 10-2 (a) 所示。它由两个瓷件、铸铁帽、具有法兰盘的铁脚组成，并用水泥胶合在一起。6～10kV 的针式绝缘子只有一个瓷件。目前针式绝缘子在户外 35kV 以下仍有应用，但在 35kV 及以上因结构较笨重、老化率高、制造不方便，现已很少被新建工程选用。

实心棒式绝缘子如图 10-2 (b) 所示，它由实心瓷件和上、下金属附件组成。瓷件采用实心不可击穿多伞形结构，电气性能好，尺寸小，不易老化，现已被广泛应用。

三、套管绝缘子

电站套管绝缘子又称穿墙套管，在高压硬母线穿过墙壁、楼板和配电装置隔板处，用它支持固定母线并保持对地绝缘，同时保持穿过母线处的墙、板的封闭性。

1. 套管绝缘子的基本结构

套管绝缘子按装置地方分为户内式和户外式，基本上由瓷套、中部金属法兰盘及导电体三部分组成。瓷套采用纯空心绝缘结构。中部发兰盘与瓷套用水泥胶合，用来安装固定套管绝缘子。套管内设置导电体，其两端直接与母线连接传送电能。导电体有三种形式：矩形截面、圆形截面和母线导体（本身不带导电体，安装时在瓷套中穿过母线）。导体的材料是铜。圆形截面导体两端制成细牙螺杆与铜母线做接触连接。矩形截面导体的趋肤效应小，材料利用率较高，而且与矩形母线连接方便。但矩形截面导体易产生电晕，故在 10kV 及以下最为适用。

图 10-3 所示为 CA—6/400 型户内套管绝缘子，采用矩形截面铜导体，两端用金属圈与瓷套固结。法兰盘至右端的距离较长，显然被穿过的墙、板连同安装基础板应在法兰盘的右侧。图 10-4 为户外式穿墙套管，其法兰盘左侧的瓷套较长，伞裙较大、较多，应置于屋外，墙面与安装基础板也应在法兰盘左侧面。图中两种户外穿墙套管都采用圆截面铜杆作导电体，其两端有螺纹螺帽，利用螺帽端面对母线的接触压力和螺纹之间的接触压力进行接触传电。

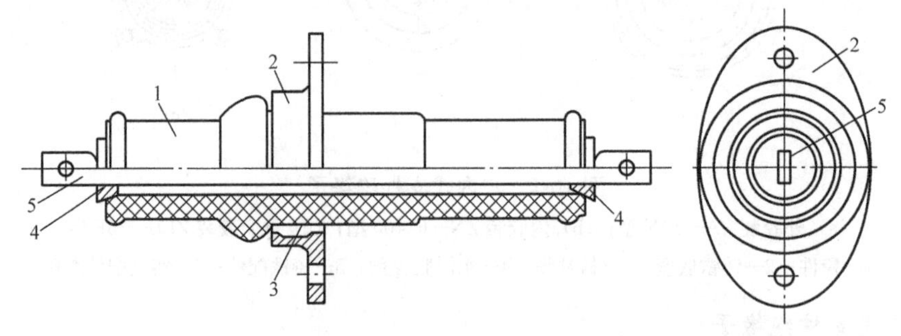

图 10-3　CA—6/400 型户内套管绝缘子

1—瓷套；2—中部法兰；3—水泥胶合剂；4—金属圈；5—导电体

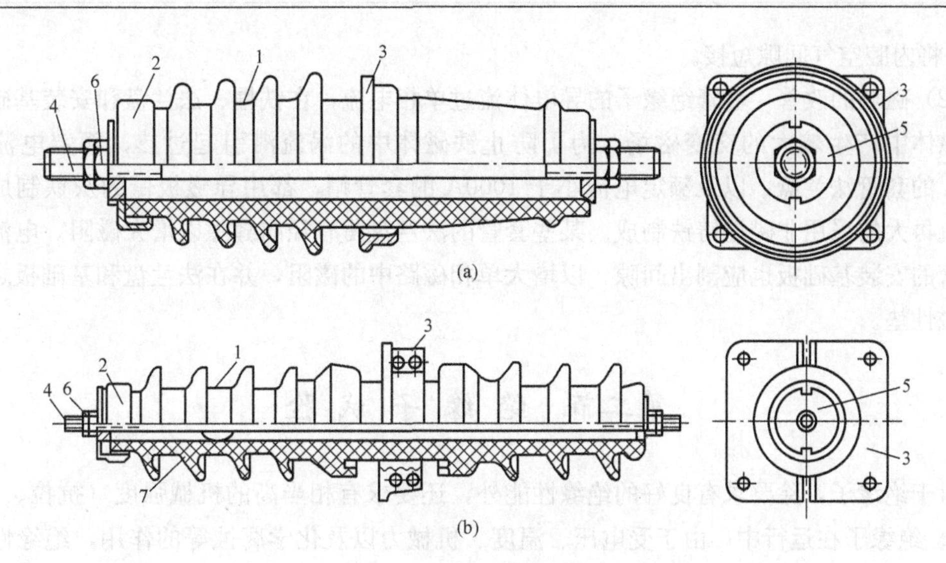

图 10-4 户外式穿墙套管

(a) CWC—10 型；(b) CWB—35 型

1—瓷套；2—帽；3—法兰盘；4—导电体；5—垫圈；6—螺帽；7—接触弹簧

2. 套管绝缘子电场与磁场的改善

(1) 内外电场的改善。

1) 套管绝缘子的沿表面电场不同于一般支柱绝缘子，其内部导电体对接地法兰盘及瓷套外表面构成分布电容，有少量的电容电流通过，瓷套外表面形成不均匀的表面电流分布，如图 10-5 (a) 所示。如果瓷套的表面电阻 R_0 的分布是均匀的，则表面电场分布不均匀，如图 10-5 (c) 所示，在靠近法兰盘附近有强电场 E_0 的存在，易引起沿面滑闪放电。为此，对 20～35kV 的套管绝缘子，法兰盘附近的伞裙适当放大、加厚，并在该处表面涂一层逐渐加厚的半导体釉，直到与法兰盘相连接。

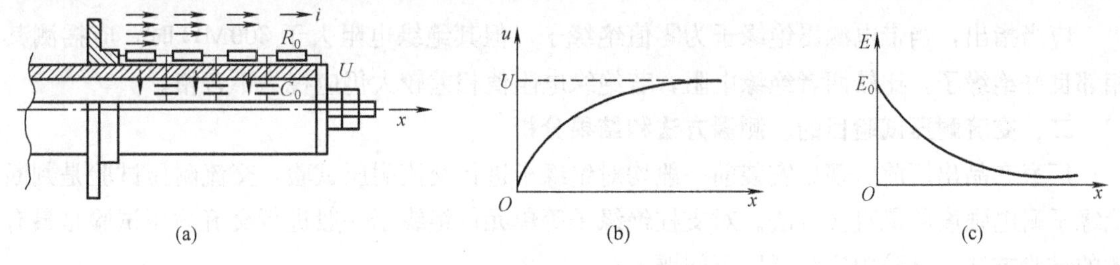

图 10-5 套管绝缘子的沿面电场

(a) 沿面电流分布；(b) 沿面电压分布；(c) 沿面电场分布

2) 套管绝缘子的导电体中段与接地法兰盘之间系经过内腔空气间隙与瓷套层电介质串联。有关理论证明，两串联电介质中的电场强度与其电介系数成反比。而中段内空气间隙的电场强度为法兰盘下瓷套的场强的 6～7 倍，可见导电体的对地电压主要不由电瓷层承受，而是加在内腔空气间隙上，容易造成内腔空气间隙放电。在交变电场作用下的长期放电将造成导电体和瓷套内壁的强烈电腐蚀，使套管绝缘子遭到破坏。为了防止内腔放电，通常在 20～35kV 套管绝缘子的瓷套内壁均匀涂一层半导体釉，并利用接触弹簧［见图 10-4 (b)

之7] 将内腔空气间隙短接。

(2) 磁场的改善。套管绝缘子的导电体流过单相电流，在铁帽、法兰盘和安装基础板等到铁磁体中产生较大的交变磁场。为了防止铁磁体中的涡流滞引起过热，额定电流小于1500A的套管法兰盘，以及额定电流小于1000A的套管帽，都用导磁板低的灰铁制成。额定电流再大的采用非磁性铸铁制成。某些套管的法兰盘留有径向缝隙以增大磁阻。电流较大的套管的安装基础板也应割出间隙，以增大单相磁路中的磁阻，并在法兰盘和基础板之间加装非磁性垫。

第二节 绝缘子试验

对于绝缘子，除要求有良好的绝缘性能外，还要求有相当高的机械强度（抗拉、抗压、抗弯）。绝缘子在运行中，由于受电压、温度、机械力以及化学腐蚀等的作用，绝缘性能会劣化，出现一定数量的零值绝缘子，即绝缘电阻很低（一般低于3000MΩ）的绝缘子。零值绝缘子易形成闪络。因此检测出不良绝缘子并及时更换是保证电力系统安全运行的一项重要工作。

一、绝缘电阻试验目的、测量方法和结果分析

测量绝缘子绝缘电阻可以发现绝缘子裂纹或瓷质受潮等缺陷。绝缘良好的绝缘子的绝缘电阻一般很高，劣化绝缘子的绝缘电阻明显下降，仅为数十兆欧、数百兆欧甚至几兆欧，用绝缘电阻表可以明显检出。由于绝缘子数量多，用绝缘电阻表摇测其绝缘电阻工作量太大，因此仅在带电检测出零值绝缘子位置后，停电更换零值绝缘子前，为保证准确性才摇测绝缘电阻。

用2500V及以上绝缘电阻表摇测其绝缘电阻，多元件支柱绝缘子的每一元件和每片悬式绝缘子的绝缘电阻不应低于300MΩ。

应当指出，当带电测出绝缘子为零值绝缘子，但其绝缘电阻大于300MΩ时，应摇测其相邻良好绝缘子，比较两者绝缘电阻，若绝缘电阻值相差较大仍应视为不合格。

二、交流耐压试验目的、测量方法和结果分析

厂家产品出厂前、现场安装前一般均对绝缘子进行交流耐压试验，交流耐压试验是判断绝缘子耐电强度的最直接方法。对支柱绝缘子等单元件绝缘子一般进行交流耐压试验是最有效的试验方法。试验中应注意以下问题：

(1) 根据试验变压器容量，可选择一只或多只相同电压等级绝缘子同时试验。交流耐压时间规定为1min。

(2) 耐压过程中，绝缘子无闪络、无异常声响为合格。

(3) 对于35kV多元件支柱绝缘子，当试验电压不够时，可分节进行：由两个胶合元件组成的，每节试验电压50kV/min；由三个胶合元件组成的，每节试验电压34kV/min。

非标准型号的绝缘子按制造厂家规定的该型号绝缘子干闪电压的75%进行交流耐压试验。各种电压等级的支柱绝缘子和悬式绝缘子的交流耐压试验电压标准分别见表10-1、表10-2。

表 10-1　　支柱绝缘子的交流耐压试验电压标准　　单位：kV

额定电压		3	6	10	20	35
最高工作电压		3.5	6.9	11.5	23.0	40.5
纯瓷	出厂	25	32	42	68	100
	交接大修	25	32	42	68	100
固体有机绝缘	出厂	25	32	42	68	100
	交接大修	22	28	38	59	90

表 10-2　　悬式绝缘子的交流耐压试验电压标准

型号（新型号）	XP—4C (X—3C)	XP—6 XP—7 XP—10 XP—16 LXP—6 LXP—7 LXP—10	XP—21 XP—20 LXP—16 LXP—21	LXP—30	XWP1—6 XWP2—6 XWP1—7 XWP2—7 (XW—4.5) (XW1—4.5)	XWP1—16
试验电压（kV）	45	56	60	67.5	60	67.5
型号（新型号）	X—3 X—3C	X—1—4.5 (n=4.5) X—4.5 (C—105) X—4.5c (C—5)	X—7 (n=7)	X—11 (n=11)	X—16	XF—4.5 (HC—2)
试验电压（kV）	45	56	60	64	70	80

第三节　绝缘子主要缺陷及更换

一、绝缘子的主要缺陷

绝缘子在运行中老化损坏的主要原因有电气的、机械的、气候影响、大气污秽以及绝缘子本身的缺陷等复杂地交叉作用而引起的，因此呈现的异常现象也是多种多样的，主要有：

（1）裙边缺损；

（2）凸缘破坏；

（3）球头锈蚀、变形；

（4）表面闪络痕迹；

（5）紧固件脱落；

（6）零值。

当发现有上述缺陷的绝缘子时，应针对具体情况分析研究、安排时间处理。对于瓷质裂纹、破碎、瓷釉烧坏、钢脚和钢帽裂纹及零值绝缘子，应尽快更换，以防止事故发生。

二、更换绝缘子的施工方法

更换绝缘子的作业可以在停电情况下进行，也可以带电作业。作业方法、准备工作、人员组织分工要根据线路杆塔形式而定。现就更换110kV线路直线杆塔整串绝缘子，介绍其施工方法。

（1）作业方式：停电作业。

（2）人员组织：6人。其中，杆塔上2人，地面3人，监护工作1人。

（3）主要工具及材料，见表10-3。

（4）操作程序。

杆上作业电工相继登杆作业点适当位置，系好安全带，挂好起吊滑轮与吊绳。

表10-3　更换绝缘子需用工具及材料

工具名称	型号及规格	单位	数量	用　途
双钩紧线器	1.5t	把	1	用于导线垂直荷载过度
导线保安绳	ϕ13mm×2500mm	根	1	防止导线坠落保护
千斤套	ϕ12mm	根	1	双钩与横担连接
吊绳	ϕ12mm	根	1	工器具传递
吊绳	ϕ14mm	根	1	更换绝缘子吊绳
铁滑车	不小于1t（单开口）	个	2	更换绝缘子承重
绝缘子	XP—7	片	7	
保安绳	$16mm^2$	套	1	后备保护线

思　考　题

1. 绝缘子有什么作用？如何进行分类？各有什么特点？
2. 绝缘子的外表检查项目有哪些？
3. 防止绝缘子、绝缘套管受污损的措施有哪些？
4. 绝缘子的主要缺陷有哪些？
5. 简述直线杆塔更换整串绝缘子的操作程序。

第十一章 高压电力电容器

第一节 高压电容器的用途、型号与结构

一、高压电容器的用途与型号

高压电容器(原称移相电容器)是电力系统的无功电源之一，用于提高电网的功率因数。

高压电容器的型号及含义如图 11-1 所示。

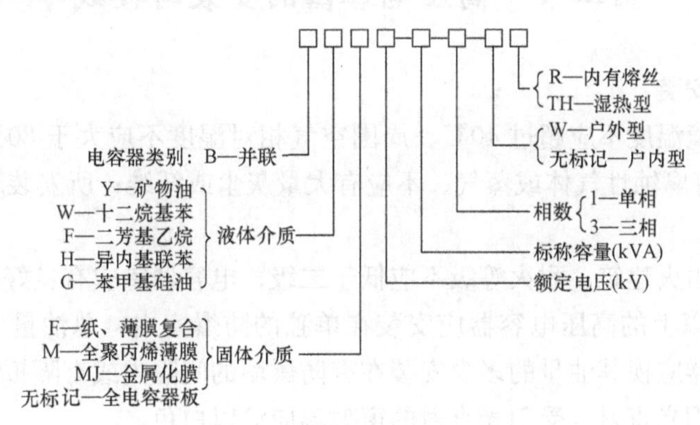

图 11-1 高压电容器的型号及含义

二、高压电容器的结构

高压电容器的结构如图 11-2 所示，高压电容器主要由出线瓷套管、电容元件组和外壳等组成。外壳用薄钢板密封焊接而成，出线瓷套管焊在外壳上。接线端子从出线瓷套管中引出。外壳内的电容元件组（又称芯子）由若干个电容元件连接而成。电容元件是用电容器纸、膜纸复合或纯薄膜作介质，用铝铂作极板卷制而成的。为适应各种电压等级电容器耐压的要求，电容元件可接成串联或并联。单台三相电容器的电容元件组在外壳内部接成三角形。在电压为 10kV 及以下的高压电容器内，每个电容元件上都串有一个熔丝，作为电容器的内部短路保护。有些电容器设有放电电阻，当电容器与电网断开后，能够通过放电电阻放电，一般情况下 10min 后电容器残压可降至 75V 以下。

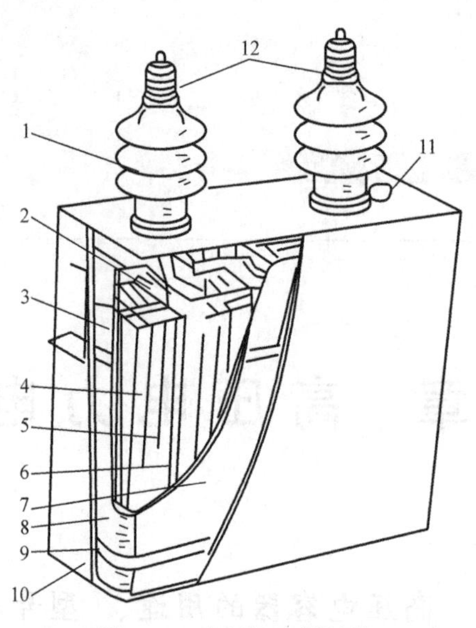

图 11-2　高压电容器结构

1—出线瓷套管；2—出现连接片；3—连接片；4—电容元件；5—出现连线片固定板；6—组间绝缘；7—包封件；8—夹板；9—紧箍；10—外壳；11—封口盖；12—接线端子

第二节　高压电容器的安装与接线

一、电容器的安装

电容器所在环境温度不应超过 40℃、周围空气相对湿度不应大于 80%、海拔不应超过 1000m；周围不应有腐蚀性气体或蒸气、不应有大量灰尘或纤维；所安装环境应无易燃、易爆危险或强烈震动。

电容器室应为耐火建筑，耐火等级不应低于二级；电容器室应有良好的通风。

总油量 300kg 以上的高压电容器应安装在单独的防爆室内；总油量 300kg 以下的高压电容器和低压电容器应视其油量的多少安装在有防爆墙的间隔内或有隔板的间隔内。

电容器应避免阳光直射，受阳光直射的窗玻璃应涂以白色。

电容器分层安装时一般不超过三层；层与层之间不得有隔板，以免阻碍通风；相邻电容器之间的距离不得小于 50mm；上、下层之间的净距不应小于 20cm；下层电容器底面对地高度不宜小于 30cm。电容器铭牌应面向通道。

电容器外壳和钢架均应采取接 PE 线措施。

电容器应有合格的放电装置。高压电容器可以用电压互感器的高压绕组作为放电负荷；低压电容器可以用灯泡或电动机绕组作为放电负荷。放电电阻阻值不宜太高，只要满足经过 30s 放电后电容器最高残留电压不超过安全电压即可。采用三角形接法时，10kV 电容器每相放电电阻为

$$R\leqslant 1.5\times 10^{6}\frac{U^{2}}{Q} \tag{11-1}$$

式中　U——线电压，kV；

　　　Q——每相电容器容量，kvar。

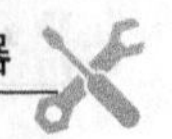

经常接入的放电电阻也不宜太小，以节约电能。放电电阻的比功率损耗（单位电容器容量的功率损耗）不应超过 1W/kvar。

高压电容器组和总容量 30kvar 及以上的低压电容器组，每相应装电流表；总容量 60kvar 及以上的低压电容器组应装电压表。

二、电容器的接线

三相电容器内部为三角形接线。单相电容器应根据其额定电压和线路的额定电压确定接线方式。电容器额定电压与线路线电压相符时采用三角形接线。电容器额定电压与线路相电压相符时采用星形接线。

为了取得良好的补偿效果，应将电容器分成若干组分别接向电容器母线。每组电容器应能分别控制、保护和放电。电容器的三种基本接线方式为低压集中补偿、低压分散补偿和高压补偿，如图 11-3 所示。

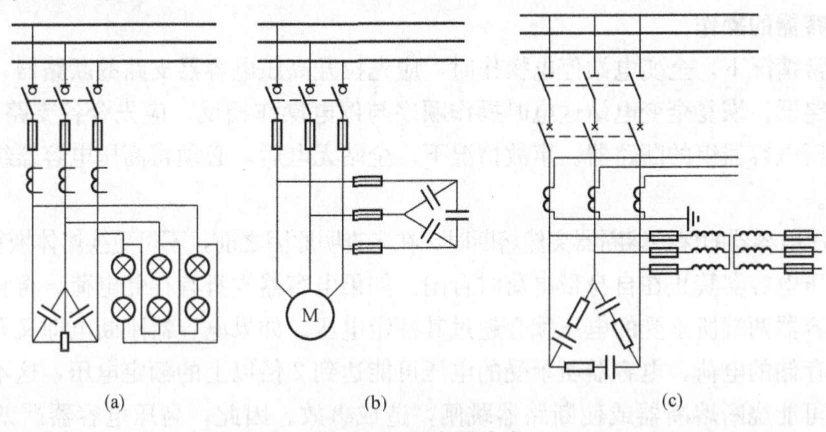

图 11-3　电容器接线

（a）低压集中补偿；（b）低压分散补偿；（c）高压补偿

第三节　高压电容器的安全运行

一、高压电容器运行的一般要求

（1）电容器应有标出基本参数等内容的制造厂铭牌。

（2）电容器金属外壳应有明显接地标志，其外壳应与金属架构共同接地。

（3）电容器周围环境无易燃、易爆危险，无剧烈冲击和震动。

（4）电容器应有温度测量设备，可在适当部位安装温度计或贴示温蜡片；一般情况下，环境温度在±40℃之间时，充矿物油的电容器允许温升为 50℃，充硅油的电容器允许温升为 55℃。

（5）电容器应有合格的放电设备。

（6）允许过电压。电容器组在正常运行时，可在 1.1 倍额定电压下长期运行。对于瞬时过电压，时间较短时根据过电压时间限定过电压倍数；一般过电压持续 1min 时，可维持 1.3 倍额定电压；持续 5min 时，可维持 1.2 倍额定电压。

（7）允许过电流，电容器组允许在 1.3 倍额定电流下长期运行。

二、电容器投入与退出

正常情况下，应根据线路上功率因数的高低和电压的高低投入或退出并联电容器。当功率因数低于0.9、电压偏低时，应投入电容器组；当功率因数近于1且有超前趋势、电压偏高时，应退出电容器组。

当运行参数异常，超出电容器的工作条件时，应退出电容器组。如果电容器三相电流明显不平衡，也应退出运行，进行检查。发生下列故障情况之一时，电容器组应紧急退出运行：

(1) 连接点严重过热甚至熔化。

(2) 瓷套管严重闪络放电。

(3) 电容器外壳严重膨胀变形。

(4) 电容器或其放电装置发出严重异常声响。

(5) 电容器爆破。

(6) 电容器起火、冒烟。

三、电容器的操作

(1) 正常情况下，全变电站停电操作时，应先拉开高压电容器支路的断路器，再拉其他各支路的断路器；恢复全变电站送电时操作顺序与停电操作相反，应先合各支路的断路器，最后合入高压电容器组的断路器。事故情况下，全站无电后，必须将高压电容器组的支路断路器先断开。

(2) 高压电容器的保护熔断器突然熔断时，在未查明原因之前，不可更换熔体恢复送电。

(3) 高压电容器禁止在自身带电荷时合闸。如果电容器本身有存储电荷，将它接入交流电路时，电容器两端所承受的电压就会超过其额定电压。如果电容器刚断电即又合闸，因电容器本身有存储的电荷，电容器所承受的电压可能达到2倍以上的额定电压，这不仅有害于电容器，更可能烧断熔断器或使断路器跳闸，造成事故。因此，高压电容器严禁带电荷合闸，以防产生过电压。高压电容器组再次合闸，应在其断电3min后进行。

四、高压电容器组在运行中的常见故障和处理

高压电容器组在运行中的常见故障、产生原因及处理方法见表11-1。

表11-1　　高压电容器组的常见故障、产生原因及处理方法

常见故障	产生原因	处理方法
渗漏油	搬运方法不当，使瓷套管与外壳交接处碰伤；在旋转接头螺栓时，用力太猛造成焊接处损伤；元件质量差、有裂纹	搬运方法要正确，出现裂纹后，应更新设备
	保养不当，使外壳的漆剥落，铁皮生锈	经常巡视检查，发现油漆剥落，应及时补修
	电容器投入运行后，温度变化剧烈，内部压力增加，使渗漏现象加重	注意调节运行中电容器温度
外壳膨胀	内部发生局部放电或过电压	对运行中的电容器应进行外观检查，发现外壳膨胀应采取措施，如降压使用，膨胀严重的应立即停用
	使用期限已过或本身质量有问题	立即停用

续表

常见故障	产生原因	处理方法
电容器爆炸	电容器内部发生相间短路或相对外壳的击穿（这种故障多发生在没有安装内部元件保护的高压电容器组）	安装电容器内部元件保护，使电容器在酿成爆炸事故前及时从电网中切除。一旦发生爆炸事故，首先应切断电容器与电网的连接。另外，也可用熔断器对单台电容器进行保护
发热	电容器室设计、安装不合理，通风条件差，环境温度过高	注意改善通风条件，增大电容器之间的安装距离
	接头螺丝松动	停电时，检查并及时拧紧螺丝
	长期过电压，造成过负荷	调换为额定电压较高的电容器
	频繁投切使电容器反复受浪涌电流影响	运行中不要频繁投切电容器
瓷绝缘表面闪络	由于清扫不及时，使瓷绝缘表面污秽，在天气条件较差或遇到各种内外过电压影响时，即可发生闪络	经常清扫，保持其表面干净无灰尘。对污秽严重的地区，要采用反污秽措施
异常响声	有“滋滋”或“沽沽”声响时，一般为电容器内部有局部放电	经常巡视，注意声响
	有“沽沽”声时，一般为电容器内部绝缘崩裂的前兆	发现有响声应立即停运，检修并查找故障

五、电容器的保护

高压电容器组总容量不超过100kvar时，可用跌开式熔断器保护和控制；总容量100～300kvar时，应采用负荷开关保护和控制；总容量300kvar以上时，应采用真空断路器或其他断路器保护和控制。

低压电容器总容量不超过100kvar时，可用交流接触器、刀开关、熔断器或刀熔开关保护和控制；总容量100kvar以上时，应采用低压断路器保护和控制。

内部未装熔丝的10kV电力电容器应按台装熔丝保护，其熔断电流应按电容器额定电流的1.5～2倍选择。高压电容器宜采用平衡电流保护或瞬动的过电流保护。如电力网有高次谐波，可加装串联电抗器抑制谐波（感抗值约为容抗值的3%～5%）或加装压敏电阻及RC过电压吸收装置。

低压电容器用熔断器保护时，单台电容器可按电容器额定电流的1.5～2.5倍选用熔丝的额定电流；多台电容器可按电容器额定电流之和的1.3～1.8倍选用熔丝的额定电流。

六、电容器的维护及检修

（1）渗漏油。渗漏油主要由产品质量不高或运行维护不周造成。应将渗油处除锈、补焊、涂漆，予以修复；严重渗油时应于更换。

（2）外壳膨胀。主要由电容器内部分解出气体或内部部分元件击穿造成。外壳明显膨胀应更换电容器。

（3）温度计高。主要由过电流（电压过高或电源有谐波）或散热条件差造成，也可能由介质损耗增大造成，应严密监视，查明原因，作针对性的处理。如不能有效地控制过高的温度，则应退出运行；如是电容器本身的问题，应予更换。

(4) 套管闪络放电。主要由套管脏污或套管缺陷造成。如套管无损坏，放电仅由脏污造成，应停电清扫，擦净套管；如套管有损坏，应更换电容器。处理工作应停电进行。

(5) 异常声响。异常声响由内部故障造成。异常声响严重时，应立即退出运行，并停电更换电容器。

(6) 电容器爆破。由内部严重故障造成。应立即切断电源，处理完现场后更换电容器。

(7) 熔丝熔断。如电容器熔丝熔断，不论是高压电容器还是低压电容器，均应查明原因，并作适当处理后再投入运行。否则，可能产生很大的冲击电流。

七、电容器在运行中的巡视检查

电容器组在运行中应进行日常巡视检查、定期停电检查以及特殊巡视检查。

1. 日常巡视检查

这类检查应由运行值班人员进行。当有人值班时，每班检查1次；无人值班时，每周检查1次。其检查时间是：夏季在室温最高时进行，其他季节可在系统电压最高时进行。检查项目如下：

(1) 检查电容器组是否在额定电压和额定电流下运行，三相电流是否平衡。

(2) 检查电容器组有无渗、漏油现象。

(3) 检查电容器外壳有无变形及膨胀现象。

(4) 检查电容器套管及支柱绝缘子有无裂纹、有无放电痕迹，内部有无放电声或其他异常响声。

(5) 检查各接线头有无松动，接头及母线有无过热变色现象，示温蜡片有无熔化脱落。

(6) 检查室内环境温度是否超过40℃、通风是否良好。

(7) 检查电容器的熔断器有无熔丝熔断现象。

(8) 检查放电装置TV的二次信号灯是否亮着。

(9) 检查电容器的外壳接地是否完好。

(10) 检查电容器组连接的断路器、互感器、电抗器、避雷器等有无异常现象。

2. 定期停电检查

这类检查，应每季度进行1次，除检查日常巡视检查的项目外，还应检查的项目如下：

(1) 检查各螺丝接点的松紧是否合适，接触是否良好。

(2) 检查放电回路是否完好。

(3) 检查风道有无积尘。

(4) 清扫电容器的外壳、绝缘子和支架等处的灰尘。

(5) 检查外壳的保护接地线是否完好。

(6) 检查继电保护、熔断器等保护装置是否完整可靠，断路器、馈电线等是否良好。

3. 特殊巡视检查

当出现断路器跳闸、熔体熔断等情况后，应立即进行特殊巡视检查，有针对性地查找原因，必要时应对电容器进行试验，在未查出故障原因之前，不得再次合闸运行。

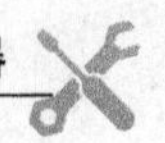

思　考　题

1. 高压电容器的作用是什么？
2. 高压电容器的结构有哪几部分组成？
3. 电容器在什么样的情况下应紧急退出运行？
4. 高、低压电容器是怎样保护的？
5. 高压电容器常见的故障有哪些？如何处理？
6. 简述高压电容器日常巡视检查的主要事项。

第十二章　防雷及接地装置

第一节　雷电的种类及危害

一、雷电的种类

1. 按照雷电的危害方式分类

(1) 直击雷。大气中带有电荷的雷云对地电压可高达几亿伏。当雷云同地面凸出物之间的电场强度达到空气击穿的强度时，会发生激烈放电，并出现闪电和雷鸣现象称为直击雷。每一次放电过程分为先导放电、主放电和余辉放电三个阶段。雷电放电发展过程如图 12-1 所示。

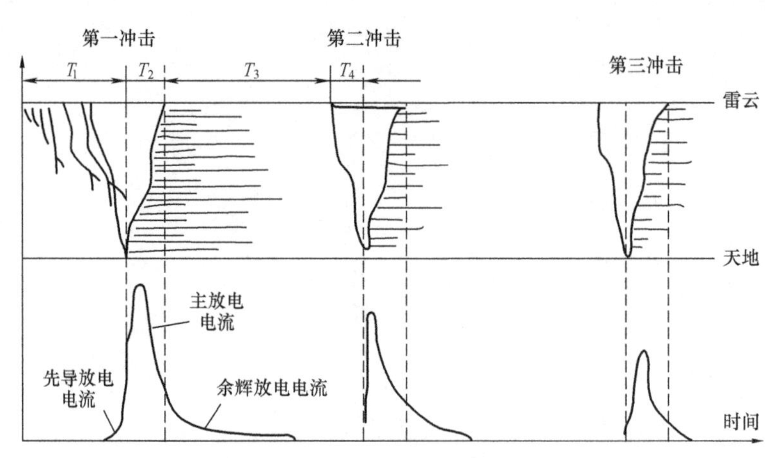

图 12-1　雷电放电发展过程

先导放电是雷云向大地发展的一种不太明亮的放电。当先导放电接近大地时，立即从大地向雷云发展成极明亮的主放电，主放电后有微弱的余辉。大约有 50%的直击雷有重复放电的性质。平均每次雷击有三四个冲击，第一次主放电电流最大。主放电时间很短，只有 50～100μs。第一次主放电结束后，经过 0.03～0.05s 间隔时间后，沿第一次放电通路出现第二次放电。第二次放电不再分级进行，而是连续发展出现主放电。图 12-1 的上半部阴影部分是主放电之后的余辉放电，电流很小，因此发光微弱，但时间较长。图 12-1 下半部是雷电放电时的雷电流曲线。主放电时的电流很大，能达几千安甚至几十、上百千安。地面上

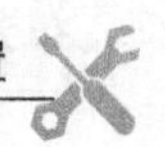

的物体被雷击中时，强大的雷电流快速流过被击物体时，产生很高的冲击电压，冲击电压与雷电流大小和被击物体冲击电阻大小有关。

（2）感应雷。感应雷也称作雷电感应或感应雷过电压。感应雷过电压是指在电气设备（例如架空电力线路）的附近不远处发生闪电，虽然雷电没有直接击中线路，但在导线上会感应出大量的和雷云极性相反的束缚电荷，形成雷电过电压。在输电线路附近有雷云，当雷云处于先导放电阶段，先导通道中的电荷对输电线路产生静电感应，将与雷云异常的电荷由导线两端拉到靠近先导放电的一段导线上成为束缚电荷。雷云在主放电阶段先导通道中的电荷迅速中和，这时输电线路导线上原有束缚电荷立即转为自由电荷，自由电荷向导线两侧流动而造成的过电压为感应过电压。

（3）雷电侵入波。因直接雷击或感应雷击在输电线路导线中形成迅速流动的电荷称它为雷电侵入波。雷电进行波对其前进道路上的电气设备构成威胁，因此也称为雷电侵入波。一般的变电站，如果有架空进出线，则必须考虑对雷电侵入波的预防。雷电侵入波对电气设备的严重威胁还在于：当雷电侵入波前行时，例如遇到处于分闸状态的线路开关，或者来到变压器线圈尾端中性点处，则会产生进行波的全反射。这个反射与侵入波叠加，过电压增高一倍，极容易造成击穿事故。

2. 按雷的形状分类

雷的形状有线形、片形和球形三种，最常见的是线形雷，片形雷很少，个别情况下会出现球形雷。

球形雷简称球雷，与线形雷或片形雷不同的是，球形雷表现为光亮火球。球形雷直径一般为 10～30cm。在雷雨季节，球形雷常沿着地面滚动或在空气中飘荡，能够通过烟囱、门窗或很小的缝隙进入房内，有时又能从原路返回。大多数球形雷消失时，伴有爆炸，会造成建筑物和设备等的损坏以及人畜伤亡事故。

二、雷击的主要对象

（1）雷击区的形成首先与地理条件有关，山区和平原相比，山区有利于雷云的形成和发展，易受雷击。

（2）雷云对地放电地点与地质结构有密切关系。不同性质的岩石分界地带、地质结构的断层地带、地下金属矿床或局部导电良好的地带都容易受到雷击。雷电对电阻率小的土壤有明显选择性，所以在湖沼、低洼地区、河岸、地下水出口处，山坡与稻田水交界处常遭受雷击。

（3）雷云对地的放电途径总是朝着电场强度最大的方向推进，因此如果地面上有较高的尖顶建设物或铁塔等，由于其尖顶处有较大的电场强度，所以易受雷击。在农村，虽然房屋、凉亭和大树等不高，但由于它们孤立于旷野中，也往往成为雷击的对象。

（4）从工厂烟囱中冒出的热气常有大量导电微粒和游离子气团，它比一般空气容易导电，所以烟囱较易受雷击。

（5）一般建筑物受雷击的部位为屋角、檐角和屋脊等。

三、雷电的破坏效应

（1）电作用的破坏。雷电数十万至百万伏的冲击电压可能毁坏电气设备的绝缘，造成大面积、长时间停电。绝缘损坏引起的短路火花和雷电的放电火花可能引起火灾和爆炸事故。

电器绝缘的损坏及巨大的雷电流流入地下，在电流通路上产生极高的对地电压和在流入点周围产生强电场，还可能导致触电伤亡事故。

(2) 热作用的破坏。巨大的雷电流通过导体，在极短的时间内转换成大量的热能，使金属熔化飞溅而引起火灾或爆炸。如果雷击发生在易燃物上，更容易引起火灾。

(3) 机械作用的破坏。巨大的雷电流通过被击物时，瞬间产生大量的热，使被击物内部的水分或其他液体急剧汽化，剧烈膨胀为大量气体，致使被击物破坏或爆炸。此外，静电作用力、电动力和雷击时的气浪也有一定的破坏作用。

上述破坏效应是综合出现的，其中以伴有的爆炸和火灾最严重。

第二节 防雷及接地装置

防雷装置的种类很多，避雷针、避雷线、避雷网、避雷带、避雷器都是经常采用的防雷装置。一套完整的防雷装置应由接闪器、引下线和接地装置三部分组成。避雷针主要用来保护露天的变（配）电设备、建筑物和构筑物。避雷线主要用来保护电力线路。避雷网和避雷带主要用来保护建筑物。避雷器主要用来保护电力设备。

一、接闪器

避雷针、避雷线、避雷网、避雷带、避雷器以及建筑物的金属屋面（正常时能形成爆炸性混合物，电火花会引起爆炸的工业建筑物和构筑物的除外）均可作为接闪器。接闪器是利用其高出被保护物的突出部位，把雷电引向自身，接受雷击放电。

接闪器所用材料的尺寸应能满足机械强度和耐腐蚀的要求，还要有足够的热稳定性，以能承受雷电流的热破坏作用。避雷针、避雷网（或带）一般采用圆钢或扁钢制成：最小尺寸应符合表 12-1 的规定。

表 12-1　　接闪器常用材料的最小尺寸

类别	规　格	直径（mm）		扁　钢	
		圆　钢	钢　管	截面（mm^2）	厚度（mm）
避雷针	针长 1m 以下	12	20	—	—
	针长 1～2m	16	25	—	—
	针在烟囱上方	20	—	—	—
避雷网（或带）	网格[①]6×6～10×10m（或带）	8	—	48	4
	在烟囱上方	12	—	100	4

① 对于避雷带，应为邻带条之间的距离。

避雷线一般采用截面不小于 35mm^2 的镀锌钢绞线。为防止腐蚀，接闪器应镀锌或涂漆；在腐蚀性较强的场所，还应适当加大其截面或采取其他防腐蚀措施。接闪器截面锈蚀 30% 以上时应更换。

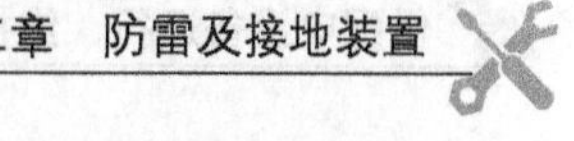

接闪器的保护范围可根据模拟实验及运行经验确定。由于雷电放电途径受很多因素的影响，一般要求保护范围内被击中的概率在0.1%以下即可。

二、避雷针

避雷针是防止直接雷击电力设备的防雷保护装置，其作用是引雷于自身，并通过良好的接地装置把雷云的电荷泄入大地，从而使其附近的电气设施或建筑物免遭直接雷击。

避雷针的保护效能通常用保护范围来表示。所谓保护范围是指避雷针近旁的空间，在此空间以内遭受雷击的概率极小，一般不超过0.1%。一般认为其保护是足够可靠的。

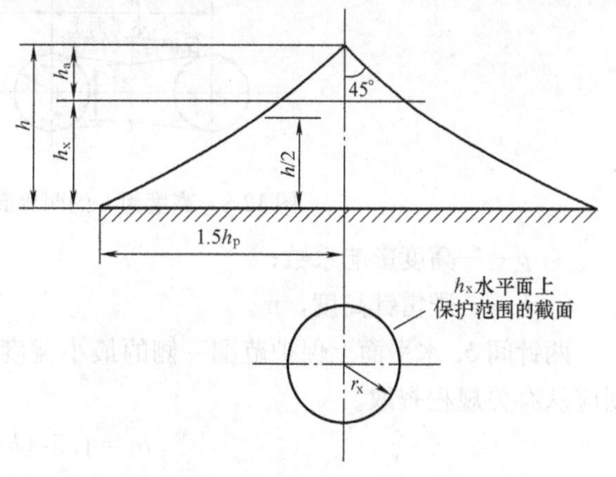

图 12-2　单支避雷针的保护范围

1. 单支避雷针的保护范围

单支避雷针的保护范围如图 12-2 所示。图 12-2 中，避雷针高为h，避雷针在地面上的保护半径为$1.5h_p$；在被保护物高度为h_x时，h_x水平面上的保护半径r_x按以下公式计算确定。

(1) 当$h_x \geqslant h/2$时，保护半径为

$$r_x = (h - h_x)\,p = h_a p \tag{12-1}$$

(2) 当$h_x < h/2$时，保护半径为

$$r_x = (1.5h - 2h_x)\,p \tag{12-2}$$

式中　r_x——避雷器在高度为h_x水平面上的保护半径；

h_x——被保护物的高度；

h_a——避雷针的有效高度；

p——高度影响系数。当$h \geqslant 30$m时，$p=1$；当$30\text{m} < h \leqslant 120$m时，$p=\frac{5.5}{\sqrt{h}}$；当$h>120$m时，$p=\frac{5.5}{\sqrt{h}}$，取$h=120$m。

2. 两支等高避雷针保护范围

两支避雷针，其高度都等于h，两支等高度避雷针的保护范围如图 12-3 所示。图 12-3 中 1、2 为两支等高避雷针，其保护范围按下列方法确定。

(1) 两针外侧的保护范围应该按单支避雷针的计算方法确定。

(2) 两针间的保护范围应按通过两针顶点及保护范围上部边缘的最低点O的圆弧确定，圆弧的半径为R_0，O点离地高度为h_0，计算方式如下

$$h_0 = h \frac{D}{7p} \tag{12-3}$$

式中　h_0——两针间保护范围上部边缘的最低点的高度，m；

D——两避雷针间的距离，m；

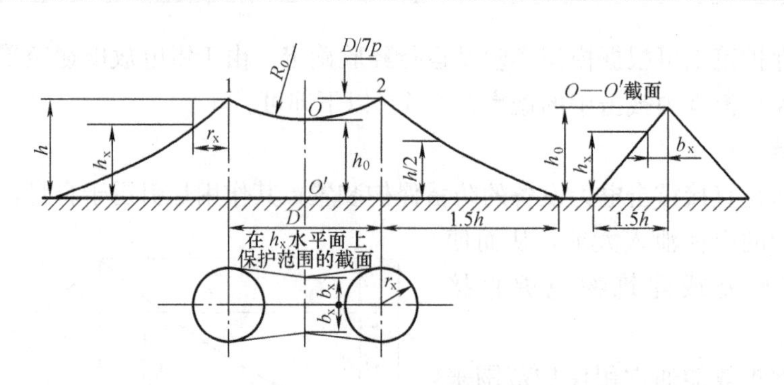

图 12-3　高度为 h 的两等高避雷针的保护范围

p——高度影响系数；

h——避雷针高度，m。

两针间 b_x 水平面上保护范围一侧的最小宽度（见图 12-3）可按下式近似计算，精确数据应从有关规程查取。

$$b_x = 1.5\ (h - h_x) \tag{12-4}$$

两避雷针间距离 D 与针高 h 之比不宜大于 5。

3. 3 支等高避雷针的保护范围

由 3 支避雷针构成的三角形外侧的保护范围，可分别按两支等高避雷针的计算方法确定。在三角形内侧，如果在被保护物最大高度 h_x 水平面上，各相邻避雷针间保护范围的一侧最小宽度 $b_x \geqslant 0$ 时，则全部面积即受到保护。

4. 4 支及以上等高避雷针的保护范围

4 支及以上等高避雷针所形成的四边形或多边形，可先将其分成两个或几个三角形，然后分别按 3 只等高避雷针的方法计算，如各边保护范围的一侧最小宽度 $b \geqslant 0$，则全部面积受到保护。

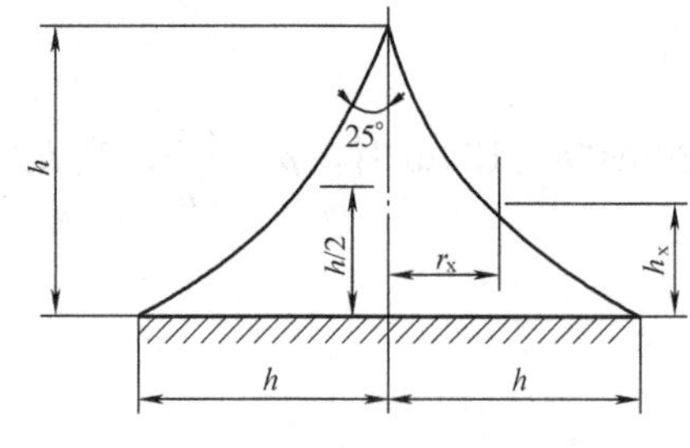

图 12-4　单根避雷线的保护范围

三、避雷线

1. 单根避雷线保护范围

单根避雷线保护范围应按下列方法确定如图 12-4 所示。

（1）在高度为 h_x 的水平线上，避雷线每侧保护范围的宽度应按下式确定。

1）当 $h_x \geqslant \frac{h}{2}$ 时，保护宽度为

$$r_x = 0.47\ (h - h_x)\ p \tag{12-5}$$

2）当 $h_x < \frac{h}{2}$ 时，保护宽度为

$$r_x = (h - 1.53h_x)\ p \tag{12-6}$$

式中　h_x——保护高度，m；

r_x——h_x 水平面沿避雷线向两侧每侧保护范围的宽度，m；

h——避雷线的高度，m；

p——高度影响系数。

(2) 在 h_x 水平面上，避雷线起末端端部的保护半径 r_x 也按式（12-5）和式（12-6）确定，即两端的保护范围是以 r_x 为半径的半圆。

2. 两根避雷线保护范围

两根平行避雷线保护范围按下列方法确定：

(1) 两避雷线的外侧保护范围，按单根避雷线的计算方式确定。

(2) 避雷线间的保护计算方式与图 12-4 相似。由通过两避雷线 1、2 及保护范围上部边缘最低点 O 的圆弧确定，这时 O 点的高度 h_0 为

$$h_0=h-D/4p \tag{12-7}$$

式中 h——避雷线的高度，m；

D——两避雷线间的距离，m。

第三节 避 雷 器

目前我国电力系统运行着的避雷器有保护间隙、磁吹阀型避雷器、阀型避雷器和金属氧化锌物避雷器。

一、保护间隙

保护间隙是一种最简单、也是原始的避雷器，是由两个金属电极构成的较简单的防雷设备。如图 12-5所示为羊角形保护间隙。固定在绝缘子上的电极一端和带电部分相连，另一个电极则通过辅助间隙 3 与接地装置相连接。辅助间隙的作用主要是防止主间隙 2 因鸟类、树枝等造成短路时，不致引起线路接地。放电间隙按结构的不同分为棒形、球形或角形等形式。在正常运行时，间隙对地是绝缘的。而当架空电力线路遭受雷击时，间隙的空气被击穿，将雷电流泄入大地，使线路绝缘子或其他电气设备的绝缘上不致发生闪络，起到了保护作用。对于 6kV 和 10kV 保护间隙，主间隙分别不小于 15mm 和 25mm，辅助间隙均为 10mm。

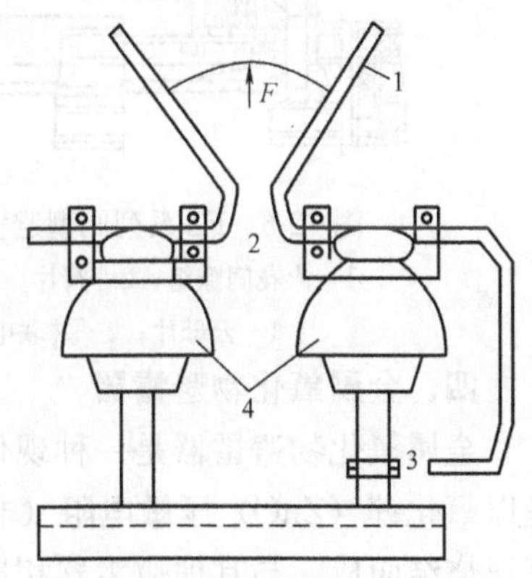

图 12-5 羊角形保护间隙

F—间隙放电后电弧的运行方向

1—圆钢；2—主间隙；3—辅助间隙；4—支柱绝缘子

二、磁吹阀型避雷器

磁吹避雷器是阀型避雷器的一种。普通阀型避雷器的火花间隙灭弧完全依靠间隙的自然灭弧能力。由于阀片的热容量有限，不能承受内过电压长时间的冲击电流作用，因此，普通阀型避雷器不允许在内过电压下动作，只适合用于做大气过电压保护。

磁吹避雷器的灭弧性能好，工频放电电压和残压都可以做得较低，有很好的保护性能，可以用作旋转电动机等绝缘要求较低的电气设备的防雷保护。磁吹避雷器常用的有 FCD 型和 FCZ 型，前者用于保护旋转电动机，后者用于发电厂和变电站作保护之用。

三、阀型避雷器

阀型避雷器采用特殊结构的放电间隙，并在放电间隙中串联了非线性电阻。这两组元件

配合工作满足冲击放电和续流弧的要求，同时避免了直接对地放电引起的载波和振荡。其伏秒特性比较平坦，分散性也较小，能与变压器等被保护设备的绝缘有较好的配合。因此阀型避雷器具有较好的保护性能，是目前电气设备的主要防雷器具。FZ 系列、FS 系列阀型避雷器的结构分别如图 12-6 和图 12-7 所示。

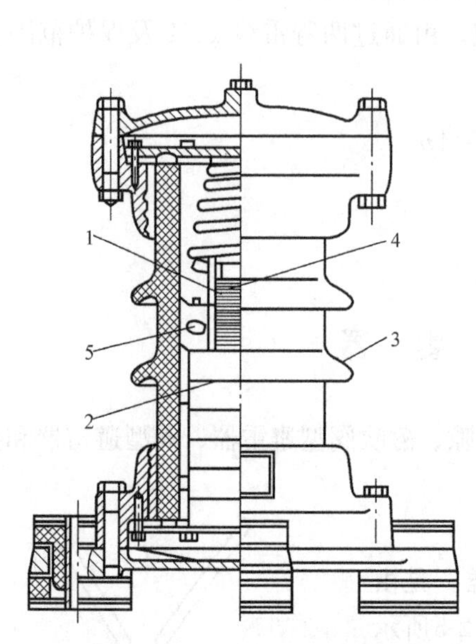

图 12-6　FZ 系列阀型避雷器结构

1—火花间隙组；2—阀片；3—瓷套；4—云母片；5—并联电阻

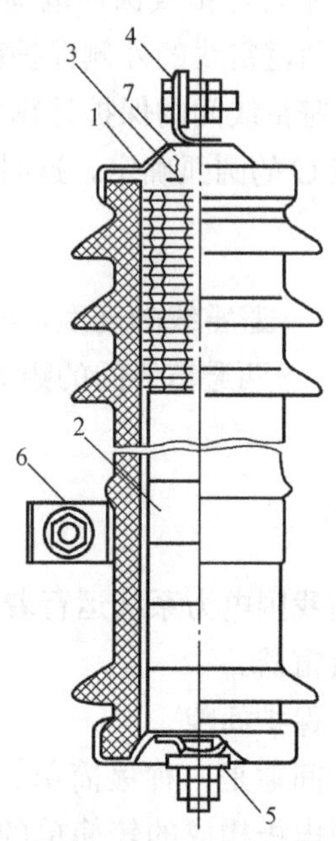

图 12-7　FS 系列阀型避雷器结构

1—间隙；2—阀片；3—弹簧；4—高压接线端子；5—接线端子；6—安装用铁夹；7—铜片

四、金属氧化物避雷器

金属氧化物避雷器是一种现代的避雷器，由于具有许多优点，已得到广泛应用。其阀片是以氧化锌（ZnO）压敏电阻（非线性）为基础，添加 MnO_2 等金属氧化物，经粉碎混合，高温烧结而成。与其他避雷器相比，其在残压相同的情况下流过的电流较小，所以不用串联火花间隙，由于没有间隙，可以避免有间隙所带来的一系列问题（如瓷套污染对电压分布和放电电压的影响，放电电压的分散性等），并且有较平坦的保护特性。

金属氧化物避雷器的型号及含义如图 12-8 所示。

有的金属氧化物避雷器型号的第一个字母增加一个“H”，代表其外绝缘为合成橡胶。型号中各字母次序有时也并不一成不变。

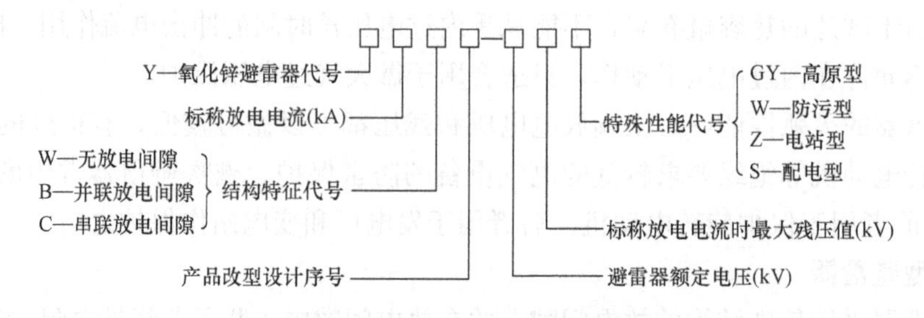

图 12-8　金属氧化物避雷器的型号及含义

第四节　变电站进线、母线及其他防雷保护

一、变电站进线段保护

变电站进线段保护的目的是防止进入变电站的架空线路在近处遭受直接雷击，并对由远方输入波通过避雷器或电缆线路、串联电抗器等将其过电压数值限制到一个对电气设备没有危险的较小数值。具体措施如下：

(1) 对于3～10kV配电装置（或电力变压器），其进线防雷保护和母线防雷保护的接线方式如图12-9所示。从图12-9中可见，配电装置的每组母线上装设站用阀型避雷器FS一组；在每路架空进线上也装设配电线路（L1），有电缆段的架空线路（L2）避雷器应装设在电缆头附近，其接地端应和电缆金属外皮相连；如果进线电缆在与母线相连时串接有电抗器（L3），则应在电抗器和电缆头之间增加一组阀型避雷器。实际上无论电缆进线或架空进线，只要与母线之间的隔离开关或断路器在夏季雷雨季节时经常处于断路状态，而线路侧又带电时，则靠近隔离开关或断路器处必须在线路侧装设一组阀型避雷器，以防止雷电侵入波遇到断口时无法行进，出现反射波而使绝缘击穿造成事故。

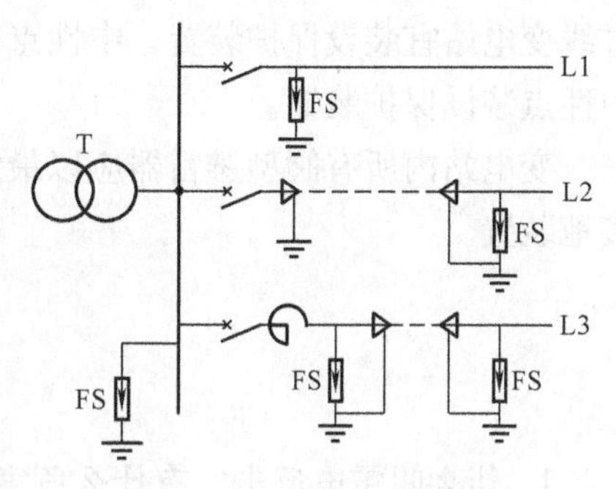

图12-9　3～10kV配电装置雷电侵入波的保护接线

由上述可知，对于变电站来说，凡正常处于分闸状态的高压进出线，必须在断路器（或隔离开关）的断口外侧（线路侧）加装避雷器或保护间隙。而对于配电线路，如果线路上有正常处于分闸状态的分段开关，则在开关两侧也都应装设避雷器或防雷间隙。

在图12-9中，母线上避雷器与主变压器的电气距离不宜超过表12-2的规定。

表12-2　　避雷器与3～10kV主变压器的最大电气距离

雷季经常运行的进线路数	1	2	3	≥4
最大电气距离（m）	15	20	25	30

(2) 35～110kV架空送电线路，如果未沿全线架设避雷器，则应在变电站1～2km的进线段架设避雷线，其保护角宜不超过20°，最大不应超过30°。

(3) 35～110kV线路，如果有电缆进线段，在电缆与架空线的连接处应装设阀型避雷器，其接地端应与电缆的金属外皮连接。对三芯电缆，其末端（靠近母线侧）的金属外皮应直接接地；对单芯电缆，其末端应经保护器或保护间隙接地。

如果进线电缆段不超过50m，则电缆末端可不装避雷器；进线电缆段超过50m，且进线电缆段的断路器在雷季经常断路运行，则电缆末端（靠近母线侧）必须装设避雷器。

连接进线电缆段的1km架空线路，应装设避雷线。

二、变电站母线防雷保护

3～10kV变电站应在每组母线和架空进线上都装设阀型避雷器，如图12-7所示。35kV

及以上变电站具有架空进线的每组母线上都必须装设避雷器。避雷器与主变压器及其他被保护电气设备的电气距离应不超过有关规程的要求。

三、变压器中性点防雷保护

(1) 中性点直接接地系统中，中性点不接地的变压器，如变压器中性点的绝缘按线电压设计，但变电站为单进线且为单台变压器运行，则中性点应装设防雷保护装置；如变压器中性点绝缘没有按线电压设计，则无论进线多少，均应装设防雷保护装置。

(2) 中性点小接地电流系统中的变压器，一般不装设中性点防雷保护装置；但多雷区单进线变电站宜装设保护装置；中性点接有消弧线圈的变压器，如有单进线运行可能，也应在中性点装设保护装置。

变电站内所有阀型避雷器应以最短的接地线与主接地网连接，同时应在其附近装设集中接地装置。

思 考 题

1. 什么叫雷电反击？有什么危害？

2. 试述阀型避雷器的工作原理和用途。

3. 避雷针和避雷线各有什么用途？

4. 氧化锌避雷器有什么优点？型号为 HY_5WS_2—17/50 的氧化锌避雷器中的字母和数字各代表什么意思？

5. 变压器中性点为什么要装设防雷保护？

第十三章　继电保护与二次回路

为保证一次系统的安全稳定运行，继电保护与二次系统起着十分重要的作用。特别是当一次系统发生故障或出现异常状态时，要依靠继电保护和自动装置将故障设备迅速切除，把事故控制、限制在最小范围内，保证其他设备的运行。

第一节　继电保护任务及基本要求

一、继电保护的任务

电气设备在运行中，由于外力破坏、内部绝缘击穿，或过负荷、误操作等原因，可能造成电气设备故障或异常工作状态。在各种故障中最多见的是短路，其中包括三相短路、两相短路、大电流接地系统的单相接地短路，以及变压器、电机类设备的内部线圈匝间短路。

继电保护是当电气设备发生短路故障时，能自动迅速地将故障设备从电力系统切除，将事故尽可能限制在最小范围内。当正常供电的电源因故突然中断时，通过继电保护和自动装置还可以迅速投入备用电源，使重要设备能继续获得供电。

二、继电保护的基本要求

电气设备发生短路故障时，产生很大的短路电流；电网电压下降，电气设备过热烧坏；充油设备的绝缘油在电弧作用下分解产生气体，出现喷油甚至着火；导线被烧断，供电被迫中断。特别严重时，电力系统的稳定运行被破坏，发电厂的发电机被迫解列，甚至可能引起电网瓦解。

针对电气设备发生故障时的各种形态及电气量的变化，设置了各种继电保护方式：电流过负荷保护、低电压保护、过电压保护、过电流保护、电流速断保护、电流方向保护、电流闭锁电压速断保护、差动保护、距离保护、高频保护等，此外还有反映非电气量的瓦斯保护等。

为了能正确无误而又迅速地切断故障，使电力系统能以最快速度恢复正常运行，要求继电保护具有足够的选择性、快速性、灵敏性和可靠性。

1. 选择性

当电力系统发生故障时，继电保护装置应该有选择性地切除故障部分，让非故障部分继续运行，使停电范围尽量缩小。继电保护动作的选择性，可以通过正确地整定电气量的动作值和上下级保护的动作时限来达到互相配合。一般上下级保护的时限差取 0.3～0.7s，如果只依靠动作时限级差来达到选择性，则由于从电源侧到负荷侧要经过多级电压变换和传输，电源侧继电保护的动作时限必然很长，这样不利于切除故障设备的快速性。因此必须通过合理整定电气量的动作值，有时要利用各类不同保护等来取得继电保护的选择性、灵活性和快速性。

2. 快速性

快速切除故障，可以把故障部分控制在尽可能轻微的状态，减少系统电压因短路故障而降低的时间，提高电力系统运行的稳定性。但快速性有时会与选择性发生矛盾，这时就要根据具体情况，通过选取最佳保护配合方式以达到在确保所需选择性的基础上，达到令人满意的快速性。

3. 灵敏性

继电保护动作的灵敏性是指继电保护装置对其保护范围内故障的反应能力，即继电保护装置对被保护设备可能发生的故障和不正常运行方式应能灵敏的感受和灵敏的反映。上、下级保护之间灵敏性必须配合，这也是保证选择性的条件之一。

4. 可靠性

继电保护动作的可靠性是指需要动作时不拒动，不需要动作时不误动，这是继电保护装置正确工作的基础。为保证继电保护装置具有足够的可靠性，应力求接线方式简单、继电器性能可靠、回路触点尽可能少。还必须注意安装质量，并对继电保护装置按时进行维护和校验。

三、继电保护与二次回路常用电气符号

在绘制继电保护二次回路图时，需要用图形符号来表示继电器和触点。表 13-1 是几种常用继电器图形符号，表 13-2 是常用继电器触点图形符号。

表 13-1　　常用继电器图形符号

序　号	1	2	3	4	5	6	7	8	9
表示符号	□	[符号]	KA	KV	KT	KM	KS	KD	KG

表 13-2　　常用继电器触点图形符号

序号	名　称	图形符号	序号	名　称	图形符号
1	动合触点	[符号]	7	延时断开的动断触点	[符号]
2	动断触点	[符号]	8	延时返回的动断触点	[符号]
3	切换触点 (先断后合)	[符号]	9	位置开关和限制 开关的动合触点	[符号]
4	延时闭合的动合触点	[符号]	10	位置开关和限制 开关的动断触点	[符号]
5	延时返回的动合触点	[符号]	11	按钮开关（动合按钮）	[符号]
6	延时闭合和延时 返回的动合触点	[符号]	12	按钮开关（动断按钮）	[符号]

第二节　变 压 器 保 护

一、电力变压器保护设置要求

3～10kV 配电变压器的继电保护主要有过电流保护、电流速断保护。变电站单台油浸变压器容量在 800kVA 及以上，或车间内装设的容量在 400kVA 及以上的油浸变压器应装设气体保护。

大容量变压器（如单台容量 10000kVA 及以上），或单台容量在 6300kVA 及以上的并列运行变压器，根据规程规定应装设电流差动保护，以代替电流速断保护。对于大容量、高电压的降压变压器，为了提高灵敏度，常采用复合电压闭锁的过电流保护。

二、变压器过电流保护

当电气设备发生短路事故时，将产生很大的短路电流，利用这一特点可以设置过电流保护和电流速断保护。

过电流保护的动作电流是按照避开被保护设备（包括线路）的最大工作电流来整定的。考虑到可能由于某种原因会出现瞬间电流波动，为避免频繁跳闸，过电流保护一般都具有动作时限。为了使上、下级各电气设备继电保护动作具备选择性，过电流保护在动作时间整定上采取阶梯原则，即位于电源侧的上一级保护的动作时间要比下一级保护时间长。因此过电流保护动作的快速性受到一定限制。

过电流保护的动作时限有两种实现办法：一种是采用时间继电器，其动作时间一经整定后就固定不变，即构成定时限电流保护；另一种方式是动作时间随电流的大小而变化，电流越大、动作时间越短，由这种继电器构成的过电流保护装置称为反时限过电流保护。

图 13-1（a）为定时限电流保护的原理图，当被保护变压器电流超过继电器 KA 的整定电流时，KA1 和 KA2 两块继电器无论是一块动作或两块动作，继电器 KA1 或 KA2 的动合触点闭合，接通时间继电器 KT 的线圈电源；时间继电器 KT 启动，经过预先整定的时间

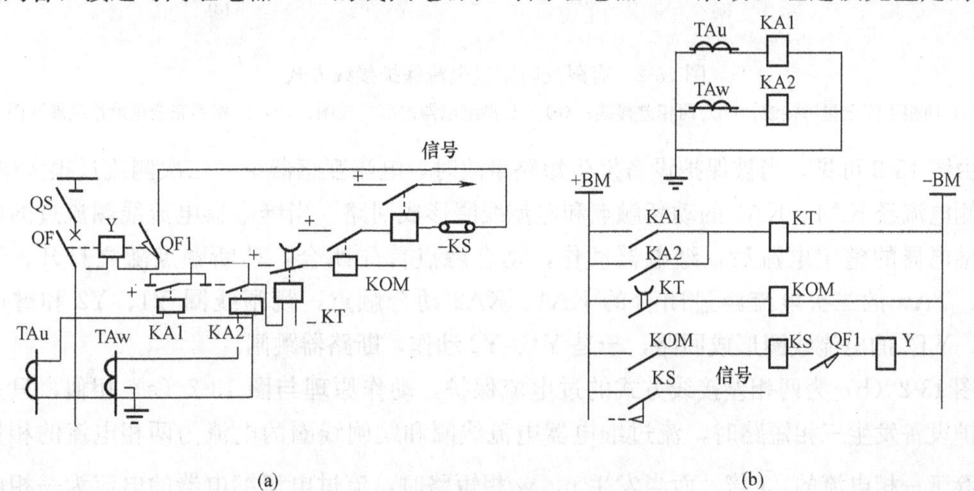

图 13-1　定时限过电流保护接线图

（a）原理接线图；（b）展开图

后，时间继电器延时闭合的动合触点闭合，接通中间继电器 KOM 的线圈电源；中间继电器 KOM 动作，KOM 的触点闭合，经信号继电器 KS 电流线圈，断路器 QF 辅助触点 QF1 接通跳闸线圈 YT 的电源，断路器 QF 跳闸，将故障线路停电。接通 YT 的同时，使信号继电器 KS 起动，其手动复归动合触点闭合，给出信号。

图 13-1（b）为展开图。图中＋BM、－BM 为直流操作电源，QF1 为断路器 QF 的动合辅助触点。当 QF 跳闸后，QF1 断开，保证 YT 断电，避免长时间通电而烧坏跳闸线圈 YT。

图 13-2 为有限反时限过电流保护接线方式，采用的电流继电器型号为 GL 型，是一种感应式电流互感器，后面还将介绍其工作原理。

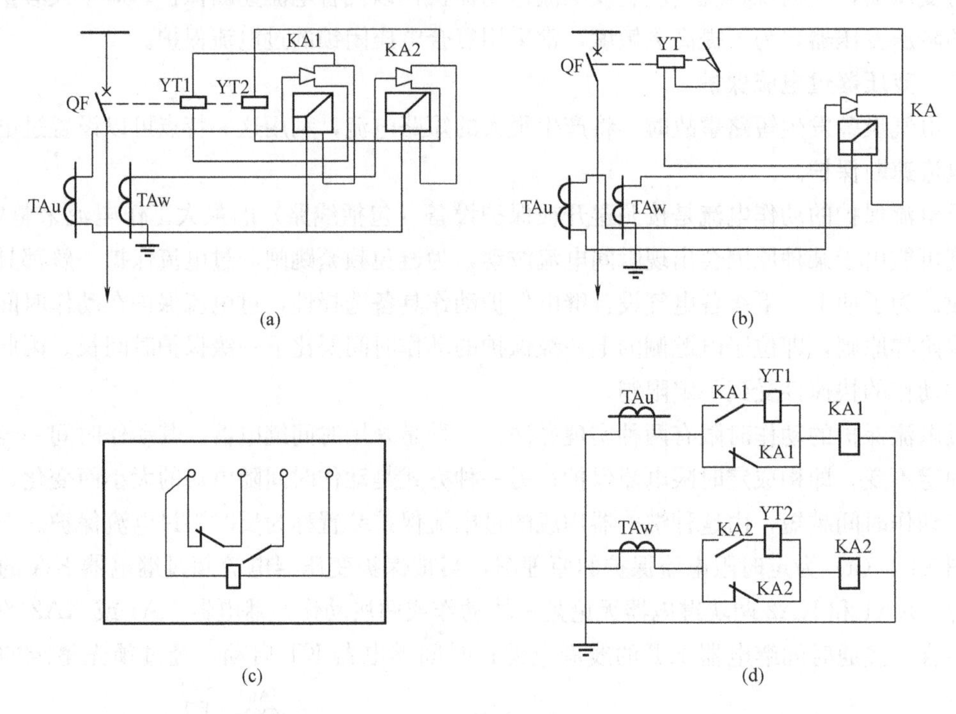

图 13-2　有限反时限过电流保护接线方式

(a) 两相不完全星形接线；(b) 两相差接线；(c) GL 型继电器内部接线图；(d) 两相不完全星形接线展开图

由图 13-2 可见，当被保护设备发生短路事故时，电流互感器一、二次侧流过很大电流，二次侧电流经 KA1、KA2 的动断触点和电流线圈形成回路。当继电器电流线圈流过的电流达到继电器的整定电流后，继电器动作，动合触点首先闭合，动断触点随之打开。于是 TAu、TAw 的二次电流经过闭合的 KA1、KA2 动合触点，跳闸线圈 Y1、Y2 和继电器 YT1、YT2 的电流线圈形成回路，于是 Y1、Y2 动作，断路器跳闸。

图 13-2（b）为两相差接线方式的过电流保护，动作原理与图 13-2（a）相似，只是当被保护设备发生三相短路时，流过继电器电流线圈和跳闸线圈的电流为两相电流的相量之差，等于一相电流的 $\sqrt{3}$ 倍。而当发生 u、w 相短路时，流过电流继电器的电流为一相电流的 2 倍。其余情况与图 13-2（a）的动作情况相同。采用两相差接线可以节省一块继电器和一个跳闸线圈。

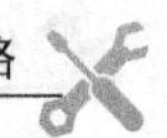

对于 35kV 及以上联结组为 Yd 的电力变压器采用两相不完全星形的过电流保护，为提高动作灵敏度，要接三块继电器，在电流互感器二次回路中性线上也接有电流继电器。

三、常用继电器介绍

1. 电磁型电流继电器

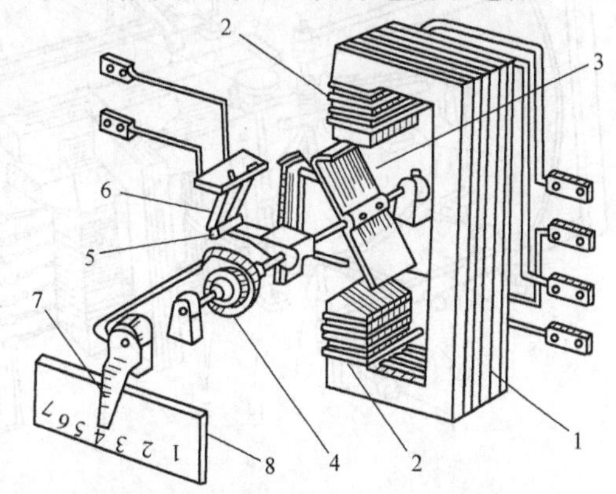

图 13-3　DL 型电磁式过电流继电器结构图

1—铁芯；2—线圈；3—可动舌片；4—弹簧；5—可动触点桥；6—静触点；7—调整把手；8—刻度盘

(1) 动作原理。图 13-3 所示为 DL 型电磁式过电流继电器。当线圈 2 中通过交流电流时，铁芯 1 中产生磁通，对可动舌片 3 产生一个电磁吸引转动力矩，欲使其顺时针转动。但弹簧 4 产生一个反作用的弹力，使其保持原来位置。当流过线圈的电流增大时，使舌片转动的力矩也增大。当流过继电器的电流达到整定值时，电磁转动力矩足以克服弹簧 4 的反作用力矩，于是可动舌片 3 顺时针旋转。这时，与可动舌片 3 位于同一转轴上的可动触点桥 5 也跟着顺时针旋转，与静触点 6 接通，继电器动作。

当电流减少时，电磁转动力矩减少，在弹簧 4 反作用力矩的作用下，可动舌片 3 逆时针往回旋转，于是可动触点桥与静触点 6 分离，继电器从动作状态返回到不动作的原来状态。

(2) 动作电流和返回电流。使过电流继电器开始动作的最小电流称为过电流继电器的动作电流。在继电器动作之后，当电流减少时，使继电器可动触点开始返回原位的最大电流称为过电流继电器的返回电流。

(3) 返回系数。过电流继电器的返回系数为

$$K_f = \frac{I_f}{I_{DZ}} \tag{13-1}$$

式中　K_f——返回系数；

I_f——继电器的返回电流，A；

I_{DZ}——继电器的动作电流，A。

因为过电流继电器的返回电流总是小于动作电流，因此返回系数总是小于 1。对于电磁性电流继电器的返回系数要求在 0.85～0.9 之间。如低于 0.85，则返回电流太小，容易引起误动作；如大于 0.9，应注意可动触点与静触点闭合时接触压力是否足够。如果压力不够，接触不良，影响工作可靠性，必须进行调整。

2. 电磁型电压继电器

在一些电压保护回路中，常要利用电磁型电压继电器作为主要元件，它的工作原理和结构与电磁型电流继电器完全相似，外形也一样，只是将电流线圈更换成电压线圈。

电磁型电压继电器的型号为 DJ，电压继电器有过电压继电器和低电压继电器之分。型号 DJ—111、DJ—121、DJ131 为过电压继电器，而型号 DJ—112、DJ122、DJ132 则为低电压继电器。

3. GL 系列感应型过电流继电器

GL 系列感应型过电流继电器既具有反时限特性的感应型元件，又有电磁速断元件。触

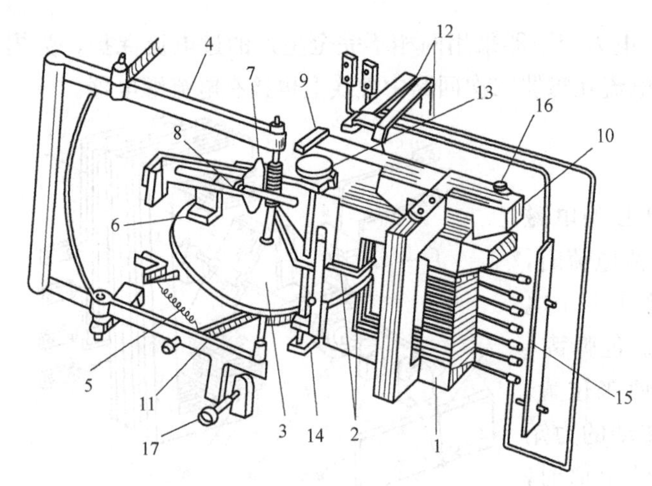

图 13-4 GL 系列感应型过电流继电器结构图

1—主铁芯；2—短路环；3—铝质圆盘；4—框架；5—拉力弹簧；6—永久磁铁；7—蜗母轮杆；8—扇形齿轮；9—挑杆；10—可动衔铁；11—感应铁片；12—触点；13—时间整定旋钮；14—时间指针；15—电流整定端子；16—速断整定旋钮；17—可动方框限制螺丝

点容量大，不需要时间继电器和中间继电器，即可构成过电流保护和速断保护。因此在中小变电站中得到广泛应用，而且特别适用于交流操作的保护装置中。图13-4为GL系列感应型过电流继电器的结构图。

GL 系列继电器包括电磁元件和感应元件两部分。电磁元件构成电流速断保护。感应元件为带时限过电流保护。

这种继电器的感应元件部分动作时间与电流的大小有关：电流大，动作时间短；电流小，动作时间长。

4. 电磁型时间继电器

电磁型时间继电器用以在继电保护回路中建立所需要的动作延时。在直流继电保护装置中使用的电磁型时间继电器型号为 DS—110。DS—110 时间继电器的外形尺寸和电磁型电流继电器相仿，其内部结构包括一个电磁铁和一套机械型钟表机构，以及动合、动断触点。当电源电压加到电磁铁的线圈上时，产生电磁力，吸引铁芯，带动钟表机构开始动作。在钟表机构起动的同时，带动动合触点的动触点向静触点移动，经过预定的时间后动、静触点闭合，时间继电器动作完成。时间继电器动作时间的长短只与动、静触点之间的距离有关，调整这个距离即可调整时间继电器的动作时间。

5. 电磁型中间继电器

在继电保护装置中，中间继电器用以增加触点数量和触点容量，也可使触点闭合或断开时带有不大的延时，或者通过继电器的自保持，以适应保护装置动作程序的需要。

DZ—10 型中间继电器的结构如图 13-5 所示。当线圈 2 加上工作电压后，电磁铁 1 产生电磁力，将衔铁 3 吸合带动触点 5，使其中的动合触点闭合，动断触点断开。当外施电压消失后，衔铁 3 受反作用弹簧 6 的拉力作用而返回原来位置，动触点也随之返回到原来状态，动合触点打开，动断触点闭合。

有的中间继电器还具有触点延时闭合或延时断开功能。这是通过在继电器电磁铁的铁芯上套上若干片铜质短路环，当短路环中产生感应电流时，此感应电流将阻止继电器电磁铁中磁通的变化，从而使继电器动作或返回带有延时。还有的中间继电器具有电流自保持或电压自保持功能，在工作电压或工作电流消失后，通过自保持电流或自保持电压，使继电器铁芯照样保持吸合，触点依旧处于动作状态。直到自保持电流或自保持电压消失后，继电器铁芯才释放，触点才返回。

6. 电磁型信号继电器

在继电保护回路中，信号继电器用来发出保护动作信号。根据信号继电器所发出的信

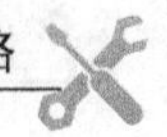

号，值班人员能够很方便地发现事故和统计保护装置动作的次数。

常见的DX—11型信号继电器的结构如图13-6所示。在正常情况下，继电器线圈中没有电流通过，衔铁3被弹簧6拉住，信号将由衔铁的边缘支持着保持在水平位置。当线圈中流过电流达到整定值时，电磁力吸引衔铁，信号将被释放，在本身质量作用下而下降，并且停留在垂直位置。

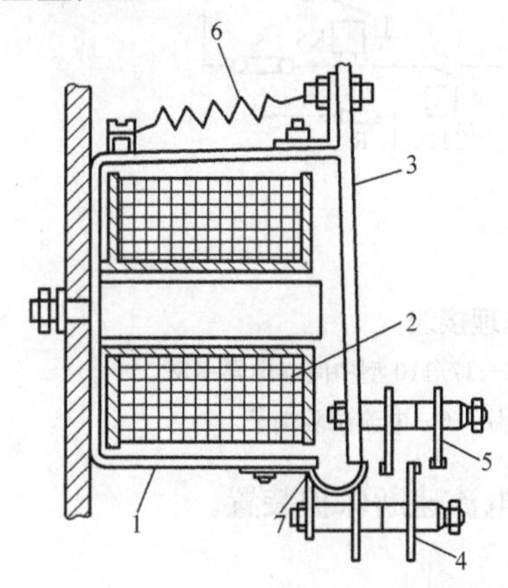

图13-5　DZ—10型中间继电器结构
1—电磁铁；2—线圈；3—衔铁；4—静触点；
5—动触点；6—反作用弹簧；
7—衔铁行程限制器

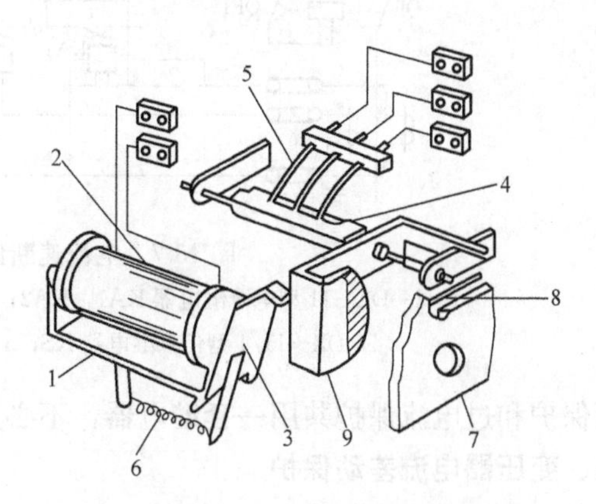

图13-6　DX—11型信号继电器结构
1—电磁铁；2—线圈；3—衔铁；4—动触点；
5—静触点；6—弹簧；7—看信号牌小窗；
8—手动复归旋钮；9—信号

这时在继电器外面的玻璃孔上可以看见带颜色标志的信号牌。在信号牌落下的同时，固定信号牌的轴随之转动，带动动触点4与静触点5闭合，接通灯光或音响信号。落下的信号牌和已动作的触点用手动复归按钮8复归。

在选用信号继电器时，除了应考虑采用串联电流型还是采用并联电压型之外，如果没有其他规定，还应注意以下两点：

(1) 电流型信号继电器线圈中通过电流时，该工作电流在线圈上的压降应不超过电源额定电压的10%。

(2) 为保证信号继电器可靠动作，在保护装置动作时，流过继电器线圈的电流必须不小于信号继电器额定工作电流的1.5倍。当有几套保护装置同时动作时，各信号继电器都应满足这一要求。

对于多套保护起动同一出口中间继电器的保护装置，为了同时满足上述两个条件，有时必须在中间继电器线圈两端并联一个适当阻值的电阻，以保证信号继电器中流过的电流达到规定的数值。

四、变压器电流速断保护

电流速断保护的接线方式如图13-7所示。

电流速断保护用于防止相间短路故障的保护，所以都按不完全星形的两相两继电器接线方式构成。由于电流继电器1、2的触点容量小，不能直接闭合断路器的跳闸线圈YT回路，必须经过中间继电器3。

如果采用GL型继电器构成电流保护，则由于GL型继电器本身兼有速断元件，因此电

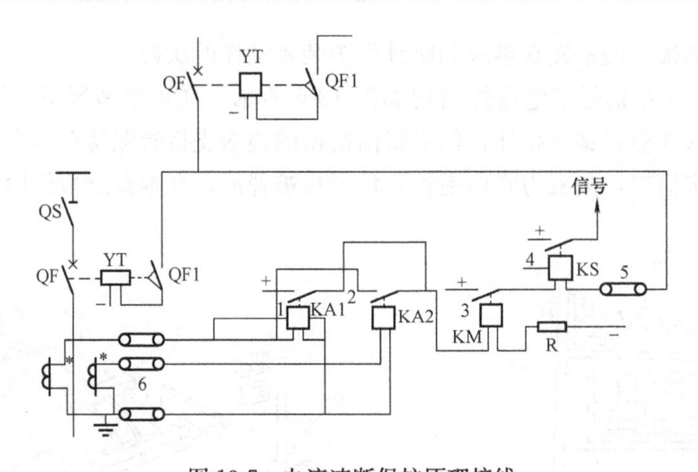

图 13-7　电流速断保护原理接线

1、2—DL—11 型电流继电器 KA1，KA2；3—DZ—17/110 型中间继电器 KM；4—DX—11/1 型信号继电器 KS；5—连接片；6—电流试验端子

流速断保护和过电流保护共用一套继电器，不必另装电流速断保护装置。

五、变压器电流差动保护

电力变压器是电力系统中十分重要的设备，它的故障将对供电可靠性和系统的正常运行带来严重影响。变压器内部的某些故障，虽然最初故障电流较小，但产生的电弧将引起变压器内部绝缘油分解，产生可燃性气体；严重时引起喷油、爆炸。为了避免变压器事故的扩大，要求变压器内部发生故障时应迅速切断电源，使变压器退出运行。变压器过电流保护具有一定时限，动作不够迅速。变压器速断保护虽然动作迅速，但是动作电流整定较大，对于轻微的内部故障不能反应；而且在变压器内部，靠近二次出线还存在死区，即速断保护不起作用的地方。因此规程规定对于大容量变压器应装设电流差动保护。

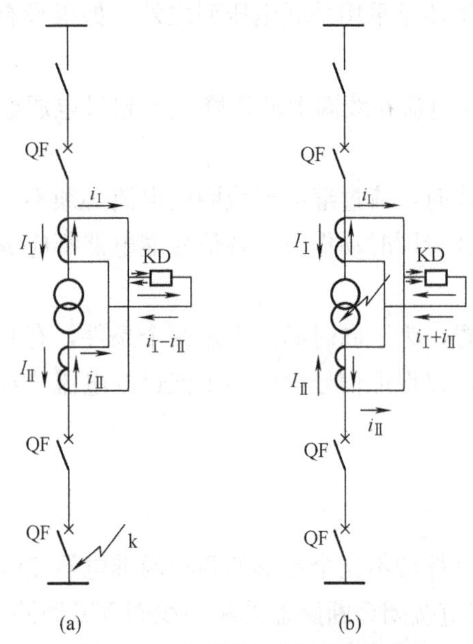

图 13-8　变压器差动保护原理图

(a) 外部故障；(b) 内部故障

变压器电流差动保护的动作原理如图 13-8 所示。从图中可见，当变压器发生外部故障时，流入继电器的电流是变压器一、二次侧的两个电流之差。如果适当选择一、二次侧变流器，使变压器流过穿越性电流时，在一、二次变流器的二次侧出现接近相等的电流，则流入继电器的电流仅为 $i_{\mathrm{I}}-i_{\mathrm{II}}$ 接近为零，继电器不动作。

当变压器内部发生故障时，可能有两种情况，一种情况是变压器只一侧加有电源，流入继电器的电流仅为 i_{I}，如果故障电流足够大，则电流 i_{II} 足以使差动继电器动作。

另一种情况是，如果变压器两侧都有电源，则就有两个流动方向相反的电流流入变压器。从图 13-8（b）可见，这两个电流通过变压器后，流入差动继电器时方向相同，两个电流相加，足以使继电器动作。

电力变压器差动保护的动作电流按躲过二次回路断线、变压器空负荷投运时励磁涌流和互感器二次电流不平衡，防止由此出现误动作来整定。动作时间取 0s。

六、变压器气体保护

电力变压器利用变压器油作绝缘和冷却介质，当油浸变压器内部发生故障时，短路电流产生的电弧使变压器油和其他绝缘物分解，产生大量气体，利用这些气体动作于保护装置。气体产生的主要元件是气体继电器。气体继电器安装在变压器油箱与储油柜之间的连接管道中。

气体继电器具有灵敏度高、动作迅速、接线简单的特点。它和电流速断、电流差动都是变压器的快速保护，属于主要保护；而过电流保护具有延时，不能满足快速切除故障的要求，属于后备保护。

第三节　电力线路及设备保护

一、过电流保护和电流速断保护

6～10kV 电力线路的继电保护比较简单，只有过电流保护和电流速断两种保护方式，接线与图 13-1、图 13-2 和图 13-7 完全相同。

电力线路过电流保护的动作时间按选择性要求整定。考虑到作为后面相邻区段的后备保护，当后面相邻区段发生短路故障时，如果该相邻区本身的继电保护因故拒动，才由本区段过电流保护动作跳闸，因此需设置 $\Delta t=0.5\sim0.7$s 的时间段差。过电流保护的动作时间一般为 1.0～1.2s。

二、限时电流速断保护

电力线路电流速断保护是按躲过本线路末端三相最大短路电流整定计算的，因此，在靠近线路末端附近发生短路故障时，短路电流达不到动作值，电流速断保护不会起动。在本线路上电流速断保护不到的区域称为死区。在电流速断保护死区内发生短路事故时，一般由过电流保护动作跳闸，因此过电流保护是电流速断保护的后备保护。

由于电流速断保护不能保护全线路，过电流保护能保护全线路，但达不到快速性的要求，这时可以加一套限时电流速断保护装置。对于高压电力线路，限时电流速断保护的动作时间一般取 0.5s，动作电流按下式整定

$$I_{DZ}=K_K I_{DZ}^1 \tag{13-2}$$

式中　I_{DZ}——限时电流速断保护动作电流；

K_K——可靠系数，取 1.1～1.15；

I_{DZ}^1——相邻线路的瞬时电流速断保护动作电流。

三、低电压保护和方向电流保护

除了限时电流速断保护外，35kV 及以上的电力线路有时还设置低电压保护。因为电力线路发生短路事故时，线路电压不正常，下降很多，三相电压严重不平衡，利用这一现象通过低电压继电器来反映，以达到快速跳闸。

对于两侧都有电源，而且能同时供电的电力线路，例如两侧都有电源的环网线路，通常都设置方向继电器，用以判别电流方向，使事故停电范围限制在最小区域内。这类保护称为

方向电流保护，例如方向过电流保护、方向电流速断保护等。

四、高压电动机保护

高压电动机常用的电流保护为电流速断保护（或电流纵差保护）和过负荷保护。其接线方式与变压器保护类似，如图 13-1、图 13-2、图 13-7 和图 13-8 所示；也可以采用差接线，如图 13-2（b）所示，只需一块过电流继电器。

电动机的过负荷保护根据需要可动作于跳闸或作用于信号。有时同时设置两套过负荷保护：一套保护动作于跳闸；另一套保护动作于信号。

2000kW 及以上大容量的高压电动机，普遍采用纵联差动保护代替电流速断保护。2000kW 以下的电动机，如果电流速断保护灵敏度不能满足要求时，也可采用电流纵联差动保护代替电流速断保护。

电动机差动保护的工作原理与变压器差动保护的相似。

除了上述保护外，高压电动机有时还装设反映单相接地故障的零序电流保护，反映电压降低的欠电压保护和同步电动机的失压保护等。

五、3～10kV 电力电容器组继电保护

中小容量的高压电容器组普遍采用电流速断或延时电流速断作为相间短路保护。其接线方式一般如图 13-1、图 13-2 和图 13-7 所示。如为电流速断保护，动作电流可取电容器组额定电流的 2～2.5 倍，动作时间为 0s。如为延时电流速断保护，动作电流可取电容器组额定电流的 1.5～2 倍，动作时限可取 0.2s，以便避开电容器的合闸涌流。

六、变电站继电保护自动装置新技术应用

随着电子信息技术日新月异的发展，变电所继电保护自动装置与二次系统新技术新设备得到广泛应用。除了上面已经介绍的机电型继电器之外，整流型继电器、静态型继电器早已广泛应用。目前综合保护仪（微机继电保护）以及微机综合自动化装置也在日益普及推广。

变电站采用微机综合自动化能实现以下功能：

（1）对变电站正常运行时各项主要参数的自动采集、处理和打印、显示。这些参数包括电流、电压、有功、无功、频率、功率因数等。

（2）定时打印电量和负荷率。

（3）自动投切电容器，以实现功率因数自动调整。

（4）具有带负载调压的变压器，可以实现自动调压。

（5）可以实现负荷自动控制。当高峰负荷超过规定值时，能自动发出信号，并切除部分次要负荷。

（6）当系统发生短路事故时，能自动记录事故发生的时间、短路电流大小、开关跳闸情况及继电保护动作情况。

（7）能对故障线路在故障前、后的一些数据进行采集和处理，便于对事故进行分析。

（8）变电站倒闸操作票的自动填写打印等。

实际上采用微机综合自动化的变电站，其继电保护均为微机保护，微机保护具有体积小、功能全、动作灵敏、快速，并可对故障时的电流、电压各种参数自动记录、储存，以便随时查验。

除了上述微机保护新技术外，变电站的操作电源系统也开始广泛推广新技术，高频开关

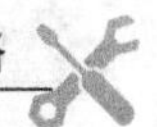

电源 EPS 可实现蓄电池运行维护的自动化和智能化，大大提高了变电站安全运行的可靠性。

七、继电保护动作与故障判断

根据继电保护动作情况，正确判断变电站事故发生部位，对于避免事故扩大，迅速恢复正常供电，具有十分重要的意义。

为了能正确做好故障判断，在发现继电保护动作跳闸后，应立即弄清楚是什么继电保护动作，是哪一组断路器跳闸；然后根据继电保护动作情况，迅速准确地判断出发生故障部位。

1. 电流速断保护动作、断路器跳闸时的故障判断

当出现电流速断保护动作、断路器跳闸时，说明发生了短路事故。因为电流速断保护的起动电流是按照短路故障电流整定的，因此一旦出现电流速断保护动作，就说明出现了严重的短路故障。

例如，如果变压器电流速断保护动作、断路器跳闸时，则说明变压器内部或变压器电源侧引线出现了短路事故。如果出线线路发生电流速断保护动作、断路器跳闸时，则说明出线线路上存在短路故障。

当出现电流速断保护动作、断路器跳闸时，应该根据具体情况分别进行处理。例如，如果被保护设备是架空电力线路，考虑到架空电力线路常有可能发生瞬时性短路故障，如由于刮风或鸟类碰撞，或者遭受雷击，短路故障瞬间自动消失，因此电流速断保护动作后，根据具体需要，可以合闸试送。如果合闸试送失败，继电保护再次动作跳闸，则说明故障不是瞬时性的，而是永久性的，需要查清故障部位进行处理。在将缺陷消除后，经检查试验合格后方能恢复送电。

如果被保护设备是电力变压器、电力电容器、电力电缆或室内电力线路，则一旦发生电流速断保护动作跳闸，就不允许合闸试送电。因为这一类被保护设备和架空电力线路不一样，它们一旦发生短路故障，绝缘立即遭受击穿破坏，不可能瞬间恢复。如果盲目合闸送电，必然再次出现更严重的击穿短路，使事故进一步扩大，造成更大的损失，有时甚至会引起电气火灾。

2. 变压器差动保护动作、断路器跳闸故障判断

如图 13-8 所示，变压器差动保护的保护范围包括变压器一、二次侧电流互感器之间的所有设备，其中除了被保护设备电力变压器之外，还有变压器的一、二次连接线。因此一旦发生差动保护动作跳闸，其原因可能有：

（1）电力变压器内部发生事故，如相间短路或匝间短路。

（2）电力变压器一、二次连接线发生相间短路。

（3）电流互感器发生匝间短路或者二次回路出现断线、短路。

上面所说的第三种情况属于差动保护误动作，但是常有发生。由于差动保护的起动电流通常大于变压器的满负荷电流，因此这一类误动作在正常情况下不会发生。通常发生在变压器流过穿越性冲击电流的时候，例如在二次配出线发生短路故障时，如果配出线的电流速断保护和电力变压器的差动保护同时动作，则应检查差动保护是否存在误动作的可能。

八、继电保护与二次回路对变电站安全运行的重要意义

继电保护和二次回路是变电站的重要部分，它直接关系到对一次设备的保护、监测和控

制。如果继电保护和二次回路发生故障，将严重影响运行人员对一次设备状况的正确控制，无法进行正常操作。一旦发生设备事故，继电保护无法有选择性地快速、灵敏、可靠动作，会造成事故扩大，甚至引发电气火灾，酿成严重后果，这类例子已有沉痛教训。为了使继电保护和二次回路安全运行，应注意以下事项：

(1) 相关人员应根据工作需要熟练掌握继电保护与二次回路的工作原理、接线方式和运行注意事项。

(2) 变电站应做到备有全部继电保护和二次回路的有关图纸，并与实际相符。继电保护和二次回路的验收试验资料齐全。

(3) 继电保护的整定值和投入使用情况应详细列表写明，放置在明显便于查找的地方。

(4) 继电保护的投运或退出应根据调度部门的命令执行，并做好记录。具体执行时要填写操作票，并执行操作监护制度。

(5) 操作电源必须保证安全可靠、容量足够。在变电站运行状态时，不允许出现操作电源间断供电的情况，以免由于直流电源间断供电造成继电保护和自动装置拒动，引发其他不可预测的重大事故。

第四节 电力系统自动装置

一、自动重合闸装置

由于发生事故，继电保护动作断路器自动跳闸后，能使断路器自动合闸的装置称为自动重合闸装置。运行经验证明，电力系统中有不少短路事故是瞬时性的，特别是架空线路由于落雷引起的短路，或者因刮风或鸟类碰撞引起导线舞动造成的短路。在继电保护动作、断路器跳闸切断电源后，故障点的电弧很快熄灭，绝缘会自动恢复。这时如能将断路器自动重新投入，电力系统将继续保持正常供电。自动重合闸所实现的就是这一功能。

此外，利用自动重合闸，还可以弥补继电保护选择性的不足。例如6～10kV配电线路，沿线向许多高压用户的降压变电站供电。其中，有的用户变电站靠近线路始端，有的变电站位于线路中间或末端。当靠近线路始端的用户变电站发生高压短路故障时，其故障电流很大，与线路短路无异，这时线路的瞬时速断保护立即无选择性动作跳闸，线路全线停电。而发生事故的用户变电站本身的速断保护也必然同时跳闸，将故障切除。经过预定时间（1～3s）后，线路始端的自动重合闸装置将已跳闸的断路器迅速合闸，使线路恢复正常供电。这样，除发生事故的变电站，线路上其他用户仍然正常用电，从而最大限度地减少了停电损失。

对于电力电缆专线供电的馈线，由于没有上述两种情况，因此不采用自动重合闸。

自动重合闸应符合以下基本要求：

(1) 在下列情况下，重合闸不应动作：

1) 值班人员人为操作断路器断开，自动重合闸不应动作。

2) 值班人员操作断路器合闸，由于线路上有故障，引起断路器随即跳闸，这时自动重合闸不应动作。

(2) 除了上述两种情况之外，当断路器由于继电保护动作，或者其他原因而跳闸（断路

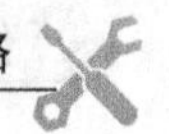

器的状态与操作把手的位置不对应）时，都应动作。

（3）对于同一次故障，自动重合闸的动作次数应符合预先的规定。如一次式重合闸就应只动作一次。

（4）自动重合闸动作之后，应能自动复归，以备下一次线路故障时再动作。

（5）当断路器处于不正常状态（如气压或液压机构中使用的气压、液压降低到允许数值以下）时，重合闸应退出运行。

二、备用电源自动投入装置

备用电源自动投入装置，是指当工作电源因故障自动跳闸后，备用电源自动投入。备用电源自动投入装置可以用于动作合上备用电源线路的断路器，也可以用于动作合上备用变压器的断路器。

为了使备用电源自动投入装置能安全可靠地工作，应满足以下要求：

（1）只有在正常工作电源断路器跳闸后，方能自动投入备用电源断路器。

（2）当正常工作电源断路器跳闸后，备用电源自动投入装置应只动作一次。如果备用电源合闸后又自动跳闸，不得再次自动合闸。

（3）当备用电源无电压时，自投装置不应动作。

（4）当电压互感器的熔丝熔断时，自投装置不应误动作。

第五节　二次回路基本知识

一、二次回路概述

发电厂和变（配）电站中直接与生产和输配电能有关的设备称为一次设备，包括发电机、变压器、断路器、隔离开关、母线、互感器、电抗器、移相电容器、避雷器、输配电线路等。对一次电气设备进行监视、测量、操纵、控制和起保护作用的辅助设备，称为二次设备，如各种继电器、信号装置、测量、仪表、控制开关、控制电缆、操作电源和小母线等。由二次设备按一定顺序和要求相互连接构成的电气回路称为二次回路。如按照二次设备的用途来分，则可分为继电保护、自动装置、控制系统、测量系统、信号系统和操作电源二次回路等。

二、二次回路图

二次回路图包括原理接线图、展开接线图和安装接线图。

1. 原理接线图

原理接线图（简称原理图）是将各种电器以集合整体的形式表示，用直线画出它们之间的相互联系，因而清楚、形象地表明了接线方式和动作原理。在原理图中各电器触点都是按照它们的正常状态表示的。所谓正常状态，是指开关电器在断开位置和继电器线圈中没有电流时的状态。图 13-1（a）、图 13-2（a）和图 13-2（b）都是原理接线图。

原理接线图的特点是一、二次回路画在一起，对所有设备具有一个完整的概念。阅读顺序是：从一次接线看电流的来源；从电流互感器的二次侧看短路电流出现后，能使哪个电流继电器动作，该继电器的触点闭合（或断开）后，又使哪个继电器启动。依次看下去，直至看到使继电器跳闸及发出信号为止。

2. 展开接线图

展开接线图的特点是将交流回路与直流回路分开来表示。交流回路又分为电流回路与电压回路。直流回路分为直流操作回路与信号回路等。同一仪表或继电器线圈和触点分别画在上述不同的电路内。为了避免混淆，对同一元件的线圈和触点用相同的文字符号表示。

展开接线图的右侧通常有文字说明，以表明回路的作用。阅读展开接线图的顺序是：

(1) 先读交流电路，后读直流电路。

(2) 直流电路的流通方向是从左到右，即从正电源经触点到线圈再回到负电源。

(3) 元件的动作顺序是：从上到下，从左到右。

3. 安装接线图

除了原理接线图和展开接线图外，还须绘制安装接线图。安装接线图包括屏面布置图、屏背面接线图和端子排图。

屏面布置图表示屏上设备的布置情况，按照实际尺寸一定的比例绘制。

屏面布置图标明屏上各设备在屏背面引出端子间以及与端子排间的连接情况。

端子排图是表示屏上设备与屏顶设备、屏外设备连接情况的图纸。

在安装接线图中，各种仪表、电器、继电器及连接导线等，按照它们的实际图形、位置和连接关系绘制。

三、二次回路编号

1. 一般要求

为了便于安装施工和运行维护，在展开接线图中对回路应进行编号。在安装接线图中除编号外，还须对设备进行标记。

二次回路的编号按照等电位的原则进行，即回路中连接在一点的全部导线都用同一个数码来表示。当回路经过开关或继电器触点隔开后，因为触点断开时，其两端已不是等电位，故应给予不同的编号。

安装接线图上对二次设备、端子排等进行标记的内容有：

(1) 与屏面布置图相一致的安装单位编号及设备顺序号。

(2) 与展开接线图相一致的设备文字符号。

(3) 与设备表相一致的设备型号。

2. 展开接线图回路编号

交直流回路在展开图中采用不同方法进行编号。

直流回路编号是从正电源出发，以奇数序号编号，直到最后一个有电压降的元件为止。如最后一个有压降的元件后面不是直接接在负极，而是通过连接片、开关或继电器触点接在负极上，则下一步应从负极开始以偶数顺序编号至上述已有编号的回路为止，如图 13-9 所示。

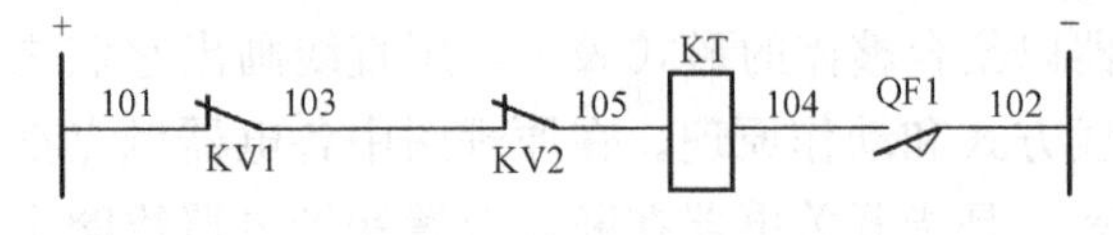

图 13-9 直流回路编号实例

交流回路电流互感器二次出线用 A401、B401、C401、N401、A411；B411、C411、N411；A421、B421、C421、N421 等编号，以此类推。电压互感器二次出线用 A601、B601、C601、N601；A611、B611、C611、N611；A621、B621、C621、N621 等编号。

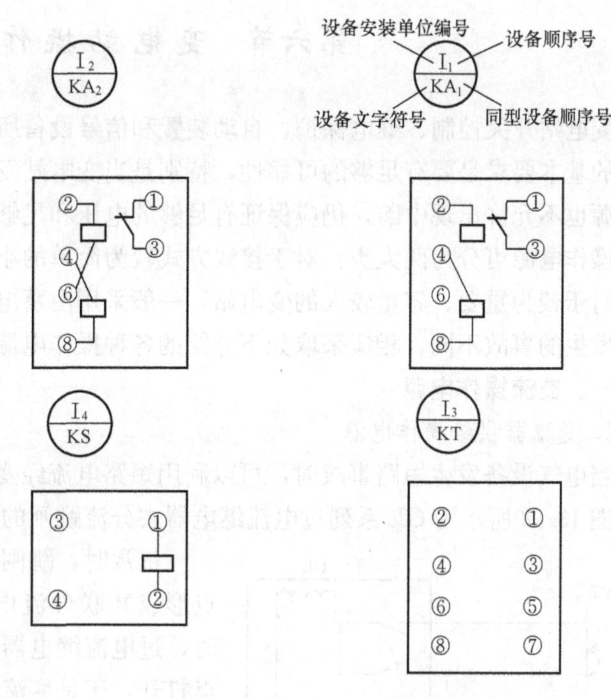

图 13-10　屏背面设备接线图标志法

其他特定回路也都有各自的特定编号，例如跳闸回路编号为33、133、233 等；信号回路编号为 701、702、703 等。

3. 安装接线图设备标志和编号

屏背面设备接线标志方法如图 13-10 所示，在图形符号内部标出接线用的设备端子号，所标端子号必须与制造厂家的编号一致。

在设备图形符号上方画一个小圆，该圆分为上、下两个部分。小圆上部分标出安装单位编号，用罗马字母Ⅰ、Ⅱ、Ⅲ等来表示；在安装单位编号右下角标出设备的顺序号，如 1、2、3 等。小圆下部分标出设备的文字符号（如 KA、KT、KS、W、A、var 等）和同型设备的顺序号（如 1、2、3 等）。

4. 端子排标志方法

端子排垂直布置时，由上而下排列；水平布置时，由左而右排列。其顺序是交流电流回路、交流电压回路、控制回路、信号回路和其他回路。每一安装单位的端子排应编有顺序号。

四、相对编号法

如果甲乙两个设备的接线端子需要连接起来，在甲设备的接线端子上，标出乙设备接线端子的编号，同时，在乙设备该接线端子上标出甲设备接线端子的编号，即两个接线端子的编号相对应，这表明甲乙两设备的相应接线端子应该连接起来。这种编号称为相对编号法，目前在二次回路中已得到广泛应用。

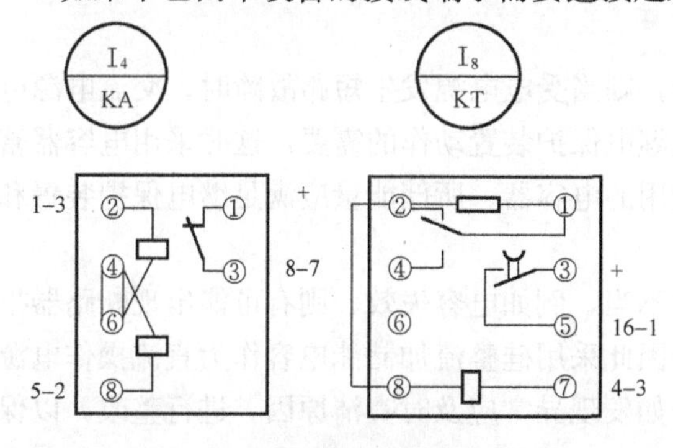

图 13-11　设备屏后编号表示方法

如图 13-11 所示，电流继电器 KA 的编号为 4，时间继电器 KT 的编号为 8。KA 的 3 号接线端子与 KT 的 7 号接线端子相连，KA 的 3 号接线端子旁标上（8-7），亦即与第 8 号元件的第 7 个端子相连。而第 8 号元件正是 KT。与之对应，在 KT 第 7 号端子旁标上（4-3），这正是 KA 的第 3 个端子。这样查起来十分方便。

第六节 变电站操作电源

变电站开关控制、继电保护、自动装置和信号设备所使用的电源称为操作电源。对操作电源的基本要求是要有足够的可靠性，特别是当变电站发生短路事故，母线电压降到零，操作电源也不允许出现中断，仍应保证有足够的电压和足够的容量。

操作电源可分为两大类：对于接线方式较为简单的小容量变电站，常常采用交流操作电源；对于较为重要、容量较大的变电站，一般采用由蓄电池供电的直流操作电源。根据电气设备发生的事故不同，相应采取如下介绍的各种操作电源。

一、交流操作电源

1. 变流器供给操作电源

当电气设备发生短路事故时，可以利用短路电流经变流器供给操作回路作为跳闸操作电源。图13-12所示为GL系列过电流继电器去分流跳闸的连接图。

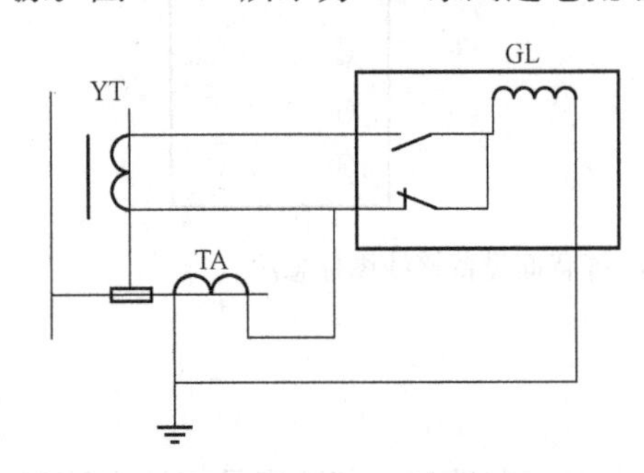

图13-12 GL系列过电流继电器去分流跳闸连接图

正常时，跳闸线圈YT与过电流继电器的动断触点形成并联分流电路。当被保护区域发生短路故障时，过电流继电器GL起动，动合触点合上，动断触点打开，于是变流器的二次线圈与继电器GL的电流线圈和跳闸线圈组成串联回路，变流器的二次回路流过的电流使开关跳闸。

2. 交流电压供给操作电源

上面介绍的电流互感器供给操作电源，只是用作事故跳闸时的跳闸电流。如果要合闸操作，则必须具有交流或直流操作电源。例如采用弹簧操动机构操作断路器合闸时，必须先采用交流电源或直流电源作为操动机构弹簧的储能电源。如果没有储能所需电源，则需手动储能，十分不便。

二、硅整流加储能电容作为操作电源

如果采用硅整流的直流系统作为操作电源，则当受电电源发生短路故障时，交流电源电压下降，经整流后输出直流电压常常不能满足继电保护装置动作的需要，这时采用电容器蓄能来补偿是一个比较简单可行的解决办法。选用的电容器，所储能量应满足继电保护装置和断路器跳闸线圈动作时所需的能量。

硅整流加储能电容作为操作电源如果维护不当，例如电容失效，则有可能出现断路器拒动，酿成重大电气事故，甚至引起电气火灾。因此采用硅整流加储能电容作为直流操作电源的变电站，特别需要加强对这一系统的监视。如发现异常应及时查清原因，进行整改，以保证操作电源供电的可靠性。

三、铅酸蓄电池直流电源

蓄电池是用以储蓄电能的，它能把电能转变为化学能储存起来，使用时再把化学能转变为电能释放出来。变化的过程是可逆的。当蓄电池由于放电而出现电压和容量不足时，可以适当地通入蓄电池反向电流，使蓄电池重新充电。充电就是将电能转变为化学能储存起来。

蓄电池的充电放电过程可以重复循环，所以蓄电池又称为二次电池。

为了克服铅酸蓄电池的一些缺点，目前已生产出各种性能优良、使用安全的铅酸蓄电池，如防酸隔爆式、消氢式及阀控式全密封铅酸蓄电池。这种蓄电池在正常使用时保持气密和液密状态，硫酸和氢、氧气体不会外泄。当内部压力超过预定值时，安全阀自动开启，释放气体，内部气压降低后安全阀自动闭合，同时防止外部空气进入蓄电池内部，保持密封状态。该蓄电池在正常使用寿命期间，无需补加电解液。

四、镉镍蓄电池直流电源

镉镍蓄电池由塑料外壳、正负极板、隔膜、顶盖、气塞帽以及电解液等组成。与铅酸蓄电池比较，镉镍蓄电池放电电压平稳、体积小、寿命长、机械强度高、维护方便、占地面积小，但是价格昂贵。

思　考　题

1. 继电保护的基本要求有哪些？
2. 3～10kV 电力变压器应设置哪些继电保护？
3. 变压器气体保护动作时可能发生什么故障？
4. 试述变压器差动保护的保护范围。
5. 分别说明电流速断和过电流保护动作时，如何判断可能发生什么事故？
6. 什么是二次设备？起什么作用？
7. 二次回路图有哪几种？各有什么特点和用途？
8. 画出定时限过电流保护的原理图和展开图。
9. 阅读展开接线图应按照什么顺序？
10. 对二次回路编号有什么要求？编号应按照什么原则？
11. 试述展开接线图中交直流回路的编号方法。
12. 什么叫相对编号法？

第十四章 电力电缆和线路

第一节 架空电力线路的结构

一、架空电力线路构成

架空电力线路的结构主要包括杆塔及其基础、导线、绝缘子、拉线、横担、金具、防雷设施及接地装置等。

架空电力线路是输送、分配电能的主要通道和工具。架空电力线路在运行中要承受自重、风力、温度变化、覆冰、雷雨、污秽等自然条件的影响。架空电力线路利用杆塔的固定和支撑把导线布置在离地面一定的高度。直线杆塔对导线进行支撑，导线伸展后把张力供递到耐张杆塔上，杆塔上的反向拉力又对导线所传递的张力进行平衡，这样整条线路就形成一个索状钢体结构。空气是架空电力线路导线之间及导线对地的绝缘介质，导线在杆塔上则通过绝缘子与杆塔、横担电气隔离，绝缘子又通过金具分别和导线、横担相连接并固定在杆塔上。架空配电线路是电压等级较低的架空电力线路，应用极为普遍，其基本模型如图 14-1 所示。

(一) 杆塔种类及使用特点

杆塔是架空电力线路的重要组成部分，其作用是支持导线、避雷线和其他附件。

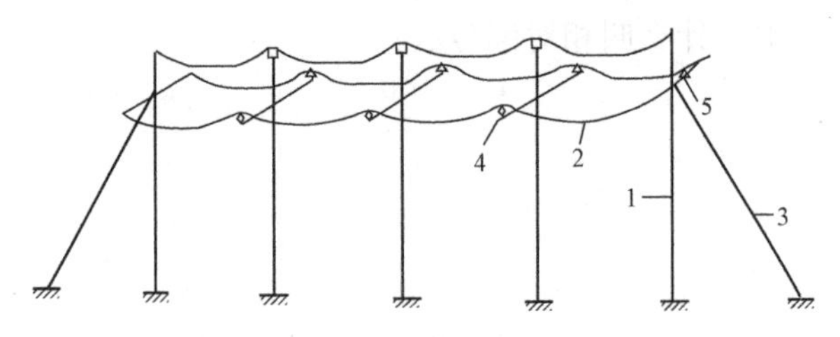

图 14-1 架空配电线路基本模型

1—杆塔；2—导线；3—拉线；4—绝缘子；5—横担

1. 杆塔按材质分类

(1) 木杆。木杆的优点是绝缘性能好、质量小、运输及施工方便；缺点是机械强度低、易腐朽、使用年限短、维护工作量大。鉴于我国木材资源紧张，故不推广使用。

(2) 水泥杆。水泥杆即钢筋混凝土杆，是由钢筋和混凝土在离心滚杆机内浇制而成，一般可分为锥形杆（也称拔梢水泥杆，锥度一般为 1/75）和等径杆。其优点是结实耐用、使用年限长、美观、维护工作量小。缺点是比较笨重、运输及施工不便。水泥杆使用最多的是锥形杆，低压配电线路绝大部分采用锥形杆，梢径一般为 150mm，杆高 8～10m；中、高压架空配电线路大部分也采用锥形杆，梢径一般为 190mm 和 230mm，杆高有 10、11、12、

13、15m等几种；送电线路采用的水泥杆有锥形杆和等径杆两种，锥形杆的梢径有190、230、310、350mm等几种，等径杆的直径一般为300mm和400mm，工程中需连杆时可采用焊接加长。

水泥杆又分普通型和预应力型两种。预应力杆在制造过程中将钢筋拉伸，浇灌混凝土后钢筋内仍保留拉应力，使混凝土受压，提高了强度，故预应力杆使用的钢筋截面比普通杆的可略小，杆身壁厚也较薄。

(3) 金属杆。金属杆有铁塔、钢管杆和型钢杆等。其优点是机械强度高、搬运组装方便、使用年限长。缺点是耗用钢材多、投资大、维修中除锈及刷漆工作量大。

2. 杆塔按在线路上作用分类

(1) 直线杆塔。主要用于线路直线段中。在正常运行情况下，直线杆塔一般不承受顺线路方向的张力，而是承受垂直荷载（即导线、绝缘子、金具、覆冰的重量）和水平荷载（即风压力）等。只有在电杆两侧档距相差悬殊或一侧发生断线时，直线杆才承受相邻两档导线的不平衡张力。直线杆塔用 Z 表示，杆型如图14-2所示。

(2) 耐张杆塔。又称承力杆塔，主要用于线路分段处。在正常情况下，耐张杆除了承受与直线杆塔相同的荷载外，还承受导线的不平衡张力。在断线情况下，耐张杆还要承受断线张力，并能将线路断线、倒杆事故控制在一个耐张段内，便于施工和检修。耐张杆塔用符号 N 表示，杆型如图14-3所示。

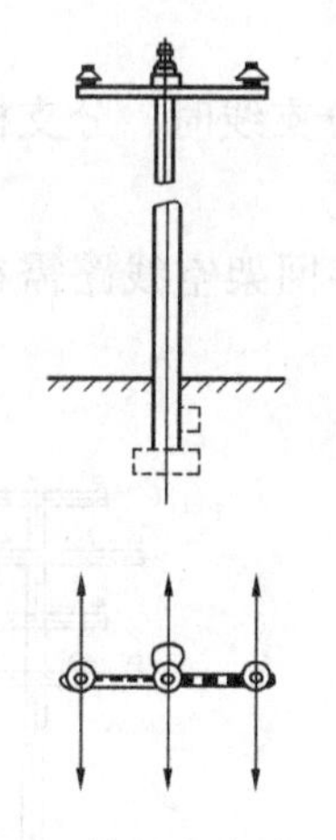

图14-2 普通直线单支撑杆

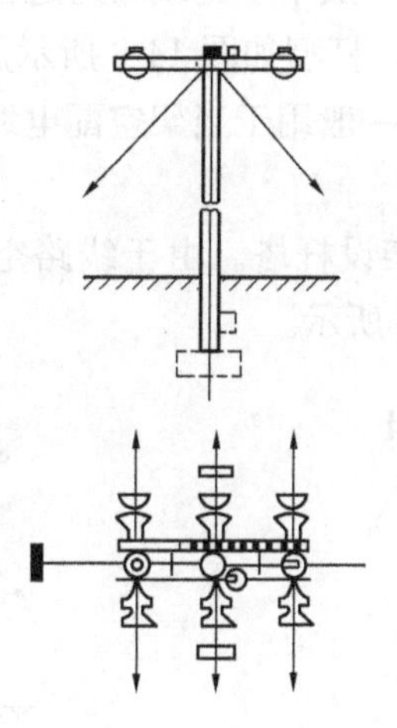

图14-3 0～5°耐张杆

(3) 转角杆塔。主要用于线路转角处，线路转向内角的补角称为线路转角，如图14-4所示。转角杆塔除承受导线等的垂直荷载和风压力外，还承受导线的转角合力，合力的大小决定转角的大小和导线的张力，由于转角杆塔两侧导线拉力不在一条直线上，一般用拉线来平衡转角处的不平衡张力。转角杆塔用 J 表示，杆型如图14-5和图14-6所示。

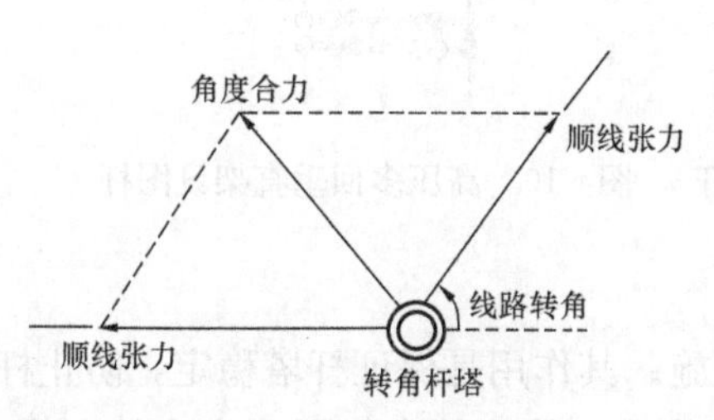

图14-4 转角杆塔的受力图

(4) 终端杆塔。位于线路首、末段端，发电厂或变电站出线的第一基杆塔是终端杆塔，线路最末端一基杆塔也是终端杆塔，它是一种能承受单侧导线等的垂直荷载和风压力，以及单侧导线张力的杆塔。终端杆塔用 D 表示，杆型如图 14-7 所示。

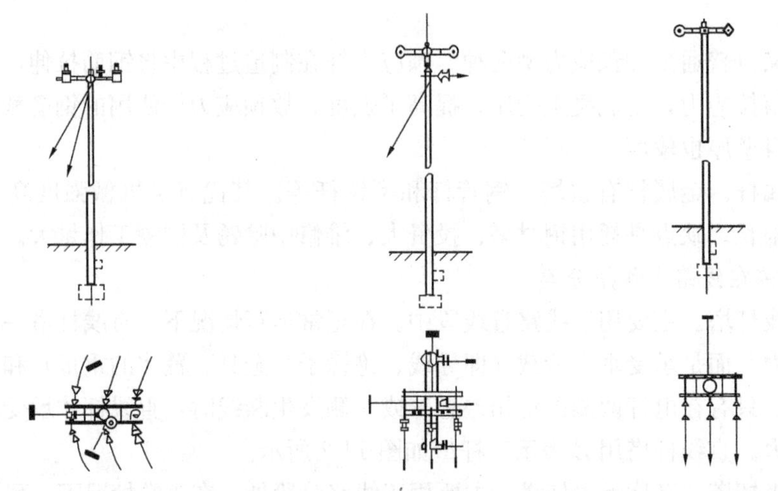

图 14-5　5°～45°转角耐张杆　　图 14-6　45°～90°转角耐张杆　　图 14-7　终端杆

（5）特殊杆塔。

1）跨越杆塔。一般用于当线路跨越公路、铁路、河流、山谷、电力线、通信线等情况。跨越杆塔用 K 表示，杆型如图 14-8 所示。

2）分支杆塔。一般用于当架空配电线路中间需设置分支线时。分支杆塔用 F 表示，杆型如图 14-9 所示。

（6）多回同杆架设杆塔。由于线路空间走廊限制，多回架空线路需在同一个杆塔上架设。杆型如图 14-10 所示。

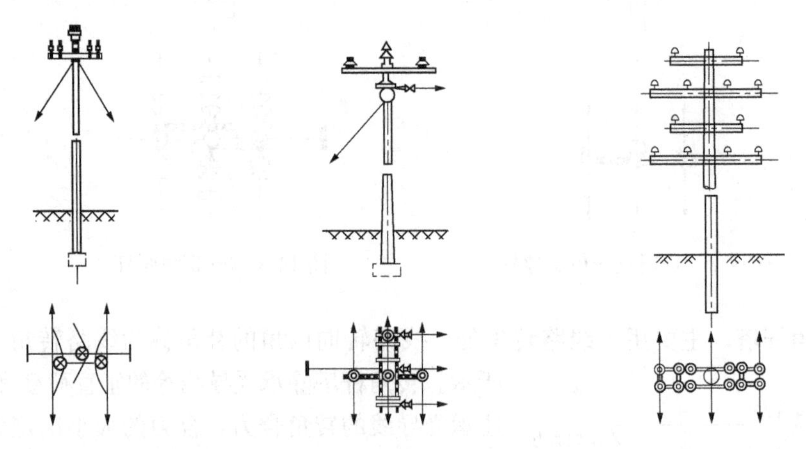

图 14-8　双支撑直线跨越杆　　图 14-9　直线分支 T 接杆　　图4-10　高压多回垂直架设图杆

（二）杆塔基础作用及分类

杆塔基础是指架空电力线路杆塔地面以下部分的设施。其作用是保证杆塔稳定，防止杆塔因承受导线、冰、风、断线张力等的垂直荷重、水平荷重和其他外力作用而产生的上拔、下压或倾覆。

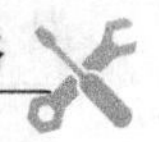

杆塔基础一般分为混凝土电杆基础和铁塔基础。

1. 混凝土电杆基础

混凝土电杆基础一般采用底盘、卡盘、拉盘（俗称三盘）基础，通常是事先预制好的钢筋混凝土盘，使用时运到施工现场组装，较为方便。底盘是埋（垫）在电杆底部的方（圆）形盘，承受电杆的下压力并将其传递到地基上，以防电杆下沉。卡盘是紧贴杆身埋入地面以下的长形横盘，其中采用圆钢（或圆钢与扁钢焊成U形抱箍）与电杆卡接，以承受电杆的横向力，增加电杆的抗倾覆力，防止电杆倾斜。拉盘是埋置于土中的钢筋混凝土长方形盘，在盘的中部设置U形吊环和长形孔，与拉线棒及金具相连接，以承受拉线的上拔力，稳住电杆，是拉线的锚固基础。混凝土电杆基础如图14-11所示。

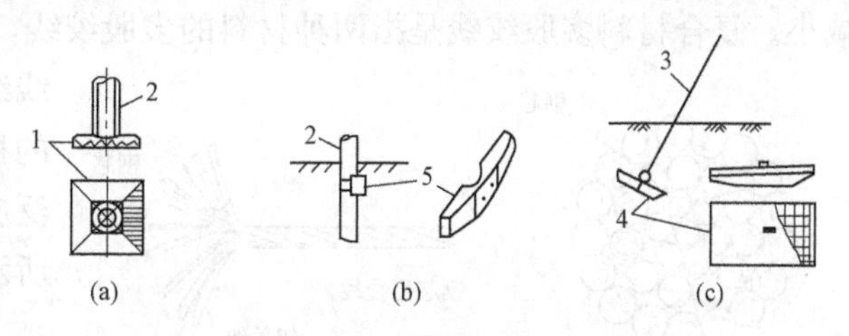

图 14-11　混凝土电杆基础示意图

1—底盘；2—电杆；3—拉线；4—拉盘；5—卡盘

(a) 底盘基础；(b) 卡盘基础；(c) 拉盘基础

在线路设计施工基础时，应根据当地土壤特性和运行经验，决定是否需用底盘、卡盘、拉盘。若水泥杆立在岩石或土质坚硬地区，可以直接埋入基坑而不设底盘或卡盘，也可用条石代替卡盘和拉盘，用块石砌筑底盘以及垒石稳固杆基。

2. 铁塔基础

铁塔基础型式一般根据铁塔类型、塔位地形、地质及施工条件等实际情况确定。根据铁塔根开大小不同，大体可分为宽基和窄基两种。宽基是将铁塔的每根主材（每条腿）分别安置在一个独立基础上，这种基础稳定性较好，但占地面积较大，常被用在郊区和旷野地区。窄基塔是将铁塔的四根主材（四条腿）均安置在一个基础上。这种基础出土占地面积较小，但为了满足抗倾覆能力要求，基础在地下部分较深、较大，常被用在市区配电线路上或地形较窄地段。

3. 对基础一般要求

对杆塔基础，除根据杆塔荷载及现场的地质条件确定其合理经济的型式和埋深外，要考虑水流对基础的冲刷作用和基土的冻胀影响。基础的埋深必须在冻土层深度以下，且不应小于0.6m，在地面应留有300mm高的防沉土台。

（三）架空导线材料、结构与种类

架空导线是架空电力线路的主要组成部件，其作用是传输电流，输送电功率。由于架设在杆塔上面，导线要承受自重及风、雪、冰等外加荷载，同时还会受到周围空气所含化学物质的侵蚀。因此，不仅要求导线有良好的电气性能、足够的机械强度及抗腐蚀能力，还要求尽可能质轻且价廉。

1. 架空导线材料

架空导线的材料有铜、铝、钢、铝合金等。其中铜的导电率高、机械强度高，抗氧化抗腐蚀能力强，是比较理想的导线材料，但由于铜的蕴藏量相对较少，且用途广，价格昂贵，故一般不采用铜导线。铝的导电率次于铜，密度小，也有一定的抗氧化抗腐蚀能力，且价格也较低，故广泛应用于架空线路中。但由于铝的机械强度低，不适应大跨度架设，因此采用钢芯铝绞线或钢芯铝合金导线，可以提高导线的机械强度。

2. 架空导线结构

架空导线的结构总的可以分为单股导线、多股绞线和复合材料多股绞线三类。单股导线由于制造工艺上的原因，当截面增加时，机械强度下降，因此单股导线截面一般都在$10mm^2$以下，目前广为使用最大到$6mm^2$。多股绞线由多股细导线绞合而成，多层绞线相邻层的绞向相反，防止放线时打卷扭花，其优点是机械强度较高、柔韧、适于弯曲；且由于股线表面氧化电阻率增加，使电流沿股线流动，集肤效应较小，电阻较相同截面单股导线略有减小。复合材料多股绞线是指两种材料的多股绞线，常见的是钢芯铝绞线，其线芯部位由钢线绞合而成，外部再绞合铝线，综合了钢的机械性能和铝的电气性能，成为目前广泛应用的架空导线。钢芯铝绞线如图 14-12 所示。

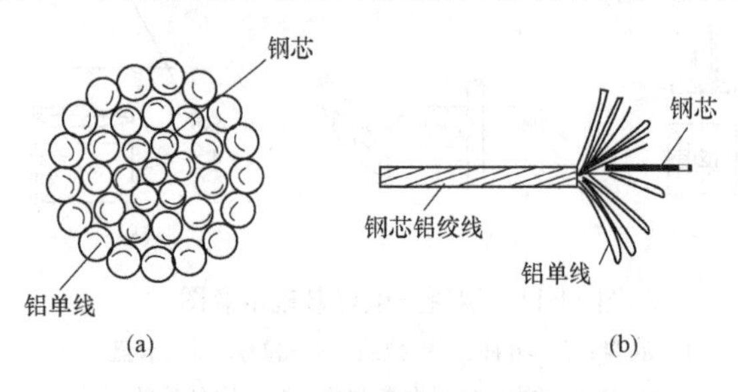

图 14-12 钢芯铝绞线
(a) 断面图；(b) 结构图

3. 架空导线种类

(1) 裸导线。

1) 铜绞线（TJ）。常用于人口稠密的城市配电网、军事设施及沿海易受海水潮气腐蚀的地区电网。

2) 铝绞线（LJ）。常用于 35kV 以下的档距较小的配电线路，且常作分支线使用。

3) 钢芯铝绞线（LGJ）。广泛应用于高压线路上。

4) 轻型钢芯铝绞线（LGJQ）。一般用于平原地区且气象条件较好的高压线路中。

5) 加强型钢芯铝绞线（LGJJ）。多用于输电线路中的大跨越地段或对机械强度要求很高的线路。

6) 铝合金绞线（LHJ）。常用于 110kV 及以上的输电线路上。

7) 钢绞线（GJ）。常用作架空地线、接地引下线及杆塔的拉线。

(2) 绝缘导线。架空电力线路一般都采用多股裸导线，但近几年来城区内的 10kV 架空配电线路逐步改用架空绝缘导线。运行证明其优点较多，线路故障明显降低，一定程度上解决了线路与树木间的矛盾，降低了维护工作量，线路的安全可靠性明显提高。

架空绝缘导线按电压等级可分为中压（10kV）绝缘线和低压绝缘线；按绝缘材料可分为聚氯乙烯绝缘线、聚乙烯绝缘线和交链聚乙烯绝缘线。

1) 聚氯乙烯绝缘线（JV）。有较好的阻燃性能和较高的机械强度，但介电性能差、耐热性能差。

2) 聚乙烯绝缘线（JY）。有较好的介电性能，但耐热性能差，易延燃、易龟裂。

3) 交链聚乙烯绝缘线（JKYJ）。是理想的绝缘材料，有优良的介电性能，耐热性好，机械强度高。

架空导线型号表示方法见表 14-1。

表 14-1　架空导线型号表示方法

导线种类	代表符号	型号含义
铝绞线	LJ	LJ—16 标称截面为 $16mm^2$ 铝绞线

续表

导线种类	代表符号	型号含义
钢芯铝绞线	LGJ	LGJ—35/6 铝线部分标称截面为 35mm² 钢芯，标称截面为 6mm² 的钢芯铝绞线
铜绞线	TJ	TJ—50 标称截面为 50mm² 铜绞线
钢绞线	GJ	GJ—25 标称截面为 25mm² 的钢绞线
铝芯交链聚乙烯绝缘线	JKLYJ	JKLYJ—120 标称截面为 120mm² 的铝芯交链聚乙烯绝缘线

（四）拉线作用、分类及选用

1. 拉线作用

拉线的作用是为了在架设导线后能平衡杆塔所承受的导线张力和水平风力，以防止杆塔倾倒、影响安全正常供电。拉线与地面的夹角一般为 45°，若受环境限制可适当增减小，但不应小于 30°，钢筋混凝土杆的拉线，宜不装设拉线绝缘子，如拉线穿越带电线路时应在上下两侧加装圆瓷套管，拉线绝缘子距地面不应小于 2.5m。

2. 拉线分类

拉线按其作用可分为张力拉线（如转角、耐张、终端、分支杆塔拉线等）和风力拉线（如在土质松软的线路上设置拉线，增加电杆稳定性）两种；按拉线的形式，又可分为普通拉线、水平拉线、弓形拉线、共同拉线和 V 形拉线等。

（1）普通拉线。普通拉线用于线路的转角、耐张、终端、分支杆塔等处，起平衡拉力的作用。普通拉线如图 14-13 所示。

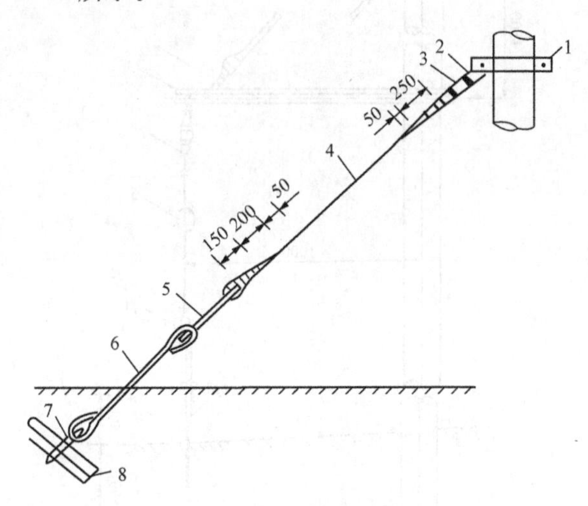

图 14-13　普通拉线

1—拉线抱箍；2—延长环；3—楔形线夹；4—铜绞线；
5—UT 线夹；6—拉线棒；7—地锚拉环；8—拉盘

（2）水平拉线。当电杆离道路太近，不能就地装设拉线时，需在路的另一侧立一基拉线杆，过路拉线应保持一定高度，确保交通安全。水平拉线如图 14-14 所示。

（3）弓形拉线。因地形限制不能装设拉线时，可以采用弓形拉线，在电杆中部加以自柱，其上下加装拉线，以防电杆弯曲。弓形拉线如图 14-15 所示。

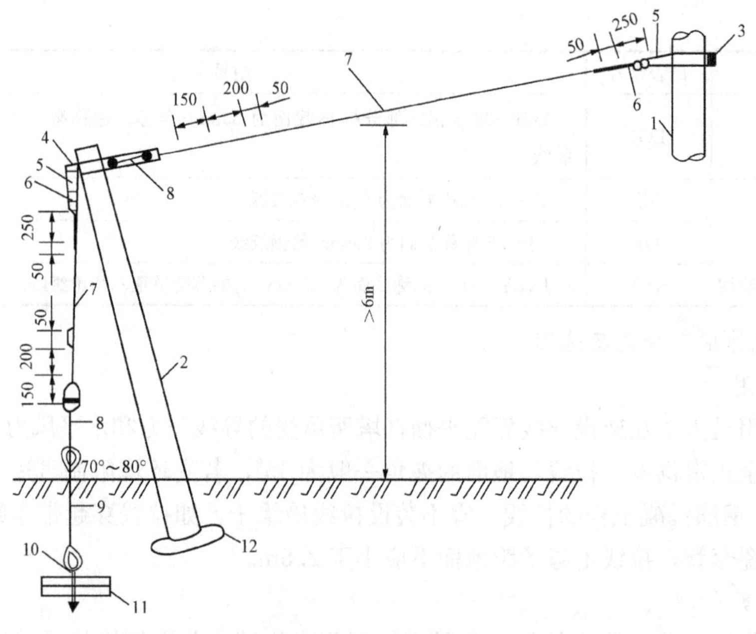

图 14-14　水平拉线

1、2—水泥杆；3、4—拉线抱箍；5—延长环；6—楔形线夹；7—钢绞线；8—UT 线夹；9—拉线棒；10—拉环；11—拉盘；12—底盘

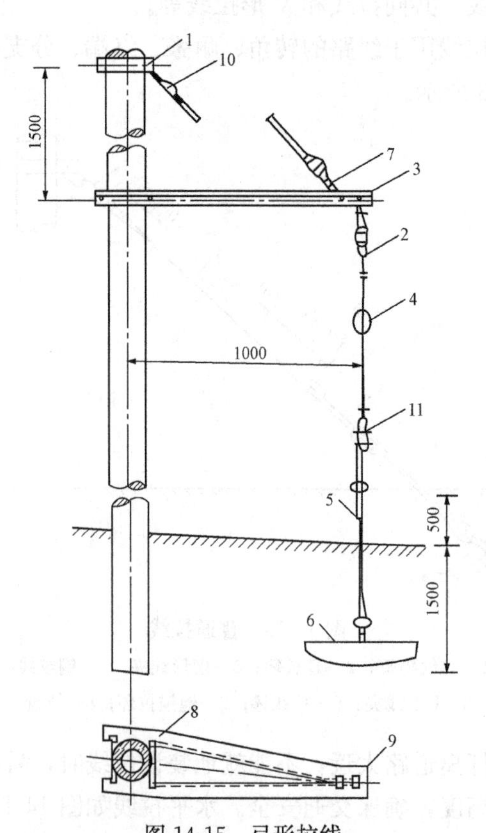

图 14-15　弓形拉线

1—拉线抱箍；2—铜绞线；3—自身拉横担；4—拉线绝缘子；5—拉线棒；6—拉线盘；7—连板；8—销螺栓；9—接螺栓；10—T 形线夹；11—楔形线夹

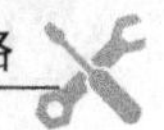

(4) 共同拉线。因地形限制不能装设拉线时，可将拉线固定在相邻电杆上，以平衡拉力。

(5) V形拉线。当电杆较高、横担较多、导线多回时，常在拉力的合力点上、下两处各装设一条拉线，其下部则合为一条，构成V形。

3. 拉线的选用

10kV及以下架空配电线路的拉线，当强度要求较低时，采用多股直径为4mm的镀锌铁线制作，当强度要求超过9股时，采用镀锌钢绞线。拉线的选用与导线的线径及杆型等相关，拉线的选用原则见表14-2。

表14-2　拉线的选用原则

导线规格	杆型		
	直线杆、30°以下转角杆拉线	45°以下转角杆拉线	45°～90°转角杆、终端杆、分支杆拉线
LGJ—35、LJ—70及以下	GJ—35	GJ—35	GJ—35
LGJ—50、LJ—120	GJ—35	GJ—50	GJ—50
LGJ—70、LJ—150、JKLYJ—70—120	GJ—35	GJ—70	GJ—70
LGJ—95—185、LJ—185、JKLYJ—150	GJ—50	GJ—70	GJ—100
JKLYJ—240	GJ—70	GJ—100	GJ—100

(五) 横担规格及其安装要求

横担定位在电杆上部，用来支撑绝缘子和导线等，并使导线间有规定的距离。转角杆的横担应根据受力情况而定，15°以下转角杆宜采用单横担，15°～45°转角杆宜采用双横担，45°以上转角杆宜采用十字横担。一般情况下，直线杆横担和杆顶支架装在受电侧，分支终端杆的单横担应装在拉线侧；两层横担的转角杆，按电源方向先后作上下层安装，且均安装于导线受力反方向侧。电源侧作上层，受电侧作下层。横担按材质大多为铁横担和瓷横担。

铁横担采用角钢制成，容易制造、坚固耐用，横担应进行强度计算，选用应规格化，中、高压线路铁横担的规格不应小于∠63×6mm的镀锌角钢，低压线路铁横担的规格不应小于∠50×5mm的镀锌角钢。若角钢无镀锌处理，则需涂樟丹油和灰色油漆，以防锈蚀。

瓷横担具有良好的绝缘性能，可代替悬式（或针式）绝缘子和木、铁横担，维护方便，造价低，故在中、高压配电线路中广为使用。

(六) 线路金具分类及其用途

线路金具是指连接和组合线路上各类装置，以传递机械、电气负荷以及起到某种防护作用的金属附件。金具必须有足够的机械强度，并能满足耐腐蚀的要求。线路金具种类很多，用途各不相同，按其作用分主要有五大类。

1. 支持金具

支持金具的作用是支持导线或避雷线，使导线和避雷线固定于绝缘子或杆塔上，一般用于直线杆塔或耐张杆塔的跳线上，又称线夹。

(1) 悬垂线夹。用于直线杆塔上固定导线、换位杆塔支持换位导线及耐张转角杆塔固定跳线。悬垂线夹有固定型和释放型两种。

（2）耐张线夹。用于耐张、终端、分支等杆塔上紧固导线或避雷线，使其固定在绝缘子串或横担上。耐张线夹有螺栓型、压接型、楔形和楔形与螺栓混合型四种。

1）螺栓型耐张线夹。有正装和倒装两种结构，由于受握着力的限制，一般只能用于240mm²及以下中小截面的导线上，实用中较多地采用倒装式螺栓型耐张线夹。

2）压接型耐张线夹。分液压和爆压两种形式，由于握着力较大，适用于240mm²及以上大截面的导线上。

3）楔形耐张线夹。主要用于与避雷线的配合，靠楔形块产生的压力紧固，施工极为方便。

4）楔形与螺栓混合型耐张线夹。将楔形块与螺栓配合构成混合型节能耐张线夹，既减少电能损耗、方便施工，又可以增加其握着力。

2. 连接金具

连接金具的作用是将悬式绝缘子组装成串，并将一串或数串绝缘子连接起来悬挂在横担上。常用的连接金具有以下几种。

（1）球头挂环。用于连接球形绝缘子上端碗头铁帽，主要有圆形连接的Q型和螺栓平面连接的QP型。

（2）碗头挂环。用于连接球形绝缘子下端球头铁脚，分单连和双连碗头两种。

（3）U形挂环。是最常用的金具，可单独使用，又可几个组装使用。

（4）直角挂板。是一种转向金具，其连接方向成直角，故可按使用要求改变绝缘子串的连接方向。

（5）平行挂板。用于单板与单板、单板与双板的连接，以及与槽形悬式绝缘子的连接。

（6）平行挂环。用于加大绝缘子串长度，改善导线张力、增大跳线间隙。

（7）二联板。用于将两串绝缘子组装成双联悬垂、耐张及转角绝缘子串。

（8）直角环。用于连接XP—7C槽形悬式绝缘子。

3. 接续金具

接续金具的作用是用于导线和避雷线的接续和修补等。接续金具的外形如图14-16所示。它分为承力接续和非承力接续两种。

（1）承力接续金具。主要有导线、避雷线的接续管等，用于导线连接的接续管主要有爆压管、液压管和钳压管三种。爆压管、液压管呈圆形，爆压管适用于240mm²及以上裸导线的承力连接，液压管适用于架空绝缘导线或240mm²及以上裸导线的承力连接，钳压管呈椭圆形，适用于240mm²及以下裸导线的承力连接。避雷线的连接用压接管，一般采用液压进行承力连接。承力接续金具的握着力不应小于该导线、避雷线计算拉断力的95%。

（2）非承力接续金具。主要有并沟线夹（用于导线作为跳线、T形接线时的接续）、带电装卸线夹（用于导线带电拆、搭头）、安普线夹（用于导线作为跳线和分支搭接的接续）和异径并沟线夹等。非承力接续金具的握着力不应小于该导线计算拉断力的10%。

4. 保护金具

保护金具主要有用于防止导线在绑扎或线夹处磨损的铝包带和防止导线、地线振动的防振锤。

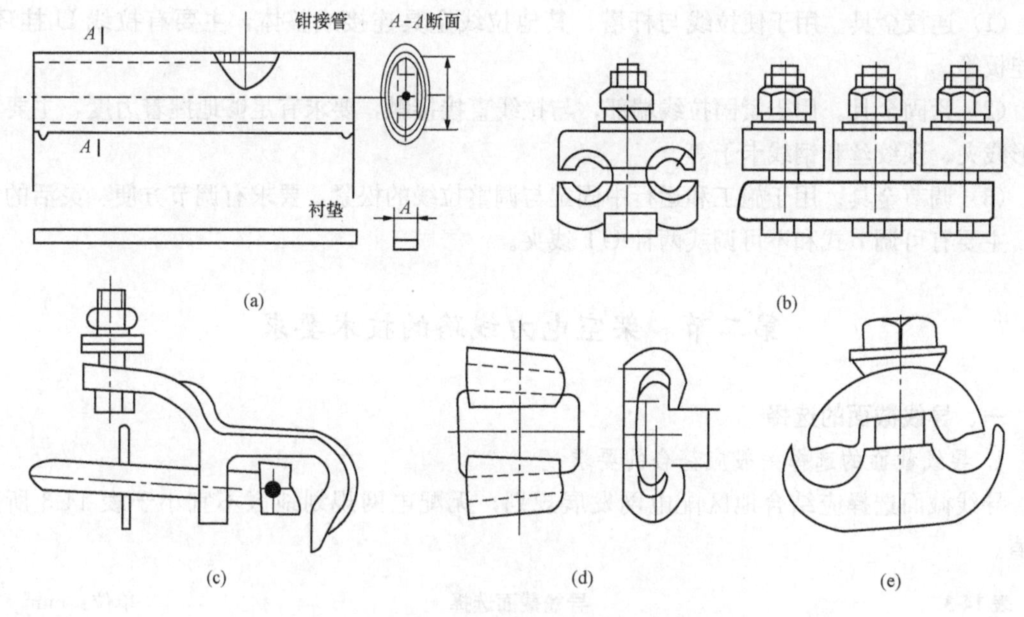

图 14-16　接续金具外形

(a) 接续管；(b) 并沟线夹；(c) 带电装卸线夹；(d) 安普线夹；(e) 异形沟线夹

5. 拉线金具

拉线金具的作用是用于作拉线的连接、紧固和调节。拉线金具外形如图 14-17 所示。拉线金具主要有以下几类：

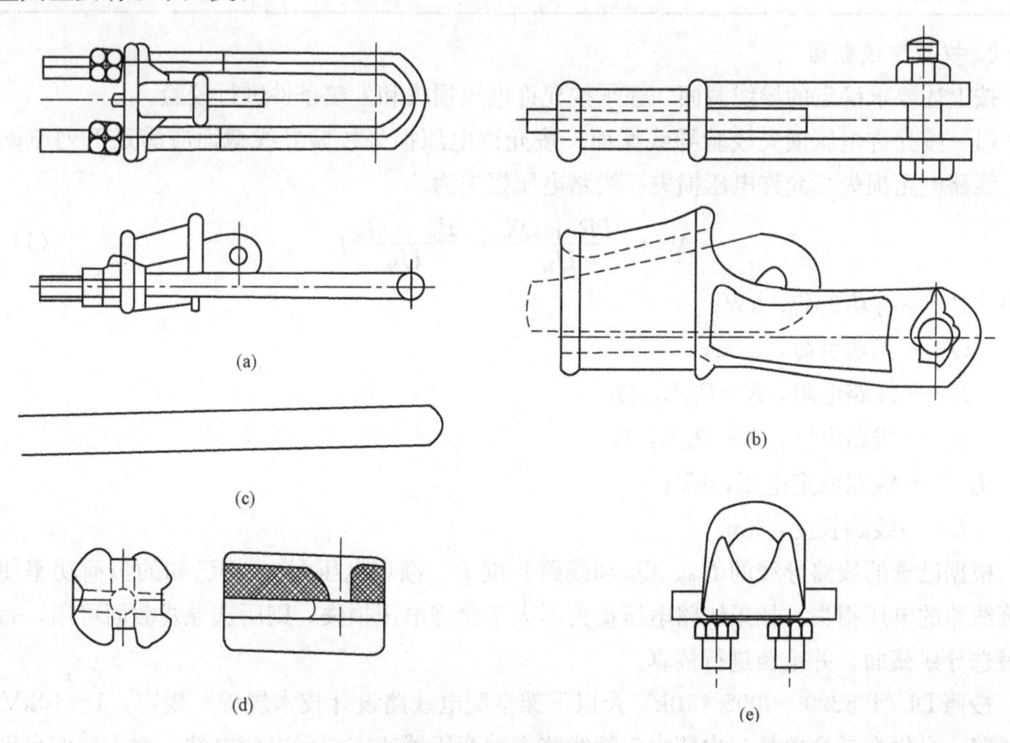

图 14-17　接续金具

(a) UT 线夹；(b) 楔形线夹；(c) 预绞丝；(d) 拉线绝缘子；(e) 钢线卡子

(1) 连接金具。用于使拉线与杆塔、其他拉线金具连接成整体，主要有拉线U挂环、二连板等。

(2) 紧固金具。用于紧固拉线端部，与拉线直接接触，要求有足够地握着力度，主要有楔形线夹、预绞丝和钢线卡子等。

(3) 调节金具。用于施工和运行中固定与调整拉线的松紧，要求有调节方便、灵活的性能，主要有可调节式和不可调式两种UT线夹。

第二节　架空电力线路的技术要求

一、导线截面的选择

1. 导线截面的选择一般应符合的要求

导线截面选择应结合地区配电网发展规划，无配电网规划地区不宜小于表14-3所列数值。

表14-3　　导线截面选择　　单位：mm^2

导线种类	高压配电线路			低压配电线路		
	主干线	分干线	分支线	主干线	分干线	分支线
铝绞线及铝合金线	120	70	35	70	50	35
钢芯铝绞线	120	70	35	70	50	35
铜绞线			16	50	35	16

2. 校验导线截面

按上述要求确定的导线截面，还须按允许电压损失和发热条件进行校验。

(1) 按允许电压损失校验导线截面。按允许电压损失校验导线截面应满足下列原则条件：线路电压损失≤允许电压损失。线路电压损失为

$$\Delta U=\frac{PR+QX}{U_N}=\frac{P_{r0}+Q_{x0}}{U_N}L \tag{14-1}$$

式中　P——有功负荷，kW；

Q——无功负荷，kvar；

R——线路电阻，$R=P_{r0}L$，Ω；

X——线路电抗，$X=Q_{x0}L$，Ω；

U_N——线路额定电压，kV；

L——线路长度，km。

根据已选的线路导线的P_{r0}、Q_{x0}和线路长度L、额定电压U_N，用已知的负荷功率便可计算线路的电压损失。如果线路电压损失不大于允许电压损失，则所选导线截面可用，否则应另选导线截面，并重新进行核算。

按照DL/T 5220—2005《10kV及以下架空配电线路设计技术规程》规定，1～10kV配电线路，自供电的变电站二次侧出口至线路末端变压器或末端受电变电站一次入口的允许电压损失为供电变电站二次侧额定电压（6、10kV）的5%；低压配电线路，自配电变压器二

次侧出口至线路末端（不包括接户线）的允许电压损失为额定低压配电电压（220、380V）的4%。

（2）按发热条件校验导线截面。当电流通过导线时，会产生电能损耗，使导线发热、温度上升。如果导线温升过高，超过其最高允许温度，将出现导线连接处加速氧化，导线的接触电阻增加，接触电阻的增大又使连接处温升更高，形成恶性循环，致导线烧断，发生断线事故。对于导线，温度过高将使导线弛度过大，致导线对地安全距离不足，危及安全；对于绝缘导线或电缆，温度过高将加速导线周围介质老化、绝缘损坏。因此，为使电网安全可靠运行，对按经济电流密度选择的导线截面，还应根据不同的运行方式以及事故情况下的线路电流，按发热条件进行校验。

DL/T 5220—2005《10kV及以下架空配电线路设计技术规程》规定，铝及钢芯铝绞线在正常情况下运行的最高温度不得超过70℃，事故情况下不得超过90℃。对各种类型的绝缘导线，其允许工作温度为65℃。为方便使用，表14-4提供了在导线允许长期运行的最高温度为70℃和周围环境温度为25℃的条件下的导线允许载流量。

表14-4　裸铜、铝及钢芯铝绞线的允许载流量

（环境温度+25℃，最高允许温度+70℃）

铜绞线（TJ型）			铝绞线（LJ型）			钢芯铝绞线（LGJ型）	
导线截面（mm^2）	载流量（A）		导线截面（mm^2）	载流量（A）		导线截面（mm^2）	屋外载流量（A）
	屋外	屋内		屋外	屋内		
4	50	25	10	75	55	35	170
6	70	35	16	105	80	50	220
10	95	60	25	135	110	70	275
16	130	100	35	170	135	95	335
25	180	140	50	215	170	120	380
35	220	175	70	265	215	150	445
50	270	220	95	325	260	185	515
70	340	280	120	375	310	240	610
95	415	340	150	440	370	300	700
120	485	405	185	500	425	400	800
150	570	480	240	610	—	LGJQ—300	690
185	645	550	300	680	—	LGJQ—400	825
240	770	650	400	830	—	LGJQ—500	945
300	890	—	500	980	—	LGJQ—600	1050
400	1085	—	625	1140	—	LGJJ—300	705
						LGJJ—400	850

如果导线周围环境温度不是25℃时，则应将表14-5中对应的导线允许载流量乘以校正系数K值。校正系数K值大小见表14-5。

表14-5　环境温度（非25℃时）允许载流量校正系数K值

环境温度（℃）	−5	0	+5	+10	+15	+20	+25	+30	+35	+40	+45	+50
校正系数K	1.29	1.24	1.2	1.15	1.11	1.05	1.0	0.94	0.88	0.81	0.74	0.67

在电网发生事故情况下，导线最高允许温度为90℃，允许的载流量应比表14-5中相应数值提高20%。

三相四线制的中性线截面，不宜小于表14-6所列数值；单线制的中性线截面应与相线截面相同。

表14-6　零线截面　单位：mm^2

导线种类	相线截面	零线截面
铝绞线及钢芯铝绞线	LJ—70、LGGJ—70以下	与相线截面相同
	LJ—70、LGGJ—70及以上	不小于相线截面的50%
铜绞线	TJ—35及以下	与相线截面相同
	TJ—35以上	不小于相线截面的50%

二、架空配电线路的导排列、档距与线间距离

1. 导线排列

10～35kV架空线路的导线，一般采用三角排列或水平排列，多回线路同杆架设的导线，一般采用三角、水平混合排列或垂直排列。低压配电线路的导线宜采用水平排列。

城镇的高压配电线路和低压配电线路宜同杆架设，且应是同一回电源。

同一地区低压配电线路的导线在电杆上的排列应统一。零线应靠电杆或建筑物。同一回路的中性线，不应高于相线。

2. 架空配电线路档距

架空配电线路的档距，应根据运行经验确定，如无可靠运行资料时，一般采用表14-7所列数值。

表14-7　架空配电线路的档距　单位：m

地　区	线路电压	
	高　压	低　压
城镇	40～50	40～50
郊区	60～100	40～80

35kV架空线路耐张段的长度不宜大于5km，10kV及以下架空线路的耐张段的长度不宜大于2km。

3. 架空配电线路导线的线间距离

（1）架空配电线路的线间距离，应结合运行经验确定，如无可靠运行资料时，一般采用表14-8所列数值。

表 14-8　　架空配电线路导线的最小线间距离　　单位：m

线路电压	档距						
	≤40	50	60	70	80	90	100
高压	0.6	0.65	0.7	0.75	0.85	0.9	1.0
低压	0.3	0.4	0.45	—	—	—	—

注　1. 表中所列数值用于导线的各种排列方式。
2. 靠近电杆的低压的两侧导线间的水平距离不应小于 0.5m。

由变电站引出长度在 1km 的高压配电线路主干线，导线在杆塔上的布置，宜采用三角排列，或适当增大线间距离。

（2）同杆架设的双回线路或高、低压同杆架设的线路横担间的垂直距离，不应小于表 14-9 所列数值。

表 14-9　　同杆架设线路横担之间的最小垂直距离　　单位：m

电压类型	杆型	
	直线杆	分支或转角杆
高压与高压	0.8	0.45/0.60①
高压与低压	1.20	1.0
低压与低压	0.60	0.30

① 转角或分支如为单回路线，则分支线横担距主干线横担为 0.6m；如为双回路线，则分支线横担距上排主干线横担为 0.45m，距下排主干线横担 0.6m。

（3）10kV 及以下线路与 35kV 线路同杆架设时，导线间的垂直距离不应小于 2.0m；35kV 双回或多回线路的不同相导线间的距离不应小于 3.0m。

（4）高压配电线路架设在同一横担上的导线，其截面差不宜大于三级。

（5）高压配电线路每相的过引线、引下线与邻相的过引线、引下线或导线之间的净空距离不应小于 0.3m；高压配电线路的导线与拉线、电杆或构件间的净空距离不应小于 0.2m；高压引下线与低压线间的距离不宜小于 0.2m。

三、导线的弧垂及对地交叉跨越

1. 弧垂

弧垂是相邻两杆塔导线悬挂点连线的中点对导线沿垂线的距离。弧垂的大小直接关系到线路的安全运行，弧垂过小，导线受力大，容易断股或断线；弧垂过大，则可能影响对地限距，在风力作用下容易混线短路。弧垂大小和导线的重量、气温、导线张力及档距等因素有关。导线重量越大，弧垂越大；温度增高，弧垂增加；导线张力越大，弧垂越小；档距越大，弧垂越大。

35kV 架空线路紧线弧垂应在挂线后随即检查，弧垂误差不应超过设计弧垂的＋5%、－2.5%，且正误差最大值不应超过 500mm。

10kV 及以下架空线路的导线紧好后，弧垂的误差不应超过设计弧垂的±5%。同档内各相导线弧垂宜一致，水平排列的导线弧垂相差不应大于 50mm。

35kV 架空线路导线或地线各相间的弧垂宜一致，在满足弧垂允许误差规定时，各相间弧垂的相对误差，不应超过 200mm。

2. 架空线路对地及交叉跨越的允许距离

(1) 导线与地面或水面的距离，在最大计算弧垂情况下，不应小于表 14-10 所列数值。

(2) 导线与山坡、峭壁、岩石之间的净空距离，在最大计算风偏情况下，不应小于表 14-11 所列数值。

表 14-10　导线与地面或水面的最小距离　单位：m

线路经过地区	线路电压线路经过地区		
	35kV	3～10kV	<3kV
居民区	7.0	6.5	6.0
非居民区	6.0	5.5	5.0
不能通航及不能浮运的河、湖的冬季冰面	6.0	5.0	5.0
不能通航及不能浮运的河、湖的最高水位	3.0	3.0	3.0
交通困难地区	5.0	4.5	4.0

注 1. 居民区——工业企业、港口、码头、火车站、市镇、乡等人口密集地区。
2. 非居民区——上述居民区以外的地区。虽然时常有人、车辆或农业机械到达，但未建房屋或房屋稀少的地区，也属非居民区。
3. 交通困难地区——主要指车辆、农业机械不能到达的地区。

表 14-11　导线与山坡、峭壁、岩石之间的最小距离　单位：m

线路经过地区	线路经过地区		
	35kV	3～10kV	<3kV
步行可以到达的山坡	5.0	4.5	3.0
步行不能到达的山坡、峭壁、岩石	3.0	1.5	1.0

(3) 高压架空电力线路不应跨越屋顶为燃烧材料做成的建筑物，对耐火屋顶的建筑物应尽量不跨越，如需跨越应与有关单位协商或取得当地政府的同意。导线与建筑物的垂直距离在最大计算弧垂情况下，35kV 线路不应小于 4.0m，3～10kV 线路不应小于 3.0m，3kV 以下线路不应小于 2.5m。

(4) 架空电力线路在计算最大风偏情况下，边导线与城市多层建筑物或规划建筑物间的最小水平距离，以及边导线与不在规划范围内的城市建筑物间的最小距离，35kV 线路不应小于 3.0m，3～10kV 线路不应小于 1.5m，3kV 以下线路不应小于 1.0m。线路边导线与不在规划范围内的城市建筑物间的水平距离，在无风偏情况下，不应小于上述数值的 50%。

(5) 架空电力线路导线与树木（考虑自然生长高度）之间的最小垂直距离，35kV 线路不应小于 4.0m，10kV 及以下线路不应小于 3.0m。

(6) 架空电力线路通过公园、绿化区和防护林带，导线与树木之间的净空距离，在最大风偏情况下，35kV 线路不应小于 3.5m，10kV 及以下线路不应小于 3.0m，架空电力线路通过果林、经济作物以及城市灌木林，不应砍伐通道，导线至树梢的距离，在最大计算弧垂情况下，35kV 线路不应小于 3.0m，10kV 及以下线路不应小于 1.5m，导线与街道行道树之间的距离不应小于表 14-12 所列数值。

表 14-12　　导线与街道行道树之间的最小距离　　单位：m

线路电压	35kV	3～10kV	<3kV
在最大计算弧垂情况下的垂直距离	3.0	1.5	1.0
在最大计算风偏情况下的水平距离	3.5	2.0	1.0

(7) 架空电力线路与特殊管道交叉，应避开管道的检查井或检查孔，同时，交叉处管道上所有部件应接地。架空电力线路与甲类火灾危险性的生产厂房、甲类物品库房、易燃、易爆液（气）体贮罐的防火间距，不应小于杆塔高度的 1.5 倍。

(8) 架空电力线路跨越架空弱电线路时，其交叉角对于一级弱电线路，不应小于 45°，对于二级弱电线路，不应小于 30°，对于三级弱电线路，不限制。架空电力线路的电杆，应尽量接近交叉点，但不宜小于 7m（城市的线路，不受 7m 的限制）。

第三节　架空电力线路的维护

一、线路维护、检修的标准项目和周期

为提高线路的健康水平，达到线路安全运行的目的，以保证对社会安全供电，因此，要经常对线路进行维护和检修，及时发现、处理线路存在的缺陷和威胁线路安全运行的薄弱环节，预防事故的发生。

线路的维护、检修项目应按照设备的状况和测试结果确定，其标准项目及周期见表 14-13。

表 14-13　　线路维护、检修的标准项目和周期

序号	项目		周期	备　注
1	绝缘子清扫	定期清扫	每年一次	根据线路的污秽情况，采取防污措施，可适当延长或缩短周期
		污秽区清扫	每年两次	
2	镀锌铁塔紧固螺栓		每 5 年一次	新线路投入运行一年后需紧一次
3	混凝土电杆、木电杆各部紧固螺栓		每 5 年一次	新线路投入运行一年后需紧一次
4	铁塔刷油		每 3～5 年一次	根据其表层状况决定
5	木杆杆根防腐刷油		每年一次	
6	金属基础防腐处理			根据检查结果决定
7	杆塔倾斜扶正			根据巡线测量结果决定
8	混凝土杆内排水		每年一次	结冻前进行（不结冻地区不进行）
9	并沟线夹紧固螺栓		每年一次	结合检修进行
10	防护区内砍伐树、竹		每年至少一次	根据巡视结果决定
11	巡线道、桥的修补		每年一次	根据巡视结果决定

二、线路维护工作的主要内容

线路维护是一种较小规模的检修项目，一般是处理和解决一些直接影响线路安全运行的设备缺陷，原则上不包括线路大型检修和线路技术改进工程，只是进行一些小的修理工作，

其目的是保证线路安全运行到下一个检修周期。线路维护工作主要包括以下内容：

（1）清扫绝缘子，提高绝缘水平。

（2）加固杆塔和拉线基础，增加稳定性。

（3）消除杆塔上的鸟巢及其他杂物。

（4）处理个别不合格的接地装置，少量更换绝缘子串或个别零值绝缘子。

（5）混凝土电杆损坏修补和加固，提高电杆强度。

（6）杆塔倾斜和挠曲调整，以防挠曲或倾斜过大造成倒杆断杆。

（7）混凝土电杆铁构件及铁塔刷漆、喷锌处理，以防锈蚀。

（8）金属基础和拉线棒地下部分抽样检查，及时做好锈蚀处理。

（9）导线、避雷线个别点损伤、断股的缠绕、补修工作。

（10）补加杆塔材料和部件，尽快恢复线路原有状态。

（11）做好线路保护区清障工作，确保线路安全运行。

（12）进行运行线路测试（测量）工作，掌握运行线路的情况。

（13）涂写、悬挂杆塔号牌，悬挂警告牌，加装标志牌等。

（14）向沿线群众广泛深入地宣传《中华人民共和国电力法》及《电力设施保护条例》，使其家喻户晓，从而能自觉保护电力线路及设备。

第四节　电力电缆的基本结构和种类

电力电缆是指外包绝缘层的绞合导线，有的还包有金属外皮并加以接地。因为是三相交流输电，必须保证三相送电导体相互间及对地的绝缘，为防止外力损坏还必须有铠装和护套等。

一、电力电缆的基本结构

电力电缆的基本结构由线芯（导体）、绝缘层、屏蔽层和保护层四部分组成。

（1）线芯。线芯是电缆的导电部分，用来输送电能，是电缆的主要部分。目前电力电缆的线芯都采用铜和铝，铜比铝的导电性能好、机械性能高，但铜比铝价格昂贵。电缆的截面采用规范化的方式进行定型生产，我国目前的规格是：10～35kV 电缆的导电部分截面为 35、50、70、95、120、150、185、240、300、400、500、630、800mm^2 等 19 种规格，目前 16～400mm^2 之间的 12 种是常用的规格。110kV 及以上电缆的截面规格为 100、240、400、600、700、845、920mm^2 7 种规格，现已有 1000mm^2 及以上规格。线芯按数目可分为单芯、双芯、三芯和四芯。按截面形状又可分为圆形、半圆形和扇形。根据电缆不同品种与规格，线芯可以制成实体，也可以制成绞合线芯，绞合线芯由圆单线和成型单线绞合而成。

（2）绝缘层。绝缘层是将线芯与大地以及不同相的线芯间在电气上彼此隔离，保证电能输送，是电缆结构中不可缺少的组成部分。绝缘层材料要求选用耐压强度高、介质损耗低、耐电晕性能好、化学性能稳定、耐低温、耐热性能好、机械加工性能好、使用寿命长、价格便宜的材料。

（3）屏蔽层。6kV 及以上的电缆一般都有导体屏蔽层和绝缘屏蔽层。导体屏蔽层的作用是消除导体表面的不光滑（多股导线绞合产生的尖端）而引起导体表面电场强度的增加，使绝缘层和电缆导体有较好的接触。同样，为了使绝缘层和金属护套有较好接触，一般在绝缘层外表

面均包有外屏蔽层。油纸电缆的导体屏蔽材料一般用金属化纸带或半导电纸带。绝缘屏蔽层一般采用半导电纸带。塑料、橡皮绝缘电缆的导体或绝缘屏蔽材料分别为半导电塑料和半导电橡皮。对于无金属护套的塑料、橡胶电缆，在绝缘屏蔽外还包有屏蔽铜带或铜丝。

(4) 保护层。保护层的作用是保护电缆免受外界杂质和水分的侵入，以及防止外力直接损坏电缆。保护层材料的密封性和防腐性必须良好，并且有一定机械强度。

二、常用电力电缆种类及适用范围

按电缆结构和绝缘材料种类的不同进行分类。

1. 不滴漏油浸纸带绝缘型电缆

该电缆三线芯的电场在同一屏蔽层内，电场的叠加使电缆内部的电场分布极不均匀，电缆绝缘层的绝缘性能不能充分利用，因此这种结构的电缆只能用在 10kV 及以下的电压等级，其基本结构如图 14-18 所示。

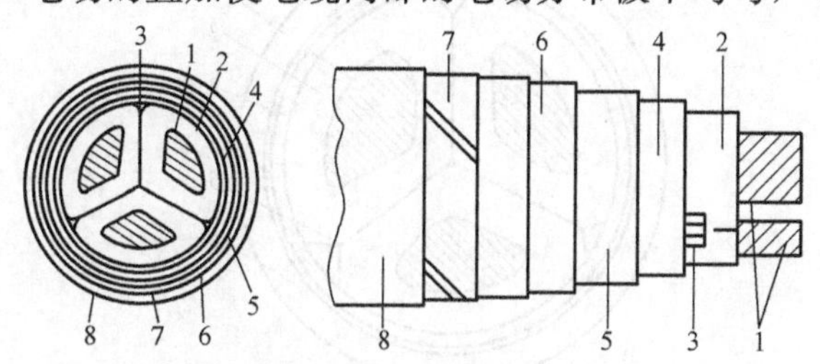

图 14-18 不滴漏油浸纸带绝缘型（统包型）电缆结构图

1—线芯；2—线芯绝缘；3—填料；4—带（统包）绝缘；5—内护套；6—内衬层；7—铠装层；8—外被层（外护套）

2. 不滴漏油浸纸绝缘分相型电缆

该电缆结构上使内部电场分布均匀和气隙减少，绝缘性能比带绝缘型结构好，因此适用于 20～35kV 电压等级，个别可使用在 66kV 电压等级上，其基本结构如图 14-19 所示。

3. 橡塑电缆

(1) 交联聚乙烯绝缘电缆。该电缆允许温升高，允许载流量较大，耐热性能好，适宜于高落差和垂直敷设，介电性能优良；但抗电晕、游离放电性能差。接头工艺虽然严格，但对技工的工艺水平要求不高，因此便于推广，是一种比较理想的电缆，其基本结构如图 14-20 所示。

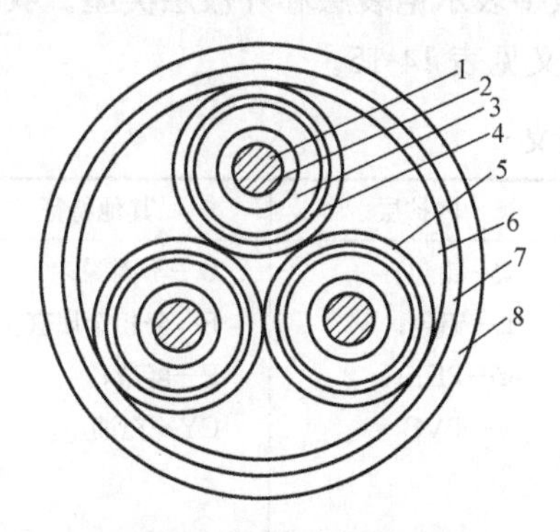

图 14-19 不滴漏油纸绝缘分相型电缆结构图

1—线芯；2—线芯屏蔽；3—线芯纸绝缘；4—绝缘屏蔽；5—铅护套；6—内垫层及填料；7—铠装层；8—外被层（或外护套）

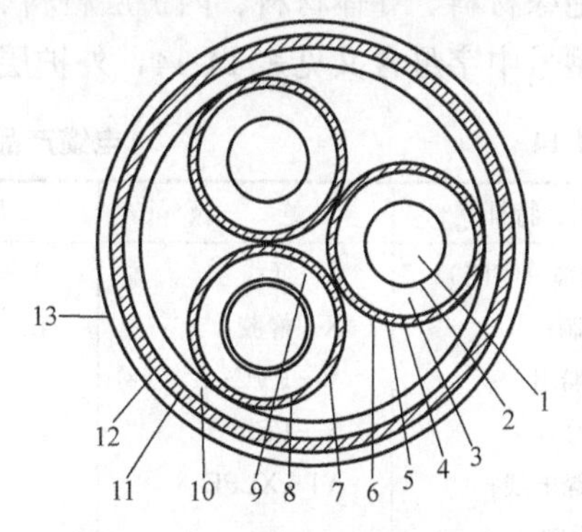

图 14-20 交联聚乙烯绝缘电缆

1—线芯；2—线芯屏蔽；3—交联聚乙烯绝缘；4—绝缘屏蔽；5—保护带；6—铜丝屏蔽；7—螺旋铜带；8—塑料带；9—中心填芯；10—填料；11—内护套；12—铠装层；13—外护层

(2) 聚氯乙烯绝缘电缆。该电缆化学稳定性好，安装工艺简单，材料来源充足，能适应高落差敷设，敷设维护简单方便。但因其绝缘强度低，耐热性能差、介质损耗大，并且在燃烧时会释放氯气，对人体有害和对设备有严重的腐蚀作用，所以一般只在 6kV 及以下电压等级中应用，其基本结构如图 14-21 所示。

(3) 橡胶绝缘电缆。该电缆柔软性好，易弯曲，有较好的耐寒性能、电气性能、机械性能和化学稳定性，对气体、潮气、水的渗透性较好；但耐电晕、臭氧、热、油的性能较差；因此一般只用在 138kV 以下的电力电缆线路中。由于其良好抗水性，因此适宜作海底电缆，由于其良好抗水性和柔软特性，因此更适宜在矿井和船舶上敷设使用，其基本结构如图 14-22 所示。

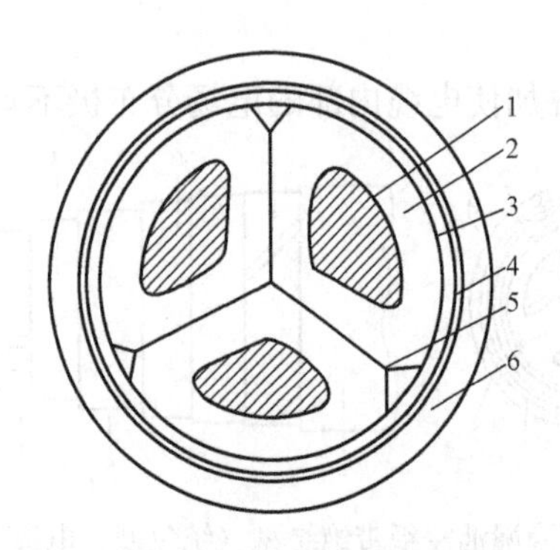

图 14-21 聚氯乙烯绝缘电缆

1—线芯；2—聚氯乙烯绝缘；3—聚氯乙烯内护套；4—铠装层；5—填料；6—聚氯乙烯外护套

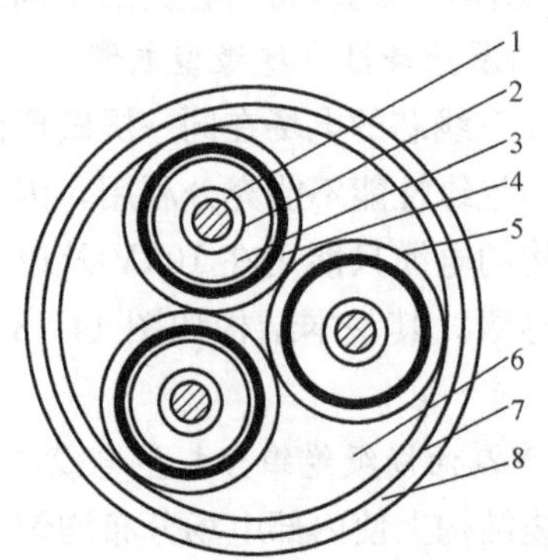

图 14-22 橡胶绝缘电缆

1—线芯；2—线芯屏蔽层；3—橡皮绝缘层；4—半导电屏蔽层；5—铜带屏蔽层；6—填料；7—橡皮布带；8—聚氯乙烯外护层

三、电力电缆型号

1. 型号

我国电缆产品的型号由几个大写的汉语拼音字母和阿拉伯数字组成。用字母表示电缆的类别、绝缘材料、导体材料、内护层材料、特征，用数字表示铠装层和外被层类型。我国电缆产品型号中字母含义见表 14-14，外护层代号数字含义见表 14-15。

表 14-14 电缆产品型号中字母含义

类别、特征	绝　缘	导　体	内护层	其他特征
电力电缆（省略）； K—控制； C——船用； P—信号； B—绝缘电线； ZR—阻燃	Z—纸； X—橡胶； V—PVC； Y—PE； YJ—XLPE	T—铜芯（省略）； L—铝芯	Q—铅包； L—铝包； Y—PE； V—PVC	D—不滴漏； F—分相金属套； P—屏蔽； CY—充油

表 14-15 外护层代号数字含义

代号	加　强　层	铠　装　层	外被层或外护套
0	—	无	—
1	径向铜带	联锁钢带	纤维外被
2	径向不锈钢带	双钢带	聚氯乙烯外护套

续表

代号	加　强　层	铠　装　层	外被层或外护套
3	径、纵向铜带	细圆钢丝	聚乙烯外护套
4	径、纵向不锈钢带	粗圆钢丝	—
5	—	皱纹钢带	—
6	—	双铝带或铝合金带	

注　一般情况下，型号由两位数字组成，顺序为铠装层和外被层。特制外护套由三位数字组成，如充油电缆。

2. 电缆型号规范表示法

一般一条电缆的规格除标明型号外，还应说明电缆的芯数、截面、工作电压和长度，如 ZQ_{22}－3×70－10－300，表示铜芯、纸绝缘、铅包、双钢带铠装、聚氯乙烯外护套、3 芯、截面为 $70mm^2$、电压为 10kV、长度为 300m 的电力电缆。又如 $YJLV_{22}$－3×150－10－400，表示铝芯、交联聚乙烯绝缘、双钢带铠装、聚氯乙烯外护套、3 芯、截面为 $150mm^2$、电压为 10kV、长度为 400m 的电力电缆。

第五节　电力电缆的运行、巡视与检查

一、电力电缆投入运行

(1) 新装电力电缆线路，须经过验收检查合格，并办理验收手续方可投入运行。

(2) 停电超过一个星期但不满一个月的电缆，重新投入运行前，应摇测其绝缘电阻值，与上次试验记录比较（换算到同一温度下）不得降低 30%，否则需做直流耐压试验。而停电超过一个月但不满一年的，则必须作直流耐压试验，试验电压可为预防性试验电压的一半。如油浸纸绝缘电缆，试验电压为电缆额定电压的 2.5 倍，时间为 1min；停电时间超过试验周期的，必须做标准预防性试验。

(3) 重做终端头、中间头和新做中间头的电缆，必须核对相位，摇测绝缘电阻，并做耐压试验，全部合格后，才允许恢复运行。

二、电力电缆线路巡视检查

电力电缆线路投入运行后，经常性的巡视检查是及时发现隐患、组织维修和避免引发事故的有效措施。

(1) 日常巡视检查的周期。有人值班的变（配）电站，每班应检查一次；无人值班的，每周至少检查一次。遇有特殊情况，则根据需要作特殊巡视。

(2) 日常巡视检查内容。

1) 观察电缆线路的电流表，看实际电流是否超出了电缆线路的额定载流量。

2) 电缆终端头的连接点有无过热变色。

3) 油浸纸绝缘电力电缆及终端头有无渗、漏油现象。

4) 并联使用的电缆有无因负荷分配不均匀而导致某根电缆过热。

5) 有无打火、放电声响及异常气味。

6) 终端头接地线有无异常。

(3) 定期检查周期。

1) 敷设在土壤、隧道以及沿桥梁架设的电缆、发电厂、变电站的电缆沟，电缆井电缆架及电缆段等的巡查，每3个月至少一次。

2) 敷设在竖井内的电缆，每半年至少一次。

3) 电缆终端头，根据现场运行情况，每1～3年停电检查一次；室外终端头每月巡视一次，每年2月及11月进行停电清扫检查。

4) 对挖掘暴露的电缆，酌情加强巡视。

5) 雨后，对可能被雨水冲刷的地段，应进行特殊巡视检查。

(4) 定期检查内容。

1) 直埋电缆线路。线路标桩是否完整无缺；路径附近地面有无挖掘；沿路径地面上有无堆放重物、建筑材料及临时建筑，有无腐蚀性物质；室外露出地面电缆的保护设施有无移位、锈蚀，其固定是否可靠；电缆进入建筑物处有无漏水现象。

2) 敷设在沟道、隧道及混凝土管中的电缆线路。沟道的盖板是否完整无缺；人孔及手孔井内积水坑有无积水，墙壁有无裂缝或渗漏水、井盖是否完好；沟内支架是否牢固，有无锈蚀；沟道、隧道中是否有积水或杂物；在管口和挂钩处的电缆铅包有无损坏，衬铅是否失落；电缆沟进出建筑物处有无渗漏水现象；电缆外皮及铠装有无锈蚀、腐蚀、鼠咬现象。

3) 室外电缆终端头。终端头的绝缘套管应完整、清洁、无闪络放电痕迹，附近无鸟巢；连接点接触应良好，无发热现象；绝缘胶有无塌陷、软化和积水；终端头是否漏油、铅包及封铅处有无龟裂；芯线、引线的相间及对地距离是否符合规定，接地线是否完好；相位颜色是否明显，是否与电力系统的相位相符。

三、电力电缆试验

1. 电力电缆试验要求

(1) 新电缆敷设前应做交接试验；安装竣工后和投入运行前也应做交接试验。

(2) 接于电力系统的主进电缆及重要电缆每年应进行一次预防性试验；其他电缆，一般每1～3年试验一次。预防性试验宜在春、秋季土壤中水分饱和时进行。电力电缆直流耐压试验电压标准见表14-16。

表14-16　电力电缆直流耐压试验电压标准　单位：kV

电缆类型	额定电压 U_0/U	直流试验电压
橡塑绝缘电力电缆	3.6/6	18
	6.6，6/10	25
	8.7/10	37
	21/35	63
	26/35	78
	64/110	192
纸绝缘电力电缆	3.6/6	17
	6/6	30
	8.7/10	47
	21/35	105
	26/35	130

注　U_0 为电缆导体与金属或金属屏幕之间的设计电压，U 为导体与导体之间的设计电压。

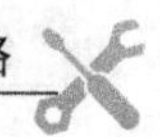

2. 电缆直流耐压及泄漏电流试验时的注意事项

(1) 试验前先对电缆验电，并接地充分放电；将电缆两端所连接设备断开，试验时不附带其他设备；将两端电缆头绝缘表面擦干净，减少表面泄漏电流引起的误差，必要时可在电缆头相间加设绝缘挡板。

(2) 试验场地设好遮拦，在电缆的另一端挂好警告牌并派专人看守以防外人靠近，检查接地线是否接地、放电棒是否接好。

(3) 加压时，应分段逐渐提高电压，分别在 0.25、0.5、0.75、1.0 倍试验电压下停留 1min 读取泄漏电流值；最后在试验电压下按规定的时间进行耐压试验，并在耐压试验终了前，再读取耐压后的泄漏电流值。

(4) 根据电缆类型不同，微安表有不同的接线方式，一般都采取微安表接在高压侧，高压引线及微安表加屏蔽。对于带有铜丝网屏蔽层且对地绝缘的电力电缆，也可将微安表串接在被试电缆的地线回路，在微安表两端并联一放电开关，测量时将开关拉开，测量后放电前将开关合上，避免放电电流冲击损坏微安表。

(5) 在高压侧直接测量电压。因为采用半波整流或倍压整流时，如采取在低压侧测量电压换算至高压侧电压的方法，由于电压波形和变比误差以及杂散电流的影响，可能会使高压试验电压幅值产生较大的误差，故应在高压侧直接测量电压。

(6) 每次耐压试验完毕，应先降压，切断电源。切断电源后必须对被试电缆用每千伏约 80kΩ 的限流电阻对地放电数次，然后再直接对地放电，放电时间应不少于 5min。

3. 试验结果的分析判断

(1) 耐压 5min 时的泄漏电流值不应大于耐压 1min 时的泄漏电流值。

(2) 按不平衡系数分析判断，泄漏电流的不平衡系数等于最大泄漏电流值与最小泄漏电流值之比。除塑料电缆外，不平衡系数应不大于 2。对于 8.7/10kV 电缆，最大一相泄漏电流小于 20μA；6/6kV 及以下电缆，小于 10μA，不平衡系数不作规定。

(3) 泄漏电流应稳定。若试验电压稳定，而泄漏电流呈周期性的摆动，则说明被试电缆存在局部孔隙性缺陷。在一定的电压作用下，间隙被击穿，泄漏电流便会突然增加。电压下降，孔隙又恢复绝缘，泄漏电流又减小；电缆电容再次充电，充电到一定程度，孔隙又被击穿，电压又上升，泄漏电流又突然增加，而电压又下降。上述过程不断重复，造成可观察到的泄漏电流周期性摆动的现象。

(4) 泄漏电流随耐压时间延长不应有明显上升。如发现随时间延长，泄漏电流明显上升，则多为电缆接头、终端头或电缆内部受潮。

(5) 泄漏电流突然变化。泄漏电流随时间增长或随试验电压不成比例急剧上升，则说明电缆内部存在隐患，应尽可能找出原因，加以消除。必要时，可视具体情况酌量提高试验电压或延长耐压持续时间使缺陷充分暴露。

(6) 电缆的泄漏电流只作为判断绝缘情况的参考，作为决定是否能投入运行的标准。当发现耐压试验合格而泄漏电流异常的电缆，应在运行中缩短试验周期来加强监督，或采用传感器监视被怀疑电缆地线回路中的电流来预防电缆事故。当发现泄漏电流或地线回路中的电流随时间延长而增加时，该电缆应停止运行。若经较长时间多次试验与监视，泄漏电流趋于稳定，则该电缆也可允许继续使用。

第六节　电力电缆线路常见故障及检修

一、运行中的电力电缆线路常见的故障及处理办法

1. 运行故障

运行故障是指电缆在运行中，因绝缘击穿或导体损坏而引起保护器动作突然停止供电的事故，或因绝缘击穿发生单相接地，虽未造成突然停止供电但又需要退出运行的故障。常见的运行故障如下：

(1) 电缆线路单相接地（未跳闸）。一般来说，发生此类故障的电缆导体的损伤只是局部的。如果是属于机构损伤，而故障点附近的土壤又较干燥时，一般可进行局部修理，加添一个假接头，即不将电缆芯线锯断，仅将故障点绝缘加强后密封即可。

(2) 电缆线路其他接地或短路故障。发生此类故障的电缆导体和绝缘的损伤一般较大，已不能做局部修理这时必须将故障点和已受潮的电缆全部锯除，换上同规格的电缆，安装新的电缆接头或终端。

(3) 电缆终端故障。电缆终端一般留有余线，因此发生故障后一般应进行彻底修复。为了消除潮气，应将电缆锯除一段后重新制作终端。

2. 试验故障

试验故障是指在预防性试验中绝缘击穿或绝缘不良而必须进行检修才能恢复供电的故障。常见的电缆试验故障如下：

(1) 油纸绝缘电缆的接头在预防性试验中被击穿。由于接头在运行中其绝缘强度逐渐降低，而在预防性试验中施加的电压又较高，所以常发生这类故障。对这类故障的处理方法是将接头拆开，在消除故障点后重新接复，这种方法比锯除故障头后将电缆重接的办法要经济得多。

(2) 环氧树脂电缆接头在预防性试验中被击穿。对这类故障的处理方法是，先找出击穿点部位，将击穿点外面的环氧树脂用铁凿凿去，消除故障点后加包堵油层，然后再重新局部浇注环氧树脂。

(3) 户内终端在预防性试验中被击穿。对这类故障的处理方法是将故障相进行拆接，局部修理。

(4) 护层故障。对护层有绝缘要求的电缆线路，在测得准确的护层故障位置后，可用与护层相同材料的补丁块以塑料焊枪热风吹焊或用自黏胶带紧包扎。损坏较多的护层可套上热缩卷包管卷包后，加热收缩。修补后的护层再做护层直流耐压试验或绝缘电阻测量。

二、电力电缆线路常见故障的原因及防范措施

(1) 外力损伤。在电缆的保管、运输、敷设和运行过程中都可能遭受外力损伤，特别是已运行的直埋电缆，在其他工程的地面施工中易遭损伤。这类事故往往占电缆事故的50%。为避免这类事故，除加强电缆保管、运输、敷设等各环节的工作质量外，更重要的是严格执行动土制度。

(2) 保护层腐蚀。地下杂散电流的电化腐蚀或非中性土壤的化学腐蚀使保护层失效，失去对绝缘的保护作用。解决办法是：在杂散电流密集区安装排流设备；当电缆线路上的局部

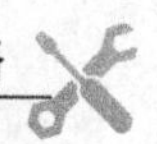

土壤含有损害电缆铅包的化学物质时，应将这段电缆装于管内，并用中性土壤作电缆的衬垫并覆盖，还要在电缆上涂以沥青。

（3）铅包疲劳、龟裂、胀裂。造成此原因是该电缆品质不良。这可以通过加强敷设前对电缆的检查；如电缆安装质量或环境条件很差，安装时局部电缆受到多次弯曲，弯曲半径过小，终端头、中间头发热导致附近电缆段过热，周围电缆密集不易散热等，这要通过抓好施工质量得以解决。

（4）过电压、过负荷运行。电缆电压选择不当、在运行中突然有高压窜入或长期超负荷，都可能使电缆绝缘强度遭破坏，将电缆击穿。这需通过加强巡视检查、改善运行条件来及时解决。

（5）户外终端头浸水爆炸。因施工不良，绝缘胶未灌满，致终端头浸水，最终发生爆炸。因此要严格执行施工工艺规程，认真验收，加强检查和及时维修。对已爆炸的终端头要截去重做。

（6）户内终端头漏油。终端头漏油，破坏了密封结构，使电缆端部浸渍剂流失干枯，热阻增加，绝缘加速老化，易吸收潮气，造成热击穿。发现终端头渗油时应加强巡视，严重时应停电重做。

思　考　题

1. 架空电力线路主要由什么组成？各部件起什么作用？
2. 架空电力线路的杆塔按其作用可分为哪几类？其中耐张杆塔有何作用？
3. 架空电力线路对基础有哪些要求？直线杆的埋设深度应满足什么要求？
4. 架空电力线路的绝缘子起什么作用？对它的要求是什么？
5. 铁横担规格及其安装要求是什么？
6. 架空电力线路导线截面选择应符合哪些要求？允许电压损失有何规定？
7. 什么叫弧垂？它的大小与哪些因素有关？线路施工紧线对弧垂有何要求？线路运行中对弧垂有何要求？
8. 运行的架空电力线路对杆塔有哪些要求？
9. 架空电力线路的巡视可分为哪几种？维护工作的内容包括哪些？
10. 架空电力线路维护工作的主要内容有哪些？
11. 电力电缆线路的优点是什么？
12. 电力电缆与架空电力线路比较有哪些优缺点？
13. 电力电缆的基本结构是什么？
14. 电力电缆线路的日常巡视检查及定期检查内容各有哪些？
15. 电力电缆常见故障有哪些？

第十五章　低压电器及成套装置

低压电器通常指工作在交流 1200V、直流 1500V 及以下电路中起控制、保护、调节、转换和通断作用的电器。低压电器广泛用于输配电系统和电力拖动系统中，在工农业生产、交通运输和国防工业中起着十分重要的作用。

本章主要介绍常用低压电器的用途、结构、原理以及选择、安装、使用、维护和检修等基本知识。此外，本章还介绍了电光源的种类、特性以及电气照明、照明施工的基础知识。

第一节　低压电器概述

一、低压电器的分类

1. 按用途和控制对象不同分类

(1) 低压配电电器。低压配电电器包括隔离开关、组合开关、熔断器、断路器等，主要用于低压配电系统及动力设备中接通与分断。

(2) 低压控制电器。低压控制电器包括接触器、起动器和各种控制继电器等，用于电力拖动与自动控制系统中。

2. 按动作方式不同分类

(1) 自动切换电器。自动切换电器是依靠电器本身参数的变化或外来信号的作用，自动完成电路的接通或分断等操作，如接触器、继电器等。

(2) 非自动切换电器。非自动切换电器依靠外力（如人力）直接操作来完成电路的接通、分断、起动、反转和停止等操作，如隔离开关、转换开关和按钮等。

二、低压电器型号及含义

低压电器的型号及含义如图 15-1 所示。

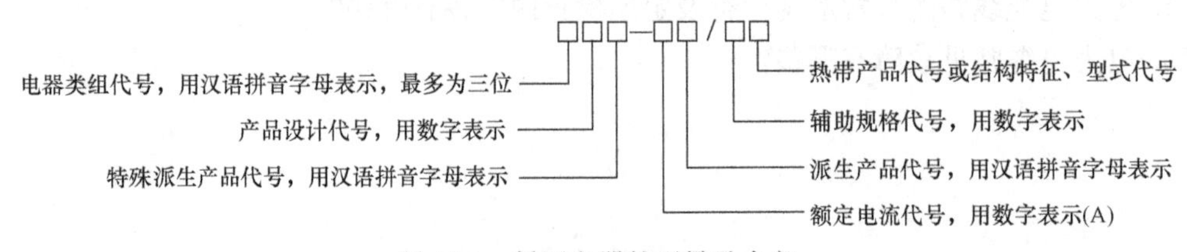

图 15-1　低压电器的型号及含义

三、低压电器的主要技术指标

1. 额定电压

额定电压分为额定工作电压和额定绝缘电压。额定工作电压指电器长期工作承受的最高电压。在任何情况下，最大额定工作电压不应超过额定绝缘电压。额定绝缘电压是电器承受的最大额定工作电压。

2. 额定电流

额定电流是指在规定的环境温度下，允许长期通过电器的最大工作电流。此时电器的绝缘和载流部分长期发热温度不超过规定的允许值。

3. 额定频率

国家标准规定的交流额定频率为50Hz。

4. 额定接通和分断能力

在规定的接通或分断条件下，电器能可靠接通或分断的电流值。

5. 额定工作制

正常条件下额定工作制分为8h工作制、不间断工作制、断续周期工作制或断续工作制、短时工作制。

6. 使用类别

根据操作负载的性质和操作的频繁程度将低压电器分为A类和B类。A类为正常使用的低压电器；B类则为操作次数不多的，如只用作隔离开关使用的低压电器。

四、开关电器中的电弧

1. 开关电弧的危害

电路的接通和开断是靠开关电器实现的，开关电器是用触点来分断电路的，只要触点间的电压达10～20V、电流达80～100mA，在分断时就会在触头间产生电弧，此时电路中继续有电流流过，直到电弧熄灭，触点间隙成为绝缘介质后，电路才被开断。

开关电器中的电弧如果不能及时熄灭，将产生严重的后果。首先，电弧的存在使电路不能断开，开关电器不能开断电路；其次，电弧的高温可能会烧坏触点或触点周围的其他部件，造成设备损坏。如果电弧长时间不能熄灭，将使触点周围的空气迅速膨胀形成巨大的爆炸力，会烧毁开关电器并严重影响周围设备的安全运行。

2. 开关电器电弧的产生和熄灭

开关电器开断电路时，在动、静触点刚分离的瞬间，触点间隙距离很小，触点间的电场强度很高。当电场强度达到一定值时，触点间因强电场发射而产生热电子发射，温度升高，在外加电压的作用下，触点间介质被击穿，形成电弧。虽然开关触点距离逐渐拉开，但由于两触点之间绝缘能力降低，只要两触点之间存在一定的电压就可以使电弧继续存在，致使开关不能切断电路。

要使开关断开电路，就必须使电弧熄灭。目前主要采取的办法有：①将电弧拉长，使电源电压不足以维持电弧燃烧，从而使电弧熄灭，断开电路；②有足够的冷却表面，使电弧与整个冷却表面接触而迅速冷却；③限制电弧火花喷出的距离，防止造成相间飞弧。

低压开关广泛采用狭缝灭弧装置，它一般由采用绝缘及耐热的材料制成的灭弧罩和磁吹装置组成。触头间产生电弧以后，磁吹装置产生的电磁力，将电弧拉入由灭弧片组成的狭缝中，使电弧拉长和利用自然产生的气体吹弧，将电弧分割为短弧，可有利于电弧的快速熄灭，保证开关电器有效地断开。对额定电流较大的开关电器，也采用灭弧罩加磁吹线圈的结构，利用磁场力拉长电弧，增强了灭弧效果，提高了分断能力。

第二节　低压配电电器

本节主要介绍低压电器中隔离开关、组合开关、熔断器、断路器、剩余电流动作保护器的结构、工作原理及使用和维护方法。

一、低压隔离开关

电气设备维护检修时，需要切断电源，使之与带电部分隔离，并保持足够的安全距离。低压隔离开关的主要用途是隔离电源，保证检修人员的人身安全。低压隔离开关可分为不带熔断器式和带熔断器式两大类。不带熔断器式开关属于无载通断电器，只能接通或开断“可忽略的”电流，起隔离电源作用；带熔断器式开关具有短路保护作用。隔离开关和熔断器串联组合成一个单元时，称为隔离开关熔断器组。隔离开关的可动部分由带熔体的载熔件组合时，称为熔断器式隔离开关。隔离开关和熔断器组合并加装部分辅助元件和操作杠杆、弹簧、弧刀等，可组成负荷开关。负荷开关具有在非故障情况下接通或开断负荷电流的能力，并具有一定的短路保护作用。常见的低压隔离开关有：HD、HS 系列隔离开关，HR 系列熔断器式隔离开关，HG 系列熔断器式隔离器，HK 系列开启式负荷开关等。

1. HD、HS 系列隔离开关

HD、HS 隔离开关适用于交流 50Hz、额定电压 380V、直流 440V，额定电流可达 1500A 的成套配电装置中，作为不频繁地手动接通和分断交、直流电路或作隔离开关用。其中：HD11、HS11 系列中央手柄式的单投和双投隔离开关，正面手柄操作，主要作为隔离开关使用；HD12、HS12 系列侧面操作手柄式隔离开关，主要用于动力箱中；HD13、HS13 系列中央正面杠杆操动机构隔离开关主要用于正面操作、后面维修的开关柜中，操动机构装在正前方；HD14 系列侧方正面操作机械式隔离开关主要用于正面两侧操作、前面维修的开关柜中，操动机构可以在柜的两侧安装；装有灭弧室的隔离开关可以切断小负荷电流，其他系列隔离开关只作隔离开关使用。

(1) 选用。根据隔离开关的使用场所，只作隔离电源的开关可选用不带灭弧罩，而用于不频繁动作的隔离开关，则要选用带灭弧罩的。开关的额定电流应大于或等于总负荷电流，同时还应考虑不同用途时起动电流的影响。

(2) 安装及使用注意事项如下：

1) 隔离开关的刀片应垂直安装，只作隔离电源用时，允许水平配置。

2) 双投开关在分闸位置时，应将刀片可靠地固定，不能使刀片有自行合闸的可能。

3) 动触头与静触头间应有足够大的接触压力，以免过热损坏。

4) 合闸操作时，各刀片应同时顺利地投入固定触头的钳口，不应有卡阻现象。

5) 隔离开关的底板绝缘良好，隔离开关的接线端子应接触良好。

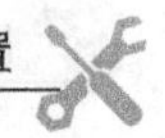

6）带有快分触头的隔离开关，各相的分闸动作应迅速一致。

7）隔离开关垂直安装时，手柄向上时为合闸状态，向下时为分闸状态。其操作应灵活、可靠。

2. HR 系列熔断器式隔离开关

HR 系列熔断器式隔离开关是用熔断体或带有熔断体的载熔件作为动触点的一种隔离开关。它常以侧面手柄式操动机构来传动，熔断器装于隔离开关的动触片中间，其结构紧凑。正常情况下，电路的接通、分断由隔离开关完成；故障情况下，由熔断器分断电路。熔断器式隔离开关适用于工业企业配电网中不频繁操作的场所，作为电气设备及线路的过负载及短路保护用。

（1）HR 系列熔断器式隔离开关的型号及含义如图 15-2 所示。

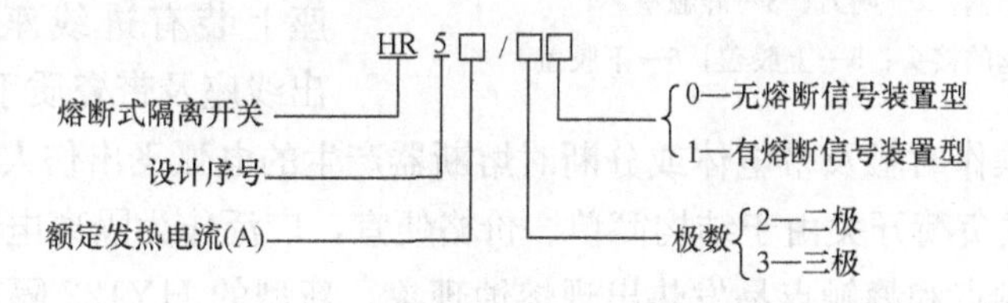

图 15-2　HR 系列熔断器式隔离开关型号及含义

（2）结构特点。熔断器式隔离开关有 HR3、HR5、HR6、HR17 系列等。HR3 系列熔断器式隔离开关是由 RTO 有填料熔断器和隔离开关组成的组合电器，具有 RTO 有填料熔断器和隔离开关的基本性能。当线路正常工作时，接通和切断电源由隔离开关来担任；当线路发生过载或短路故障时，熔断器式隔离开关的熔体烧断，及时切断故障电路。前面操作前检修的熔断器式隔离开关，中央有供检修和更熔断器的门，主要供 BDL 配电屏上安装。侧面操作前检修的熔断器式隔离开关可以制成封闭的动力配电箱。熔断器式隔离开关的熔断器固定在带有弹簧锁板的绝缘横梁上。正常运行时，保证熔断器不动作。当熔体因线路故障而熔断后，只需要按下锁板即可更换熔断器。

额定电流 600A 及以下的熔断器式隔离开关带有安全挡板，并有灭弧室。灭弧室是酚醛布板和钢板冲件铆合而成的。

（3）选用及安装。HR 系列熔断器式隔离开关的选用和安装与 HD、HS 隔离开关相同。

3. HG 系列熔断器式隔离器

熔断器式隔离器用熔断体或带有熔断体的载熔件作为动触点的一种隔离器。HG1 系列熔断器式隔离器用于交流 50Hz、额定电压 380V、具有高短路电流的配电回路和电动机回路中，作为电路保护之用。

隔离器由底座、手柄和熔断体支架组成，并选用高分断能力的圆筒帽型熔断体。操作手柄能使熔断体支架在底座内上下滑动，从而分合电路。隔离器的辅助触点先于主触点断开，后于主电路而接通，这样只要把辅助触点串联在线路接触器的控制回路中，就能保证隔离器无载接通和断开电路。如果不与接触器配合使用，就必须在无载状态下操作隔离器。

当隔离器使用带撞击器的熔断体时，任一极熔断器熔断后，撞击器弹出，通过横杆触动装在底板上的微动开关，使微动开关发出信号或切断接触器的控制回路，这样就能防止电动机单相运行。

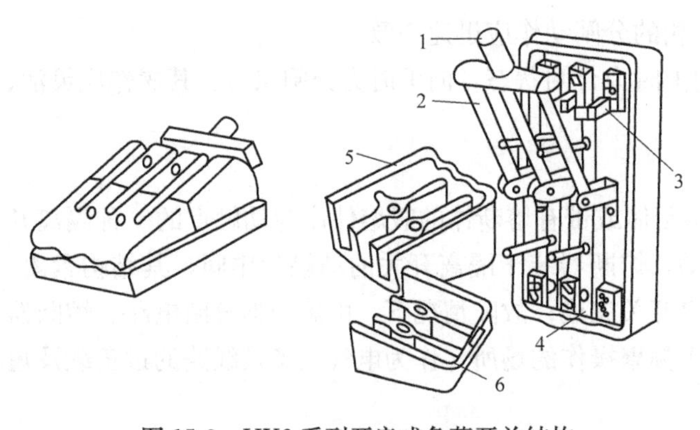

图 15-3　HK2 系列开启式负荷开关结构

1—手柄；2—闸刀；3—静触座

4—安装熔丝的接头；5—上胶盖；6—下胶盖

4. HK 系列开启式负荷开关

(1) 用途及结构。开启式负荷开关是隔离开关的一极或多极与熔断器串联构成的组合电器，结构如图 15-3 所示。它广泛用于照明、电热设备及小容量电动机的控制线路中，手动不频繁地接通和分断电路的场所，与熔断体配合起短路保护的作用。HK2 系列开启式负荷开关由隔离开关和熔体组合而成，瓷底座上装有进线座、静触点、熔体、出线座及带瓷质手柄的刀片动触点，上面装有胶盖以防操作时触及带电体或分断时熔断器产生的电弧飞出伤人。

HK 系列开启式负荷开关由于结构简单、价格便宜，广泛作为隔离电器使用。但由于这种开关体积大、动触点和静触点易发热出现熔蚀现象，新型的 HY122 隔离开关正逐步取代 HK 系列开启式负荷开关。

HY122 隔离开关与 HK 系列开启式负荷开关相比较具有如下优点：

1) HY122 隔离开关的动触点和出线端子的连接采用焊接，而开启式负荷开关采用铆钉铰接。HY122 隔离开关的动触点和出线端子间用软铜线焊接，接触良好，连接点不会出现过热现象。

2) HY122 隔离开关的静触点采用硬铜制成，用弹簧箍住，以保证开关的动、静触点接触压力，减少接触电阻。开启式负荷开关的静触点采用弹性铜制成，开始使用时接触良好。但使用一段时间后，弹性逐渐消失，触点接触电阻增大，易发热出现熔蚀现象。

3) HY122 隔离开关有明显的断口。隔离开关分闸后，将印有“禁止合闸”字样的绝缘销插入刀座内，不易发生误合闸。

4) HY122 隔离开关是一种数模化电器，使用、维修方便。

(2) 型号及含义如图 15-4 所示。

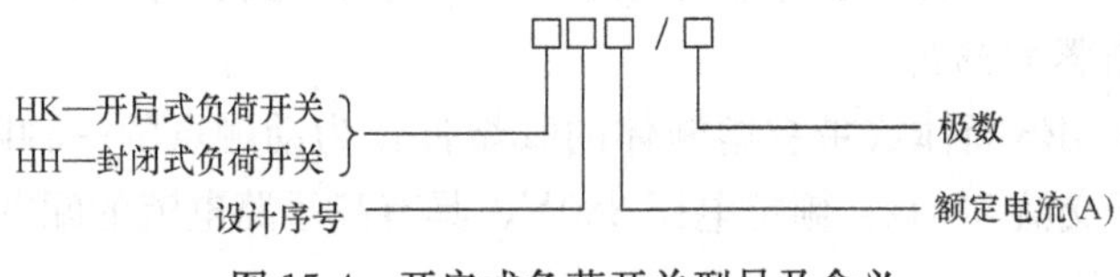

图 15-4　开启式负荷开关型号及含义

(3) 选用。开启式负荷开关结构简单、价格便宜，在一般的照明电路和功率小于 5.5kW 的电动机控制线路中广泛采用，由于没有专门的灭弧装置，其动触头和静触头易被电弧灼伤而引起接触不良，故不宜用于操作频繁的电路。

1) 用于照明和电热负载时，负荷开关的额定电流应不小于电路所有负载额定电流的总和。

2) 用于电动机负载时，负荷开关的额定电流应不小于电动机额定电流的 3 倍。

(4) 安装。

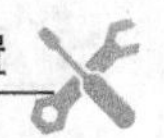

1）开启式负荷开关必须垂直安装，且合闸操作时，手柄的操作方向应从下向上；分闸操作时，手柄操作方向应从上向下。

2）接线时，电源进线应接在开关上部的进线端上，用电设备应接在开关下部熔体的出线端上。这样开关断开后，闸刀和熔体上都不带电。

3）开关用作电动机控制开关时，应将开关的熔体部分用导线直连，并在出线端另加装熔断器作短路保护。

4）安装后应检查闸刀和静插座的接触是否良好，合闸位置时闸刀和静插座是否成直线。

5）更换熔体时，必须在闸刀断开的情况下按原规格更换。

二、低压组合开关

组合开关又称转换开关，一般用于交流380V、直流220V以下的电气线路中，供手动不频繁地接通与分断电路以小容量感应电动机的正反转和星—三角降压起动的控制。它具有体积小、触头数量多、接线方式灵活、操作方便等特点。

1. 结构特点

HZ系列组合开关有HZ1、HZ2、HZ3、HZ4、HZ5以及HZ10等系列产品，常用的HZ10系列组合开关的结构如图15-5所示。开关的动、静触点都安放在数层胶木绝缘座内，胶木绝缘座可以一个接一个地组装起来，多达六层。动触点由两片铜片与具有良好的灭弧性能的绝缘纸板铆合而成，其结构有90°与180°两种。动触点连同与它铆合一起的隔弧板套在绝缘方轴上，两个静触点则分置在胶木座的边沿的两个凹槽内。动触点分断时，静触点一端插在隔弧板内；当接通时，静触点一端则夹在动触点的两片铜片当中，另一端伸出绝缘座外边以便接线。当绝缘方轴转过90°时，触点便接通或分断一次。而触点分断时产生的电弧，则在隔板中熄灭。由于组合开关操动机构采用扭簧储能机构，使开关快速动作，且不受操作速度的影响。组合开关按不同形式配置动触点与静触点，以及绝缘座堆叠层数不同，可组合成几十种接线方式。

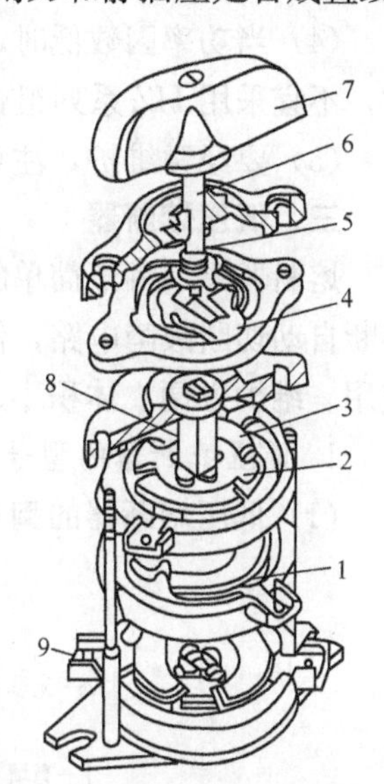

图15-5　HZ10系列组合开关结构

1—静触点；2—动触点；3—绝缘垫板；4—凸轮；5—弹簧；6—转轴；7—手柄；8—绝缘杆；9—接线柱

2. 型号及含义

HZ系列组合开关的型号及含义如图15-6所示。

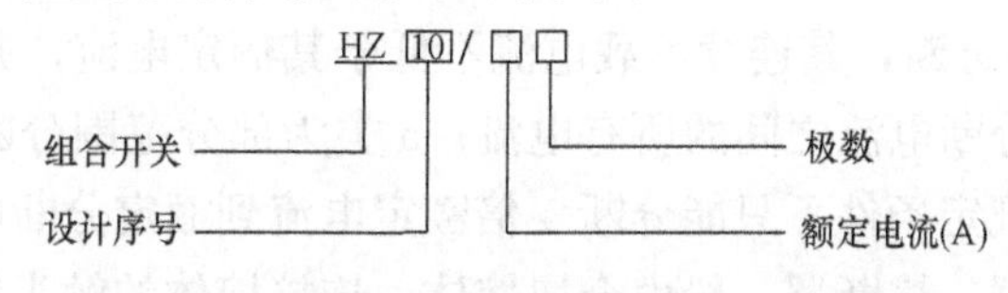

图15-6　HZ系列组合开关的型号及含义

3. 选用

组合开关应根据电源种类、电压等级、极数及负载的容量选用。用于直接控制电动机时，开关额定电流应不小于电动机额定电流的1.5～2.5倍。

4. 安装及使用注意事项

(1) 安装时使手柄保持水平旋转位置为宜；HZ10 组合开关应安装在控制箱内，其操作手柄最好伸出在控制箱的前面或侧面，开关为断开状态时，应使手柄在水平旋转位置。HZ3 系列组合开关的外壳必须可靠接地。

(2) 组合开关的操作不要过于频繁。每小时应少于 300 次，否则会缩短组合开关的寿命。

(3) 不允许接通或开断故障电流。用作电动机控制时，必须在电动机完全停转后，才允许反向接通。组合开关的接线方向很多，要注意规格性能，如是否带保护功能等。

(4) 当功率因数低时，组合开关要降低容量运行，否则会影响寿命。功率因数小于 0.5 时，不宜采用 HZ 系列组合开关。

(5) 要经常维护，注意清除开关内的尘埃、油垢，始终保持三相动静触点接触良好。

三、低压熔断器

熔断器是一种最简单的保护电器，它串联于电路中，当电路发生短路或过负荷时，熔体熔断自动切断故障电路，使其他电气设备免遭损坏。低压熔断器具有结构简单、价格便宜、使用、维护方便、体积小、重量轻等优点，因而得到广泛应用。

1. 低压熔断器的型号、种类及结构

(1) 低压熔断器的型号及含义如图 15-7 所示。

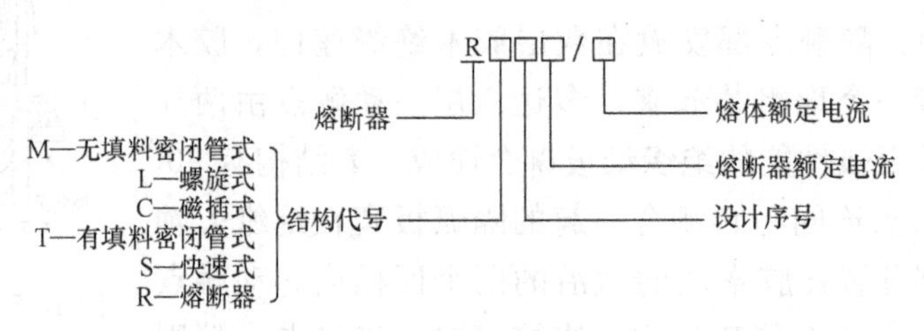

图 15-7　低压熔断器的型号及含义

(2) 低压熔断器的使用类别及分类。低压熔断器按结构形式不同，可分为专职人员使用和非熟练人员使用两大类。专职人员使用的熔断器多采用开启式结构，如触刀式熔断器、螺栓连接熔断器、圆筒帽熔断器等；非熟练人员使用的熔断器安全要求比较严格，其结构多采用封闭式或半封闭式，如螺旋式、圆管式、瓷插式等。专职人员使用的熔断器按用途不同可分为一般工业用熔断器、半导体保护用熔断器和自复式熔断器等。

按使用类别不同，熔断器可分为 G 型和 M 型。G 型为一般用途熔断器，可用于保护包括电缆在内的各种负载；M 型为电动机保护用熔断器。熔断器按工作类型不同，可分为 g 类和 a 类。g 类为全范围分断，其连续承载电流不低于其额定电流，并能在规定条件下分断从最小熔化电流到额定分断电流之间的所有电流；a 类为部分范围分断，其连续承载电流不低于其额定电流，但在规定条件下只能分断 4 倍额定电流到额定分断电流之间的所有电流。

(3) 常用低压熔断器。熔断器一般由金属熔体、连接熔体的触头装置和外壳组成。常用低压熔断器外形如图 15-8 所示。低压熔断器的产品系列、种类很多，常用的产品系列有 RL 系列螺旋管式熔断器，RM 系列无填料封闭管式熔断器，RT 系列有填料密封管式熔断器，NT (RT) 系列高分断能力熔断器，RLS、RST、RS 系列半导体保护用快速熔断器，HG 系列熔断器式隔离器，RC1A 瓷插式熔断器等。

1）螺旋管式熔断器。RL 系列螺旋管式熔断器是一种有填料封闭管式熔断器，一般用于配电线路中作为过负荷和短路保护。由于它具有较大的热惯性和较小的安装面积，故常用于机床控制线路中，作为电动机的保护。常用的产品系列有 RL5、RL6 等。

2）无填料封闭管式熔断器。RM10 系列无填料封闭管式熔断器主要由熔管、熔体、夹头皮夹座等部分组成。该熔断器具有如下特点：一是采用钢纸管作熔管，当熔体熔断时，钢纸管内壁在电弧热量的作用下产生高压气体，使电弧迅速熄灭；二是采用变截面锌片作熔体，当电路发生故障时，锌片几处狭窄部位同时熔断，形成大空隙，使电弧更容易熄灭。RM 系列无填料封闭式熔断器主要用于交流 500V、直流 440V 及以下配电线路和成套配电装置中。其熔管由绝缘耐温纸等材料压制而成，熔体多数采用铅、铅锡、锌、铝金属材料。

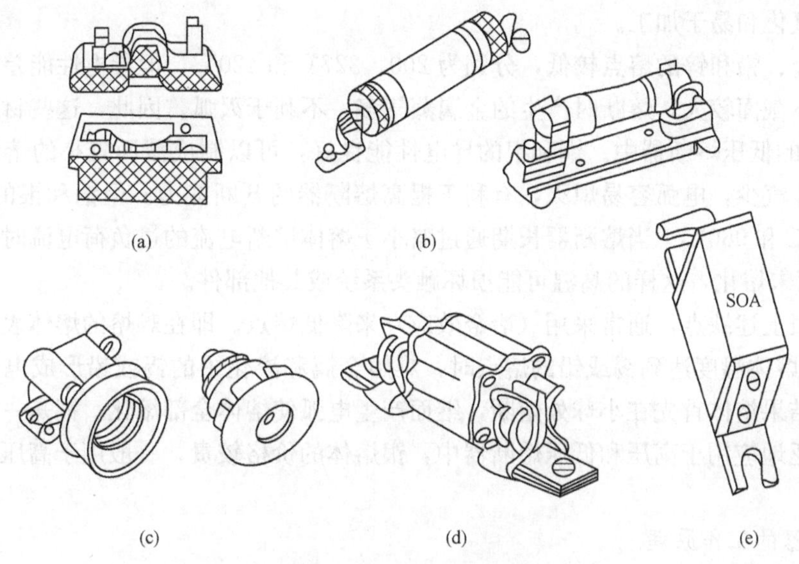

图 15-8 常用低压熔断器

(a) RC1A 瓷插式熔断器；(b) RM10 无填料封闭管式熔断器；(c) RL6 螺旋式熔断器；

(d) RTO 有填料封闭管式熔断器；(e) RS3 快速熔断器

3）有填料封闭管式熔断器。RT 系列有填料封闭管式熔断器又称石英砂熔断器。熔管为绝缘瓷制成，内填石英砂，以加速灭弧。熔体采用紫铜片，冲压成网状多根并联形式，上面熔焊锡桥。当被保护电路发生过载或短路时，熔体被熔化，熔断点电弧将熔体全部溶化并喷溅到石英砂缝隙中，由于石英砂的冷却与复合作用使电弧迅速熄灭。该熔断器的灭弧能力强，且具有限流作用，使用十分广泛。常用的产品系列有 RTO（NATO）、RT6、RT18、RT19 等。

4）半导体器件保护熔断器。半导体器件保护熔断器是一种快速熔断器，广泛用于半导体功率元件的过电流保护。由于半导体元件承受过电流能力很差，只允许在较短时间内承受一定的过负荷电流，因此要求短路保护元件应具有快速动作的特征。快速熔断器能满足这一要求，且结构简单、使用方便、动作灵敏可靠，因此得到广泛使用。常用的产品系列有 RLS、RST、RS3、NGT 等。

5）自复式熔断器。常用熔断器熔体一旦熔断，必须更换新的熔体，而自复式熔断器可重复使用一定次数。自复式熔断器的熔体采用非线性电阻元件制成，在较大短路电流产生的高温下，熔体气化，阻值剧增，即瞬间呈现高阻状态，从而将故障电流限制在较小的范围内。

6）RC1A 瓷插式熔断器。RC1A 瓷插式熔断器由底座、瓷盖、动、静触点及熔丝五部分组成，它是在 RC1 系列基础上改进设计的，可取代 RC1 系列老产品。RC1A 瓷插式熔断器主要用于交流 380V 及以下、电流不大于 200A 的低压电路中起过载和短路保护作用。熔断器用瓷质制成，插座与熔管合为一体，结构简单，拆装方便。RC1A 瓷插式熔断器额定电流为 5～200A，但极限分断能力较差，由于该熔断器为半封闭结构，熔丝熔断时有声光现象，对易燃易爆的工作场合应禁止使用。

（4）熔体材料及特性。熔体是熔断器的核心部件，一般由铅、铅锡合金、锌、铝、铜等金属材料制成。由于熔断器是利用熔体熔化切断电路，因此要求熔体的材料熔点低、导电性能好、不易氧化和易于加工。

铅锡合金、铅和锌的熔点较低，分别为 200、327℃和 420℃，但导电性能差，用这些材料制成的熔体截面较大，熔断时产生的金属蒸气多，不利于灭弧。因此，这些材料主要用于 500V 及以下的低压熔断器中。铜和银的导电性能良好，可以制成截面较小的熔体，熔断时产生的金属蒸气少，电弧容易熄灭，有利于提高熔断器的开断能力。但铜和银的熔点较高，分别为 1080℃和 960℃。当熔断器长期通过略小于熔体熔断电流的过负荷电流时，熔体发热高达 900℃而未熔化，这样的高温可能损坏触头系统或其他部件。

为了克服上述缺点，通常采用（冶金效应）来降低熔点。即在难熔的熔体表面焊上小锡（铅）球，当熔体温度达到锡或铅的熔点时，难熔金属和溶化了的锡或铅形成电阻大、熔点低的合金，结果熔体首先在小球处熔断，继而产生电弧使熔体全部熔化。铜是一种理想的熔体材料，广泛地应用于高压和低压熔断器中，银熔体的价格较贵，一般用于高压小电流的熔断器中。

2. 熔断器的工作原理

当电路正常运行时，流过熔断器的电流小于熔体的额定电流，熔体正常发热温度不会使熔体熔断，熔断器长期可靠运行；当电路过负荷或短路时，流过熔断器的电流大于熔体的额定电流，熔体熔化切断电路。熔体熔化时间的长短，取决于所通过电流的大小和熔体熔点的高低。当熔体通过很大的短路电流时，熔体将爆熔化并气化，电路迅速切断；当熔体通过过负荷电流时，熔体的温度上升较慢，溶化时间较长。熔体的熔点越高，熔体熔化就越慢，熔断时间就越长。

熔断器常用灭弧方法有以下两种：

（1）在熔断器内装设特殊的灭弧介质，如产气纤维管、石英砂等，利用吹弧、冷却等灭弧方法熄灭电弧。

（2）采用特殊形状的熔体，如焊有小球的熔体、变截面的熔体、网孔状的熔体等，其目的在于减小熔体熔断后产生的金属蒸气量，将电弧拉长，并与石英砂等灭弧介质紧密接触，提高灭弧效果。

3. 熔断器的技术参数及工作特性

（1）熔断器技术参数。熔断器性能的主要技术参数有额定电压、额定电流及极限分断能力。

1）额定电压。指熔断器长期能够承受的正常工作电压。选择熔断器时，熔断器的额定电压应不小于熔断器安装处电网的额定电压。对于以石英砂作为填充物的限流型熔断器，熔断器的额定电压应等于熔断器安装处电网的额定电压。如果熔断器的工作电压低于其额定电压，熔体熔断时可能会产生危险的过电压。

2）熔断器的额定电流。指在一般环境温度（不超过40℃）下，熔断器外壳和载流部分长期允许通过的最大工作电流。

3）熔体的额定电流。指熔体允许长期通过而不熔化的最大电流。一种规格的熔断器可以装设不同额定电流的熔体，但熔体的额定电流应不大于熔断器的额定电流。

4）极限开断电流。指熔断器能可靠分断的最大短路电流。

（2）工作特性。

1）电流—时间特性。熔断器熔体的熔化时间与通过熔体电流之间的关系曲线，称为熔体的电流—时间特性，又称为安秒特性。熔断器的安秒特性由制造厂家给出，通过熔体的电流和熔断时间呈反时限特性，即电流越大，熔断时间就越短。图15-9所示为额定电流不同的两个熔体1和熔体2的安秒特性曲线，熔体2的额定电流小于熔体1的额定电流，熔体2的截面积小于熔体1的截面积，同一电流通过不同额定电流的熔体时，额定电流小的熔体先熔断，例如同一短路电流 I_d 流过两熔体时，$t_2<t_1$，熔体2先熔断。

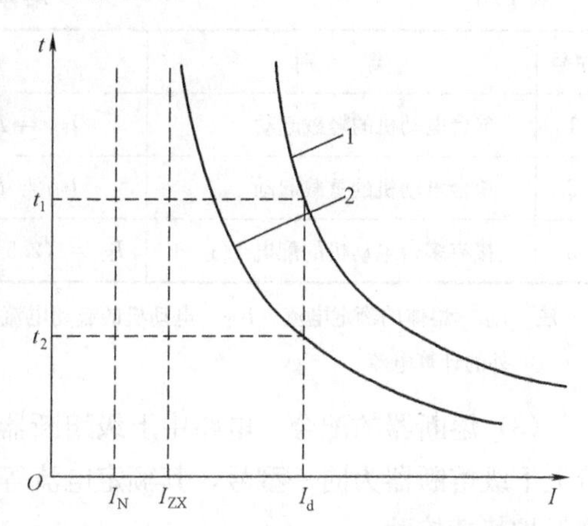

图15-9 熔断器的安秒特性

2）熔体的额定电流与最小熔化电流。熔体的额定电流是指熔体长期工作而不熔化的电流，由安秒特性曲线可以看出，随着流过熔体电流逐渐减少，熔化时间不断增加。当电流减少到一定值时，熔体不再熔断，熔化时间趋于无穷大，该电流值称为最小熔化电流，用 I_{ZX} 表示。考虑到熔体的安秒特性的不稳定，熔体不能在最小熔化电流长期工作，熔体的额定电流 I_N 应比最小熔化电流小。最小熔化电流与额定电流的比值称为熔断系数，大多数熔体的熔断系数在1.3～2.0。

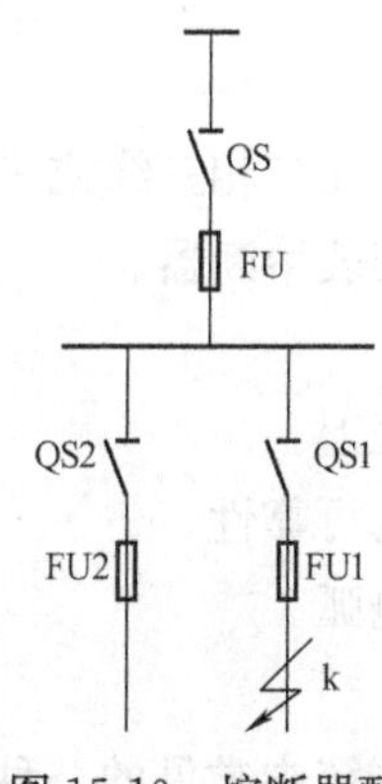

图15-10 熔断器配合接线图

3）熔断器短路保护的选择性。选择性是指当电网中有几级熔断器串联使用时，如果某一线路或设备发生故障时，应当由保护该设备的熔断器动作，切断电路，即为选择性熔断；如果保护该设备的熔断器不动作，而由上一级熔断器动作，即为非选择性熔断。发生非选择性熔断时，扩大了停电范围，会造成不应有的损失。如图15-10所示的熔断器配合接线图中，在k点发生短路时，FU1应该熔断，FU不应该动作。为了保证电路中串联使用的几级熔断器能够实现选择性熔断，应根据安秒特性曲线检查在电路中可能的最大短路电流下各级熔断器的熔断时间。在一般情况下，如果上一级熔断器的熔断时间为下一级熔断器熔断时间的3倍，就可能保证选择性熔断。当熔体为同一材料时，上一级熔体的额定电流为下一级熔体额定电流的2～4倍。

4. 低压熔断器的选用

(1) 熔断器类型的选择。根据使用环境和负载性选择合适的熔断器。如对于容量较小的照明电路或电动机的保护，可采用RC1A系列熔断器或RM10系列无填料封闭式熔断器；对于短路电流较大或有易燃气体的地方，则应采用RL1或RTO型有填料封闭式熔断器；用于硅元件和晶闸管保护时，应采用RS系列快速熔断器。

(2) 熔体额定电流的确定。

1) 对于照明及电热设备，熔体的额定电流应等于或稍大于负载的额定电流。

2) 对于用熔断器保护电动机时，熔体额定电流的确定方法见表15-1。

表15-1　熔体额定电流

序号	类　别	计算方式	备　注
1	单台电动机的轻载起动	$I_{FN}=I_{MS}/(2.5\sim3.0)$	起动时间小于3s
2	单台电动机的重载起动	$I_{FN}=I_{MS}/(1.6\sim2.0)$	起动时间小于8s
3	接有多台电动机的配电干线	$I_{FN}=(2.5\sim3.0)(I_{MS1}+I_{n-1})$	

注　I_{FN}—熔体的额定电流；I_{MS}—电动机的起动电流；I_{MS1}—最大一台电动机的起动电流；I_{n-1}—除最大一台电动机外的计算电流。

(3) 熔断器的配合。电路中上级熔断器的熔断时间一般为下级熔断器熔断时间的3倍；若上下级熔断器为同一型号，其额定电流等级一般应相差2倍；不同型号熔断器的配合应根据保护特性校验。

5. 低压熔断器运行维护事项

(1) 检查熔断器的熔管与插座的连接处有无过热现象，接触是否紧密。

(2) 检查熔断器熔管的表面，表面应完整无损；如有破损则要进行更换。

(3) 检查熔断器熔管的内部烧损是否严重，有无碳化现象。

(4) 检查熔体的外观是否完好，压接处有无损伤，压接是否紧固，有无氧化腐蚀现象等。

(5) 检查熔断器底座有无松动，各部位压接螺母是否紧固。

(6) 检查熔断器的熔管和熔体的配合是否齐全。

6. 低压熔断器使用及检修注意事项

(1) 单相线路的中性线上应装熔断器；在线路分支处，应加装熔断器；在二相三线或三相四线制线路的中性线上，不允许装熔断器；采用保护接零的中性线上严禁装熔断器。

(2) 熔体不能受机械损伤，尤其是较柔软的铅锡合金熔体。

(3) 螺旋式熔断器的进线应接在底座的中心点桩上，出线应接在螺纹壳上。

(4) 更换新熔体时，必须和原来的熔体同型号、同规格，以保证动作的可靠性。

(5) 更换熔体或熔管时，必须切断电源。禁止带负荷操作，以免产生电弧。

四、低压断路器

低压断路器又称自动空气开关、自动开关，是低压配电网和电力拖动系统中常见的一种配电电器。低压断路器的作用是在正常情况下，不频繁地接通或开断电路；在故障情况下，

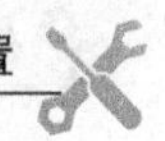

切除故障电流，保护线路和电气设备。低压断路器具有操作安全、安装使用方便、分断能力较强等优点，因此，在各种低压电路中得到广泛采用。

1. 低压断路器的分类及型号

低压断路器是利用空气作为灭弧介质的开关电器，低压断路器按用途分为配电用和保护用；按结构形式分为万能式（也叫塑壳式）、框架式。我国万能式断路器主要有 DW15、DW16、DW17（ME）、DW45 等系列；塑壳式断路器主要有 DZ20、CM1、TM30 等系列。DZ20 型断路器的型号及含义如图 15-11 所示。

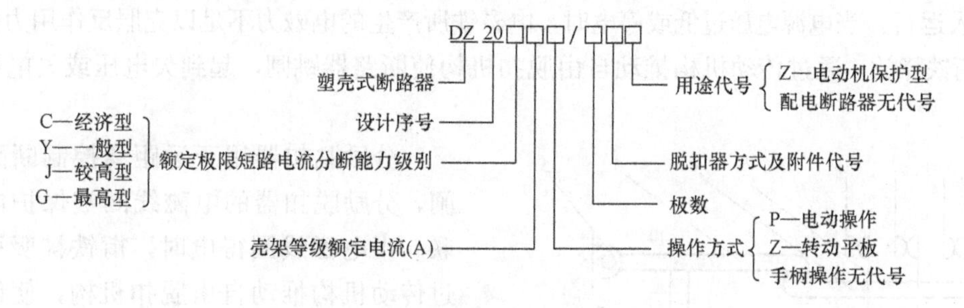

图 15-11　DZ20 型断路器的型号及含义

低压断路器的主要特性及技术参数有额定电压、额定频率、极数、壳架等级额定电流、额定运行分断能力、极限分断能力、额定短时耐受电流、过电流保护脱扣器时间—电流曲线、安装形式、机械寿命及电寿命等。

2. 低压断路器的基本结构及工作原理

常用低压断路器是由脱扣器、触点系统、灭弧装置、传动机构和外壳等部分组成。脱扣器是低压断路器中用来接收信号的元件，用它来释放保持机构而使开关电器打开或闭合的电器。当低压断路器所控制的线路出现故障或非正常运行情况时，由操作人员或继电保护装置发出信号时，脱扣器会根据信号通过传递元件使触点动作跳闸，切断电路。触点系统包括主触点、辅助触点。主触点用来分、合主电路，辅助触点用于控制电路，用来反映断路器的位置或构成电路的联锁。主触点有单断口指式触点、双断口桥式触点、插入式触点等几种形式。低压断路器的灭弧装置一般为栅片式弧罩，灭弧室的绝缘壁一般用钢板纸压制或用陶土烧制。

低压断路器脱扣器的种类有热脱扣器、电磁脱扣器、失压脱扣器、分励脱扣器等。热脱扣器起过载保护作用，热脱扣器按动作原理不同，分为有热动式和液压式。热动式脱扣器由发热元件和双金属片组成，当过载电流流过发热元件时，热元件发热使双金属片弯曲，通过传动机构推动自由脱扣机构释放主触点，主触点在分闸弹簧的作用下切断电路，起到过载保护的作用。液压式脱扣器又称电磁式脱扣器，由铁芯、衔铁、线圈等组成。铁芯置于油管内，油管内灌注硅油，铁芯上装有复位弹簧，油管外绕上线圈，衔铁上钩住一个反作用力弹簧，当线路过负荷时，铁芯受电磁力的作用，缓慢上升，经一定延时后，铁芯上升到一定位置。当其克服衔铁上反作用力弹簧的作用力完全吸引衔铁时，衔铁推动断路器的牵引杆，使断路器跳闸。复位弹簧和硅油起阻尼作用，这种过负荷保护呈反时限特性，即电流越大，电磁力越大，铁芯上升速度越快，动作时间越短。

电磁脱扣器又称短路脱扣器或瞬时过电流脱扣器，起短路保护作用。电磁脱扣器与保护电路串联。当线路中通过正常电流时，电磁铁产生的电磁力小于反作用力弹簧的拉力，衔铁不能被电磁铁吸引，断路器正常运行。当线路中出现短路故障时，电磁铁产生的电磁力大于反作用力弹簧的作用力，衔铁被电磁铁吸引，通过传动机构推动自由脱扣机构释放主触点。主触点在分闸弹簧的作用下，切断电路起到短路保护作用。低压断路器采用液压式脱扣器时，过载和短路保护共用一个脱扣器。

失压脱扣器与被保护电路并联，起欠电压或失电压保护作用。当电源电压正常时，扳动操作手柄，电磁线圈得电，衔铁被电磁铁吸引，自由脱扣机构将主触点锁定在合闸位置，断路器投入运行。当电源电压过低或停电时，电磁铁所产生的电磁力不足以克服反作用力弹簧的拉力，衔铁释放，通过传动机构推动自由脱扣机构使断路器跳闸，起到欠电压或失电压保护作用。

分励脱扣器用于远距离控制断路器跳闸，分励脱扣器的电磁线圈被保护电路并联。当电磁线圈得电时，衔铁被吸引，通过传动机构推动自由脱扣机构，使低压断路器跳闸。

低压断路器的工作原理示意如图 15-12 所示。断路器正常工作时，主触点串联于三相电路中，合上操作手柄，外力使锁扣克服反作用力弹簧的拉力，将固定在锁扣上的动、静触点闭合，并由锁扣扣住牵引杆，使断路器维持在合闸位置。当线路发生短路故障时，电磁脱扣器产生足够的电磁力将衔铁吸合，通过杠杆推动搭钩与锁扣分开，锁扣在反作用力弹簧的作用下，带动断路器的主触点分闸，从而切断电路；当线路过负荷时，过负荷电流流过热元件使双金属片受热向上弯曲，通过杠杆推动搭钩与锁扣分开，锁扣在反作用力弹簧的作用下，带动断路器的主触点分闸，从而切断电路。

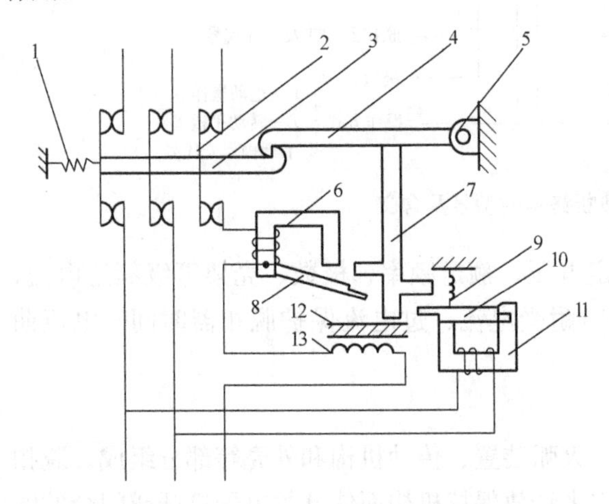

图 15-12 低压断路器工作原理示意图

1、9—弹簧；2—触点；3—锁键；4—搭钩；5—轴；6—电磁脱扣器；7—杠杆；8、10—衔铁；11—欠电压脱扣器；12—双金属片；13—电阻丝

3. 常用低压断路器

(1) 塑壳式断路器。塑壳式断路器的主要特征是所有部件都安装在一个塑料外壳中，没有裸露的带电部分，提高了使用的安全性。塑壳式断路器多为非选择型，一般用于配电馈线控制和保护、小型配电变压器的低压侧出线总开关、动力配电终端控制和保护，以及住宅配电终端控制和保护，也可用于各种生产机械的电源开关。小容量（50A 以下）的塑壳式断路器采用非储能式闭合，手动操作；大容量断路器的操动机构采用储能式闭合，可以手动操作，也可由电动机操作。电动机操作可实现远方遥控操作。

(2) 框架式断路器。框架式断路器是在一个框架结构的底座上，装设所有组件。由于框架式断路器可以有多种脱扣器的组合方式，而且操作方式较多，故又称为万能式断路器。框架式断路器容量较大，其额定电流为 630～5000A，一般用于变压器 400V 侧出线总开关、母线联络开关或大容量馈线开关和大型电动机控制开关。

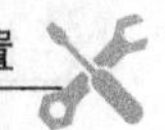

(3) 智能断路器。智能断路器的触点系统、灭弧系统、操动机构、互感器、智能控制器、辅助开关、二次接插件、欠电压和分励脱扣器、传感器、显示屏、通信接口、电源模块等部件组成。智能断路器功能方框图如图 15-13 所示。智能断路器的保护特性有过负荷长延时保护，短路短延时保护，反时限、定时限、短路瞬时保护，接地故障定时限保护。

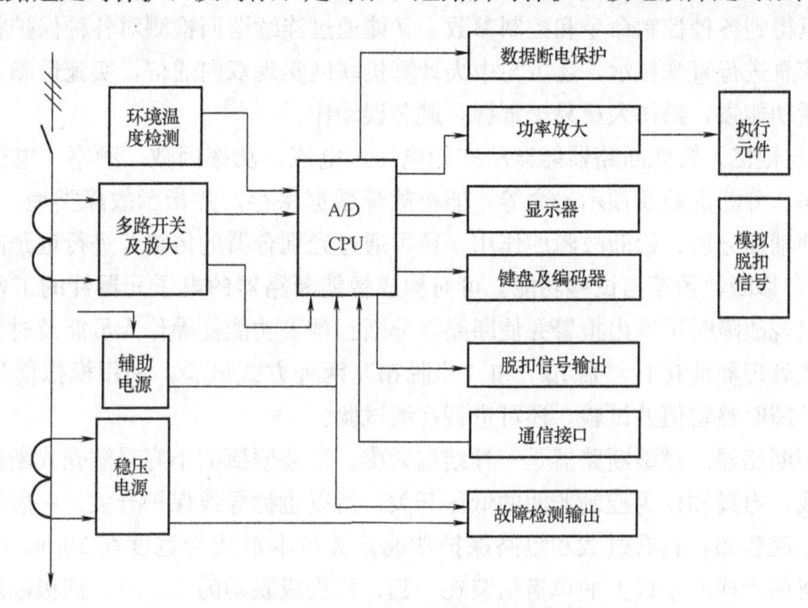

图 15-13 智能断路器原理方框图

智能断路器的核心部分是智能脱扣器。它由实时检测、微处理器及其外围接口和执行元件三个部分组成。

1）实时检测。智能断路器要实现控制和保护作用，电压、电流等参数的变化必须反映到微处理器上。电压参数通常用电压传感器，而电流参数常用电流传感器。获取电流信号的电流互感器有实心和空心两种，实心互感器在大电流时铁芯易于饱和，线性区狭小，测量范围小，当出现高倍数短路电流时，它感应的信号幅度很高，常造成对脱扣器自身的损坏；而空心互感器线性度宽，并能获得短路电流出现时的最初半波电流输出信号，有助于断路器的快速分断，因此应用较多。

2）微处理器系统。这是智能脱扣器的核心部分，由微处理与外围接口电路组成，对信号进行实时处理、存储、判别，对不正常运行进行监控等。

3）执行部分。智能脱扣器的执行元件是磁通变换器，其磁路全封闭或半封闭，正常工作时靠永磁体保证铁芯处于闭合状态，脱扣器发出脱扣指令时，线圈通过的电流产生反磁场抵消了永磁体的磁场，动铁芯靠反作用力弹簧动作推动脱扣件脱扣。

智能断路器与普通断路器相比具有如下特点：

1）保护功能多样化。普通低压断路器是一般采用双金属片式热脱扣器作为过负荷保护，用电磁脱扣器作为短路保护来构成长延时、瞬时两段保护，因而实现保护功能一体化较难。智能断路器除了可同时具有长延时、短延时、瞬时的三段保护功能以外，还具备过电压、欠电压、断相、反相、三相不平衡、逆功率及接地保护（第四段保护）、屏内火灾检测报警等功能。

2）选择性强。智能断路器由于采用微处理器，惯性小、速度快，其保护的选择性可以全范围调节，因此可实现多种选择性：可任意选择动作特性；可任意选择保护功能；便于实现极联保护协调，实施区域选择性联锁，实现良好的极间协调配合。

3）具备通信功能。智能断路器除了和各种物理量打交道以外，还能和人打交道，既能从操作者那里得到各种控制命令和控制参数，又能通过连续巡回检测对各种保护特性、运行参数、故障信息进行直观显示，还可与中央计算机联网实现双向通信，实施遥测、遥信、遥控、人机对话功能强，操作人员易于掌握，避免误动作。

4）显示与记忆。智能断路器能显示三相电压、电流、功率因数、频率、电能、有功功率、动作时间、分断次数及预示寿命等，能将故障数据保存，并指示故障类型、故障电压、电流等，起到辅助分析、诊断故障的作用，还可通过光耦合器的传输，进行远距离显示。

5）故障自诊断，预警与试验功能。可对构成智能断路器的电子元器件的工作状态进行自诊断，当出现故障时可发出报警并使断路器分断。预警功能使操作人员能及时处理电网的异常情况。微处理器能进行“脱扣”和“非脱扣”两种方式试验，利用模拟信号进行长延时、短延时、瞬时整定值的试验，还可进行在线试验。

（4）微型断路器。微型断路器是一种结构紧凑、安装便捷的小容量塑壳式断路器，主要用来保护导线、电缆和作为控制照明的低压开关，所以也称导线保护开关。一般均带有传统的热脱扣、电磁脱扣，具有过载和短路保护功能。其基本形式为宽度在 20mm 以下的片状单极产品，将两个或两个以上的单极组装在一起，可构成联动的二、三、四极断路器。微型断路器广泛应用于高层建筑、机床工业和商业系统。随着家用电器的发展，现已深入到民用领域。国际电工委员会（IEC）已将此类产品划入家用断路器。

微型断路器具有技术性能好、体积小、用料少、易于安装、操作方便、价格适宜及经久耐用等特点，受到国内外用户的普遍欢迎。近年来国内外的中小型照明配电箱，已广泛应用这类小型低压电器元件，实现了导轨安装方式，并在结构尺寸方面模数化，大多数产品的宽度都选取 9mm 的倍数，使电气成套装置的结构进一步规范化和小型化。

目前我国生产的微型断路器有 K 系列和引进技术生产的 S 系列、C45 系列和 C45N 系列、PX 等。

4. 低压断路器的选用

选用低压断路器的基本要求如下：

（1）低压断路器的额定电压和额定电流应不小于线路的正常工作电压和计算负荷电流。

（2）低压断路器的额定短路开通断能力应不小于线路可能出现的最大短路电流，同时能承受短路电流的电动力效应及热效应。

（3）断路器欠压脱扣器额定电压等于线路额定电压，分励脱扣器额定电压等于控制电源电压。

（4）线路末端单相接地短路电流不小于 1.25 倍断路器脱扣器的额定电流。

（5）电动机保护用断路器的瞬时动作电流应考虑电动机的起动条件。

（6）断路器选用时，应考虑其使用场所、使用类别、防扩等级以及上下级保护匹配等方面的问题。

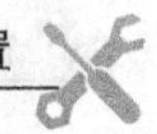

5. 低压断路器的安装与运行维护

(1) 低压断路器的安装。

1) 低压断路器一般应垂直安装，电源引线接到上端，负载引线接到下端，以保证操作的安全。不允许将电源引线接到下端，负载引线接到上端，此种接法将使断路器减少30%开断容量。

2) 低压断路器用作电源总开关或电动机的控制开关时，在电源侧加装隔离开关等，以形成明显的断开点，保证检修人员的安全。

(2) 低压断路器的运行维护。低压断路器在投入运行前，应进行一般性外观及触点检查。在运行一段时间经过多次操作或故障跳闸后，必须进行适当的维修，以保持其正常工作状态。

1) 低压断路器运行中巡视和检查项目。

2) 检查正常运行的负荷是否超过断路器的额定值。

3) 检查触点和连接处有无过热现象（特别对有热元件保护装置的，更应注意检查）。

4) 检查分、合闸状态下，辅助触点与所串联的指示灯信号是否相符合。

5) 监听断路器在运行中有无异常响声。

6) 检查传动机构主轴有无变形、锈蚀、销钉松脱等现象；相间绝缘有无裂痕、表层脱落和放电现象。

7) 检查断路器的脱扣器工作状态，如整定值指示位置是否变动、电磁铁表面及间隙是否正常、弹簧的外观有无锈蚀、线圈有无过热现象及异常声响等。

8) 检查灭弧器的工作状态，如外观是否完整、有无喷弧痕迹和受潮情况等；灭弧罩损坏时，必须停止使用，以免开断时发生飞弧现象而扩大事故。

9) 当负荷发生变化时，应相应调整过流脱扣器的整定值，必要时应更换设备或附件。

10) 发生短路故障低压断路器跳闸或遇有喷弧现象时，应安排解体检修。

(3) 低压断路器定期维护和检修项目如下：

1) 取下灭弧罩，检查灭弧栅片的完整性及清擦表面的烟痕和金属细末。

2) 检查触点表面，清擦烟痕，用细锉或细砂布打平接触面。触点的银钨合金面烧伤超过1mm时，应更换触点。

3) 检查触点弹簧的压力，并调节触点的位置和弹簧的压力，保证触点的接触压力相同，接触良好。

4) 用手动慢分、慢合，检查辅助触点的分、合是否合乎要求。

5) 检查脱扣器的衔铁和弹簧是否正常，动作有无卡劲，磁铁工作面是否清洁、平整、光滑，有无锈蚀、毛刺和污垢，热元件的各部位有无损坏，间隙是否正常。

6) 机构各个接触部分应定期涂润滑油。

7) 结束所有检修工作后，应作几次分、合闸试验，检查低压断路器动作是否正常，特别是对于闭锁系统，要确保动作准确无误。

五、剩余电流动作保护装置

剩余电流动作保护装置是指电路中带电导体对地故障所产生的剩余电流超过规定值时，能够自动切断电源或报警的保护装置，包括各类剩余电流动作保护功能的断路器、移动式剩余电流动作保护装置和剩余电流动作电气火灾监控系统、剩余电流继电器及其组合电器等。在低压电网中安装剩余电流动作保护装置是防止人身触电、电气火灾及电气设备损坏的一种有效的防护措施。国际电工委员会通过制订相应的规程，在低压电网中大力推广使用剩余电流保护装置。

1. 工作原理

剩余电流动作保护装置的工作原理如图 15-14 所示。

在电路中没有发生人身触电、设备漏电、接地故障时，通过剩余电流动作保护装置电流互感器一次绕组电流的相量和等于零，即

$$I_{L1}+I_{L2}+I_{L3}+I_N=0$$

则电流 I_{L1}、I_{L2}、I_{L3}和 I_N 在电流互感器中产生磁通的相量和等于零，即

$$\Phi_{L1}+\Phi_{L2}+\Phi_{L3}+\Phi_N=0$$

这样在电流互感器的二次绕组中不会产生感应电动势，剩余电流保护装置不动作。

当电路中发生人身触电、设备漏电、接地故障时，接地电流通过故障设备、设备的接地电阻、大地及直接接地的电源中性点构成回路，通过互感器一次绕组电流的相量和不等于零，即

$$I_{L1}+I_{L2}+I_{L3}+I_N\neq 0$$

$$\Phi_{L1}+\Phi_{L2}+\Phi_{L3}+\Phi_N\neq 0$$

在电流互感器的二次绕组中产生感应电动势，此电动势直接或通过电子信号放大器加在脱扣线圈上形成电流。二次绕组中产生感应电动势的大小随着故障电流的增加而增加，当接地故障电流增加到一定值时，脱扣线圈中的电流驱使脱扣机构动作，使主开关断开电路，或使报警装置发出报警信号。

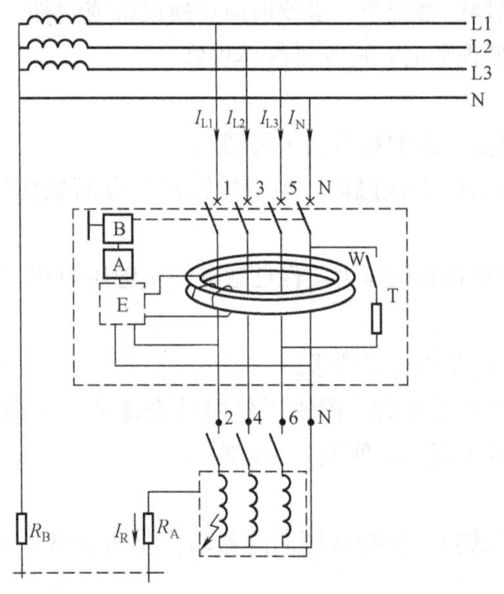

图 15-14　剩余电流动作保护装置的工作原理图

A—判别元件；B—执行元件；E—电子信号放大器；R_A—工作接地的接地电阻；R_B—电源接地的接地电阻；T—试验装置；W—检测元件

2. 剩余电流动作保护装置的结构

剩余电流动作保护装置的结构包括检测元件（剩余电流互感器）W、判别元件（剩余电流脱扣器）A、执行元件（机械开关电器或报警装置）B、试验装置 T 和电子信号放大器（电子式）E 等部分。

（1）剩余电流互感器。剩余电流互感器是一个检测元件，其主要功能是把一次回路检测到的剩余电流变换成二次回路的输出电压 E_2，E_2 施加到剩余电流脱扣器的脱扣线圈上，推动脱扣器动作，或通过信号放大装置，将信号放大以后施加到脱扣线圈上，使脱扣器动作。

剩余电流互感器是剩余电流动作保护装置的一个重要元件，其工作性能的优劣将直接影响剩余电流动作保护装置的性能和工作可靠性。剩余电流保护动作装置的电流互感器一般采用空心式的环形互感器，即主电路的导线（一次

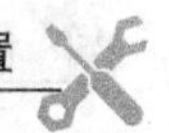

回路导线 N1）从互感器中间穿过，二次回路导线（N2）缠绕在环形铁芯上，通过互感器的铁芯实现一次回路和二次回路之间的电磁耦合。

（2）脱扣器。剩余电流动作保护装置的脱扣器是一个判别元件，用它来判别剩余电流是否达到预定值，从而确定剩余电流动作保护装置是否应该动作。动作功能与电源电压无关的剩余电流动作保护装置采用灵敏度较高的释放式脱扣器，动作功能与电源电压有关的剩余电流动作保护装置采用拍合式脱扣器或螺管电磁铁。

（3）信号放大装置。剩余电流互感器二次回路的输出功率很小，一般仅达到毫伏安的等级。在剩余电流互感器和脱扣器之间增加一个信号放大装置，不仅可以降低对脱扣器的灵敏度要求，而且可以减少对剩余电流互感器输出信号的要求，减轻互感器的负担，从而可以大大地缩小互感器的质量和体积，使剩余电流动作保护装置的成本大大降低。信号放大装置一般采用电子式放大器。

（4）执行元件。根据剩余电流动作保护装置的功能不同，执行元件也不同。对剩余电流断路器，其执行元件是一个可开断主电路的机构开关电器。对剩余电流继电器，其执行元件一般是一对或几对控制触点，输出机械开闭信号。

剩余电流断路器有整体式和组合式。整体式剩余电流断路器的检测、判别和执行元件在一个壳体内，或由剩余电流元件模块与断路器接装而成。组合式剩余电流断路器采用剩余电流继电器与交流接触器或断路器组装而成，剩余电流继电器的输出触点控制线圈或断路器分励脱扣器，从而控制主电路的接通和分断。

剩余电流继电器的输出触点执行元件，通过控制可视报警或声音报警装置和电路，可以组成剩余电流报警装置。

3. 剩余电流保护装置的作用

低压配电系统中装设剩余电流动作保护装置是防止直接接触电击事故和间接接触电击事故的有效措施之一，也是防止电气线路或电气设备接地故障引起电气火灾和电气设备损坏事故的技术措施。但安装剩余电流动作保护装置后，仍应以预防为主，并应同时采取其他各项防止电击事故和电气设备损坏事故的技术措施。

4. 剩余电流动作保护装置的应用

（1）分级保护。低压供用电系统中为了缩小发生人身电击事故和接地故障切断电源时引起的停电范围，剩余电流动作保护装置应采用分级保护。分级保护一般分为一至三级，第一、二级保护是间接接触电击保护，第三级保护是防止人身电击的直接接触电击保护，也称末端保护。

（2）必须安装剩余电流动作保护装置的设备和场所。

1）末端保护：①属于Ⅰ类的移动式电气设备及手持式电动工具；②生产用的电气设备；③施工工地的电气机械设备；④安装在户外的电气装置；⑤临时用电的电气设备；⑥机关、学校、宾馆、饭店、企事业单位和住宅等除壁挂式空调电源插座外的其他电源插座或插座回路；⑦游泳池、喷水池、浴池的电气设备；⑧安装在水中的供电线路和设备；⑨医院中可能直接接触人体的电气医用设备；⑩其他需要安装剩余电流动作保护装置的场所。

2）线路保护：低压配电线路根据具体情况采用二级或三级保护时，在总电源端、分支线首端或线路末端（农村集中安装于电能表箱、农业生产设备的电源配电箱）安装剩余电流动作保护装置。

5. 剩余电流动作保护装置的运行

(1) 根据电气线路的正常剩余电流，选择剩余电流动作保护装置的额定剩余动作电流。选择剩余电流动作保护装置的额定剩余动作电流值时，应充分考虑到被保护线路和设备可能发生的正常泄漏电流值，必要时可通过实际测量取得被保护线路或设备的泄漏电流值；选用的剩余电流动作保护装置的额定剩余不动作电流，应不小于电气线路和设备的正常泄漏电流的最大值的2倍。

(2) 退出运行的剩余电流动作保护装置再次使用前，应按规定的项目进行动作特性试验。

(3) 剩余电流动作保护装置进行动作特性试验时，应使用经国家有关部门检测合格的专用测试仪器，严禁利用相线直接对地短路或利用动物作试验物的试验方法。

(4) 剩余电流动作保护装置动作后，经检查未发现事故原因时，允许试送电一次，如果再次动作，应查明原因找出故障，必要时对其进行动作特性试验，不得连续强行送电；除经检查确认为剩余电流动作保护装置本身发生故障外，严禁私自撤除剩余电流动作保护装置强行送电。

(5) 定期分析剩余电流动作保护装置的运行情况，及时更换有故障的剩余电流动作保护装置。

第三节 低压控制电器

本节主要介绍低压控制电器中的接触器、热继电器、起动器、主令电器的结构、工作原理及使用、维护和检修方法。

一、交流接触器

接触器是一种自动电磁式开关，用于远距离频繁地接通或开断交、直流主电路及大容量控制电路。接触器的主要控制对象是电动机，能完成起动、停止、正转、反转等多种控制功能。接触器也可用于控制其他负载，如电热设备、电焊机及电容器组等。接触器按主触点通过电流的种类，分为交流接触器和直流接触器。本节主要介绍交流接触器。

1. 交流接触器型号

交流接触器的型号含义如图15-15所示。

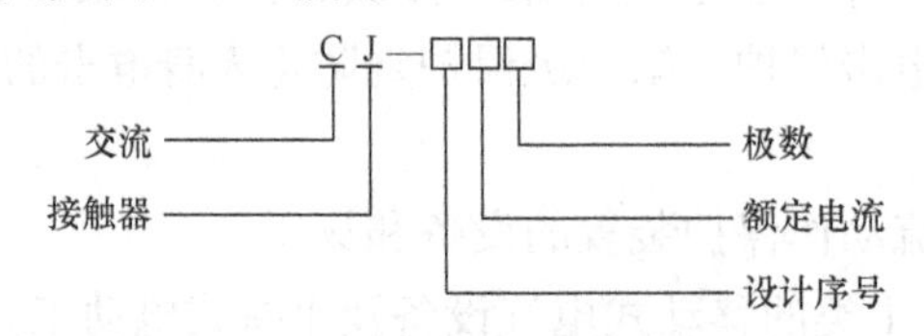

图15-15 交流接触器的型号及含义

常用交流接触器的型号有CJ20等系列，它的主要特点是动作快、操作方便、便于远距离控制，广泛用于电动机及机床等设备的控制。其缺点是噪声偏大，寿命短，只能通断负载电流，不具备保护功能，使用时要与熔断器、热继电器等保护电器配合使用。

2. 交流接触器的结构及工作原理

(1) 交流接触器的基本结构。交流接触器主要由电磁系统、触点系统、灭弧装置及辅助

部件等组成。电磁系统由电磁线圈、铁芯、衔铁等部分组成，其作用是利用电磁线圈的得电或失电，使衔铁和铁芯吸合或释放，实现接通或关断电路的目的。交流接触器在运行过程中，会在铁芯中产生交变磁场，引起衔铁振动，发出噪声。为减轻接触器的振动和噪声，一般在铁芯上套一个短路环。

交流接触器的触点可分为主触点和辅助触点。主触点用于接通或开断电流较大的主电路。一般由三对接触面较大的动合触点组成。辅助触点用于接通或开断电流较小的控制电路，一般由两对动合和动断触点组成。动合和动断是指电磁线圈得电以后的工作状态，当线圈得电时，动断触点先断开，动合触点再合上；当线圈失压时，动合触点先断开，动断触点再合上。两种触点在改变工作状态时，有一个时间差。交流接触器的触点按其结构形式可分为桥式触头和指形触点两种。CJ 系列接触器一般采用双断点桥式触点。触点上装有压力弹簧，以增加触点间的压力从而减小接触电阻。交流接触器在开断电路时，动、静触点间会产生电弧，由灭弧装置使电弧迅速熄灭。交流接触器有双断口电动力灭弧、纵缝灭弧、栅片灭弧等灭弧方法。

（2）交流接触器工作原理。交流接触器的工作原理如图 15-16 所示，当按下按钮 7，接触器的线圈 6 得电后，线圈中流过电流产生磁场，使铁芯产生足够的吸力，克服弹簧的反作用力，将衔铁吸合，通过传动机构带动主触点和辅助动合触点闭合，辅助动断触点断开。当松开按钮，线圈失压，衔铁在反作用力弹簧的作用下返回，带动各触点恢复到原来状态。

常用的 CJ20 等系列交流接触器在 85%～105%额定电压时，能保证可靠吸合；电压降低时，电磁吸力不足，衔铁不能可靠吸合。运行中的交流接触器，当工作电压明显下降时，由于电磁力不足以克服弹簧的反作用力，衔铁返回，使主触点断开。

当接触器线圈施加控制电源电压时，电磁铁激励，电磁吸力克服反作用弹簧力使触点支持件动作，触点闭合，主电路接通。当线圈断电或控制电源电压低于规定的释放值时，运动部分受反作用弹簧力使触点分断，产生电弧。电弧在电动力和气动力共同作用下进入灭弧装置，受强烈冷却去游离而熄灭，主电路即被切断。

由隔离开关、熔断器、接触器、按钮组成的电动机点动控制线路的原理接线如图 15-17

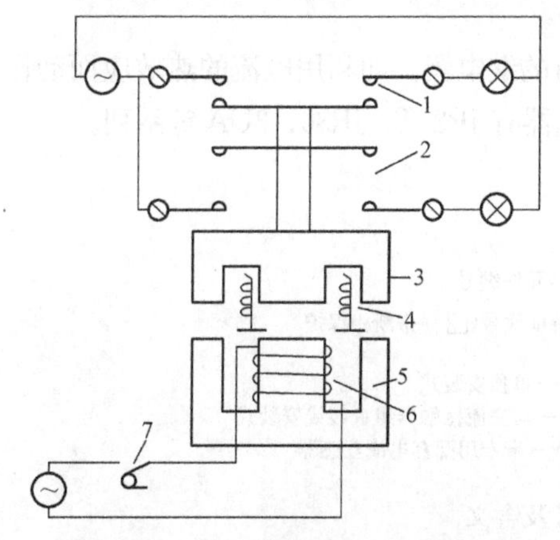

图 15-16 交流接触器的工作原理

1—静触点；2—动触点；3—衔铁；
4—反作用力弹簧；5—铁芯；6—线圈；7—按钮

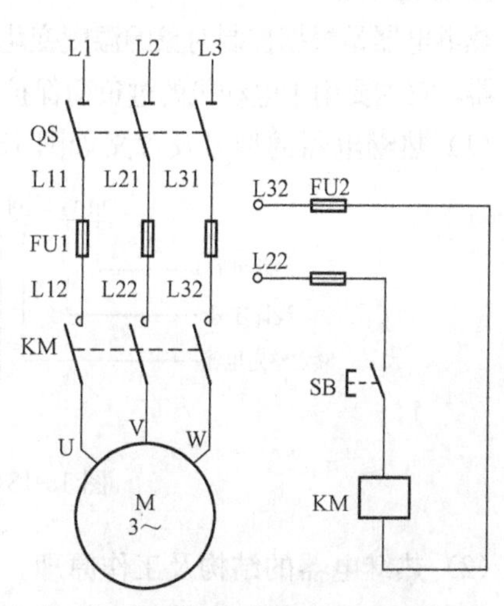

图 15-17 电动机点动控制原理接线

所示。所谓“点动”控制，是指按下按钮，电动机得电运转；松开按钮，电动机就是失电停转。这种控制方法常用于电动葫芦起重电动机的控制和车床工作台快速移动电动机的控制。在点动控制线路中，隔离开关QS作为电源开关，熔断器FU1、FU2分别作为主电路和控制电路的短路保护。主电路由QS、FU1、接触器KM的主触点及电动机M组成，控制电路由FU2、起动按钮SB的动合接点及接触器KM的线圈组成。

点动控制线路的工作原理如下：起动时，按下SB→KM线圈得电→KM主触点闭合→电动机M运转；停止时，松开SB→KM线圈失压→KM主触点断开→电动机M停转。

3. 接触器的运行维护

(1) 接触器的运行巡视。

1) 检查最大负荷电流是否超过接触器的规定负荷值。

2) 检查接触器的电磁线圈温升是否超过规定值（65℃）。

3) 监听接触器内有无放电声以及电磁系统有无过大的噪声和过热现象。

4) 检查触点系统和连接点有无过热现象。

5) 检查防护罩是否完整，如有损坏应更换（或修理)，修复后方可运行。

(2) 接触器的维护和检修。

1) 检修触点系统，用细锉或丝砂布打光接触面，保持触点原有形状，调整接触面及接触压力，保持三相同时接触，触点过度烧伤的即应更换。

2) 检查灭弧罩内部附件的完好性，并清擦烟痕等杂质。

3) 检查联动机构的绝缘状况和机构附件的完好程度，是否有变形、位移及松脱情况。

4) 检查吸合铁芯的接触表面是否光洁，短路环是否断裂或过度氧化。

5) 检查由辅助触点构成的接触器二次电气联锁系统的作用是否正常，检修后应作传动试验；检查吸引线圈的工作电压是否在正常范围内。

二、热继电器与电磁起动器

电磁起动器由交流接触器和热继电器组成，是用来控制电动机起动、停止、正反转的一种起动器，与熔断器配合使用具有短路、欠压和过负荷保护作用。

1. 热继电器

热继电器是根据控制对象的温度变化来控制电流流过的继电器，即利用电流的热效应而动作的电器，它主要用于电动机的过负荷保护。常用的热继电器有JR20T、JR36、3UA等系列。

(1) 热继电器的型号及含义如图15-18所示。

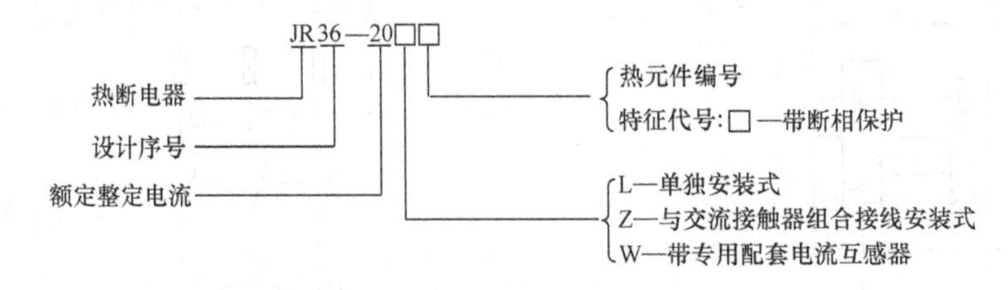

图15-18　热继电器的型号及含义

(2) 热继电器的结构及工作原理。热继电器由热元件、触点系统、动作机构、复位按钮和定值装置组成。热继电器的工作原理如图15-19所示，图中发热元件1是一段电阻不大的

电阻丝，它缠绕在双金属片2上。双金属片由两片膨胀系数不同的金属片叠加在一起制成。如果发热元件中通过的电流不超过电动机的额定电流，其发热量较小，双金属片变形不大。当电动机过负荷，流过发热元件的电流超过额定值时，发热量较大，为双金属片加温，使双金属片变形上翘。若电动机持续过载，经过一段时间之后，双金属片自由端超出扣板3，扣板会在弹簧4拉力的作用下发生角位移，带动辅助动断触点5断开。在使用时，热继电器的辅助动断触点串联在控制电路中，当它断开时，使接触器线圈断电，电动机停止运行。经过一段时间之后，双金属片逐渐冷却，恢复原状。这时，按下复位按钮，使双金属片自由端重新抵住扣板，辅助动断触点又重新闭合，接通控制电路，电动机又可重新起动。热继电器有热惯性，不能用于断路保护。

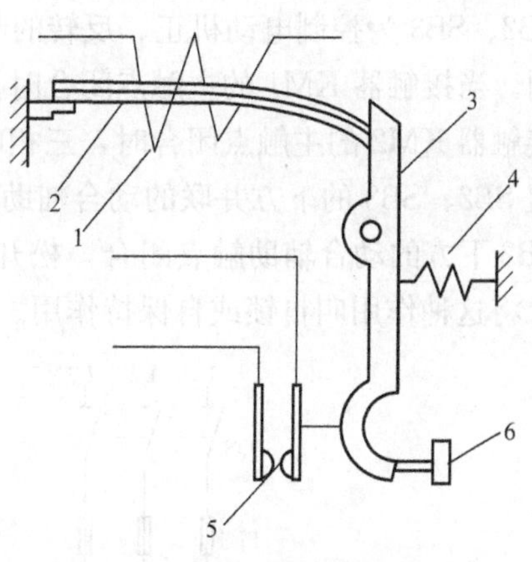

图 15-19 热继电器工作原理示意图
1—发热元件；2—双金属片；3—扣板；
4—弹簧；5—辅助触点；6—复位按钮

（3）热继电器的运行。热继电器应安装在其他发热电器的下方。整定电流装置的一般应安装在右边，并保证在进行调整和复位时的安全和方便。接线时应使连接点紧密可靠，出线端的导线不应过粗或过细，以防止轴向导热过快或过慢，使热继电器动作不准确。热继电器的安装及使用注意事项如下：

1）安装方向、方法应符合说明书要求，倾斜度应小于5°，最好安装在其他电器下面。出线端导线应按表15-2选用，以保证准确动作。

表 15-2　热继电器出线端连接导线选用

热继电器额定电流	连接导线截面积	连接导线种类	热继电器额定电流	连接导线截面积	连接导线种类
10A	2.5mm^2	单股铜芯塑料线	60A	16mm^2	多股铜芯橡皮软线
20A	4mm^2	单股铜芯塑料线	150A	35mm^2	多股铜芯橡皮软线

2）对点动、重载起动、反接制动等电动机，不宜用热继电器作过负荷保护。安装时要盖好外盖，接线牢靠，消除一切污垢，并定期进行。

3）检查热元件是否良好，不得拆下，必要时进行通电实验。热元件容量与被保护电路负载相适应，各部件位置不得随意变动；检查热元件周围环境温度与电动机周围环境温度，如前者较后者高出15～25℃，则应选用高一级热元件；如低出15～25℃时，则应选用低一级热元件。

4）热继电器运行时除温差要求外，要求其环境温度在－30～＋40℃范围内；检查连接端有无不合理的发热现象等。

2. 电磁起动器的应用

电磁起动器控制电动机正反转的原理接线如图15-20所示。图中SB1为停止按钮，

SB2、SB3 为控制电动机正、反转的起动按钮，接触器 KM1、KM2 分别用于正转和反转控制。当接触器 KM1 的主触点闭合时，三相电源 L1、L2、L3 接入电动机，电动机正转；当接触器 KM2 的主触点闭合时，三相电源按 L3、L2、L1 接入电动机，电动机反转。起动按钮 SB2、SB3 的下方并联的动合辅助触点 KM1、KM2 的作用是：当电动机起动后，并联在 SB2 下方的动合辅助触点闭合，松开 SB2 控制电路仍能接通，保持电动机的连续运行。通常将这种作用叫自锁或自保持作用。

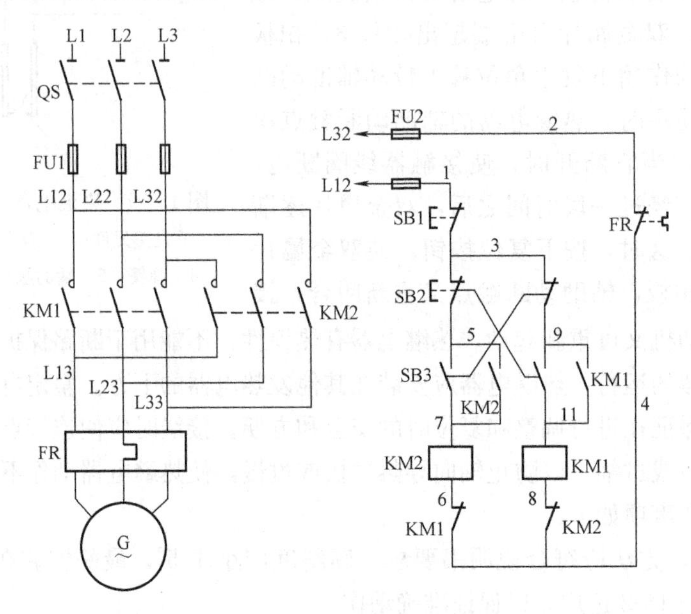

图 15-20 电动机正反转控制原理接线

在电磁起动器正反转控制线路中，接触器 KM1、KM2 不能同时动作，否则会造成相间短路。为了实现电气和机械闭锁，在 KM1、KM2 线圈各自的支路中相互串联了对方的一对动断辅助触点，以保证接触器 KM1、KM2 不能同时得电；KM1、KM2 的两对辅助触点在线路中所起的作用称为闭锁，依靠接触器辅助触点实现的闭锁称为电气闭锁或接触器闭锁。按钮闭锁或机械闭锁是将正转起动按钮 SB2 的一对动断触点串入反转接触器 KM2 的控制电路中，同时，将反转起动按钮 SB3 的一对动断触点串入正转接触器 KM1 的控制电路中。

电磁起动器控制电动机的工作原理如下（合上电源开关 QS）：

（1）正转控制。电动机的正转控制如下：

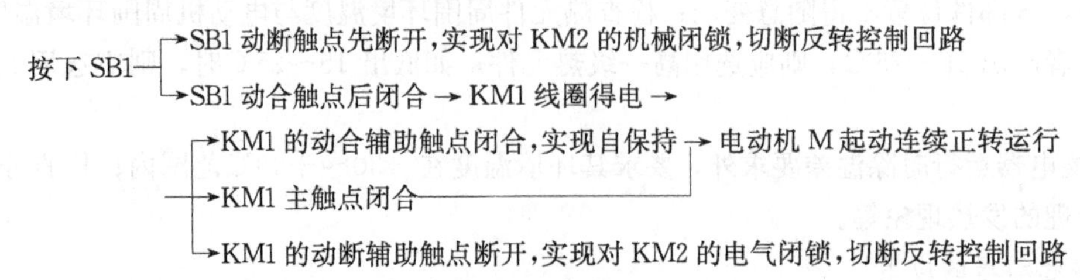

按下 SB1
SB1 动断触点先断开,实现对 KM2 的机械闭锁,切断反转控制回路
SB1 动合触点后闭合 → KM1 线圈得电 →
KM1 的动合辅助触点闭合,实现自保持 → 电动机 M 起动连续正转运行
KM1 主触点闭合
KM1 的动断辅助触点断开,实现对 KM2 的电气闭锁,切断反转控制回路

（2）反转控制。电动机的反转控制如下：

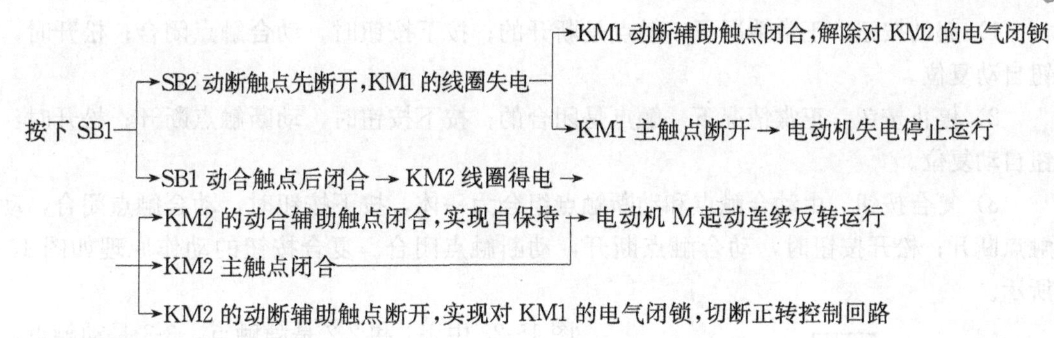
按下 SB1
SB2 动断触点先断开,KM1 的线圈失电
KM1 动断辅助触点闭合,解除对 KM2 的电气闭锁
KM1 主触点断开 → 电动机失电停止运行
SB1 动合触点后闭合 → KM2 线圈得电 →
KM2 的动合辅助触点闭合,实现自保持
→ 电动机 M 起动连续反转运行
KM2 主触点闭合
KM2 的动断辅助触点断开,实现对 KM1 的电气闭锁,切断正转控制回路

三、主令电器

主令电器是用于接通或开断控制回路，以发出指令或作程序控制的开关电器。常用的主令电器有按钮、行程开关、万能转换开关、主令控制器等。主令电器是小电流开关，一般没有灭弧装置。

1. 按钮

按钮是一种手动控制器。由于按钮的触点只能短时通过 5A 及以下的小电流，因此按钮不宜直接控制主电路的通断。按钮通过触点的通断在控制电路中发出指令或信号，改变电气控制系统的工作状态。

(1) 按钮的型号及含义如图 15-21 所示。

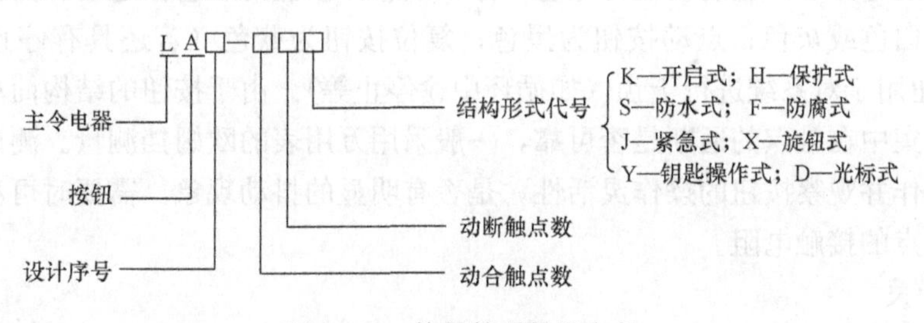
L A□—□□□
主令电器
按钮
设计序号
结构形式代号
K—开启式；H—保护式
S—防水式；F—防腐式
J—紧急式；X—旋钮式
Y—钥匙操作式；D—光标式
动断触点数
动合触点数

图 15-21　按钮的型号及含义

(2) 种类及结构。按钮一般由钮帽、复位弹簧、桥式动、静触点、支柱连杆及外壳组成。常用按钮的外形如图 15-22 所示。

按钮根据触点正常情况下（不受外力作用）分合状态分为起动按钮、停止按钮和复合按钮。

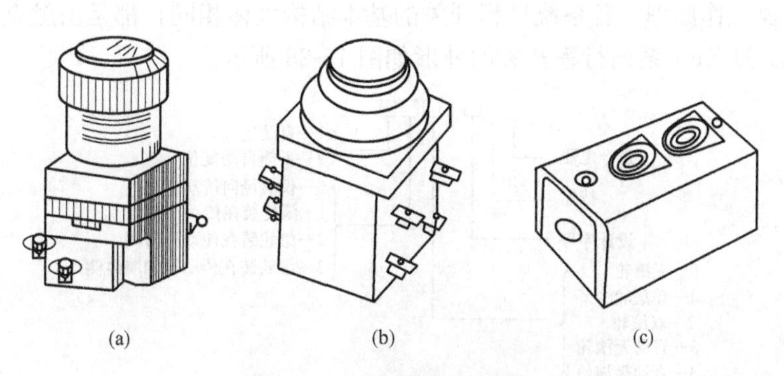

(a)　(b)　(c)

图 15-22　常用按钮的外形

(a) LA19-11 外形；(b) LA18-22 外形；(c) LA10-2H 外形

1）起动按钮。正常情况下，触点是断开的；按下按钮时，动合触点闭合；松开时，按钮自动复位。

2）停止按钮。正常情况下，触点是闭合的；按下按钮时，动断触点断开；松开时，按钮自动复位。

3）复合按钮。由动合触点和动断触点组合为一体，按下按钮时，动合触点闭合，动断触点断开；松开按钮时，动合触点断开，动断触点闭合。复合按钮的动作原理如图 15-23 所示。

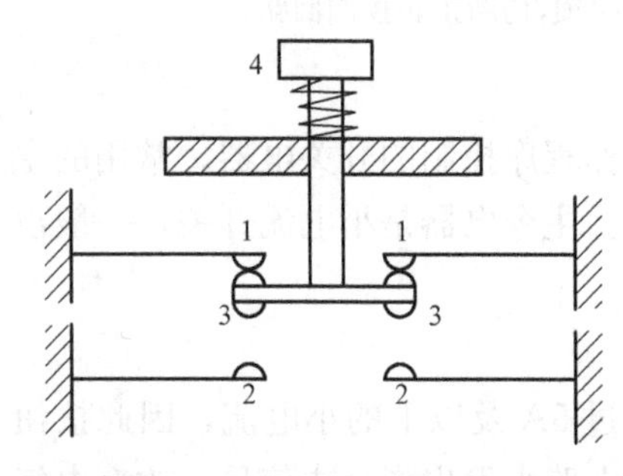

图 15-23　复合按钮的动作原理图

图 15-23 中 1-1 和 2-2 是静触点，3-3 是动触点，图中各触点位置是自然状态。静触点1-1由动触点 3-3 接通而闭合，此时 2-2 断开。按下按钮时，动触点 3-3 下移，首先使静触点 1-1（称动断触点）断开，然后接通静触点 2-2（称动合触点），使之闭合；松手后在弹簧 4 作用下，动触点 3-3 返回，各触点的通断状态又回到图 15-23 所示位置。

为了便于操作人员识别，避免发生误操作。生产中用不同的颜色和符号标志来区分按钮的功能及作用。各种按钮的颜色规定如下：起动按钮为绿色；停止或急停按钮为红色；起动和停止交替动作的按钮为黑色、白色或灰色；点动按钮为黑色；复位按钮为蓝色（若还具有停止作用时为红色）；黄色按钮用于对系统进行干预（如循环中途停止等）。由于按钮的结构简单，所以对按钮的测试主要集中在触点的通断是否可靠，一般采用万用表的欧姆挡测量。测试过程中对按钮进行多次操作并观察按钮的操作灵活性，是否有明显的抖动现象。需要时可测量触点间的绝缘电阻和触点的接触电阻。

2. 行程开关

行程开关又叫限位开关，其作用与按钮相同。不同的是按钮是靠手动操作，而行程开关是靠生产机械的某些运动部件与它传动部位发生碰撞，使其触点通断，从而限制生产机械的行程、位置或改变其运行状态。行程开关的种类很多，但其结构基本一样，不同的仅是动作的转动装置。行程开关有按钮式、旋转式等，常用的行程开关有 LX19、JLXK1 等系列。

（1）行程开关的型号及含义如图 15-24 所示。

（2）结构及工作原理。各系统行程开关的基本结构大体相同，都是由触点系统、操动机构和外壳组成。JLXK1 系列行程开关的外形如图 15-25 所示。

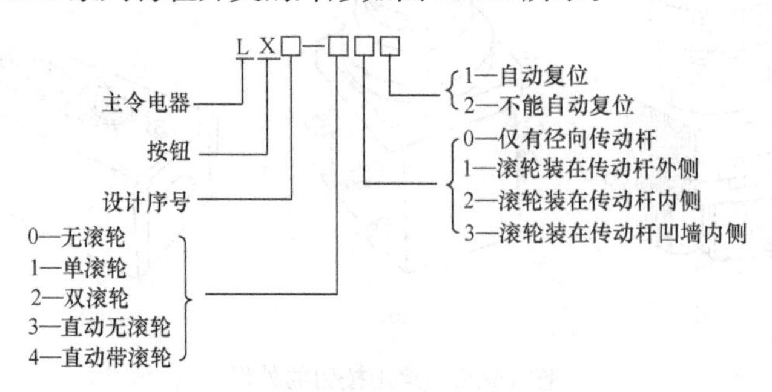

图 15-24　行程开关的型号及含义

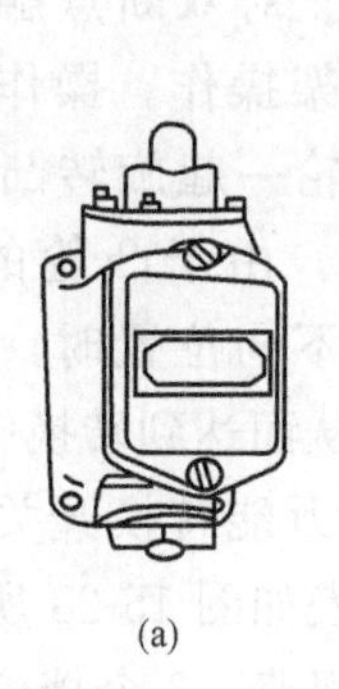

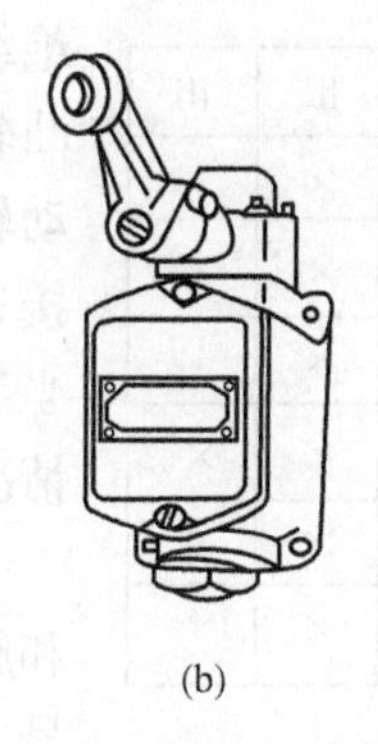

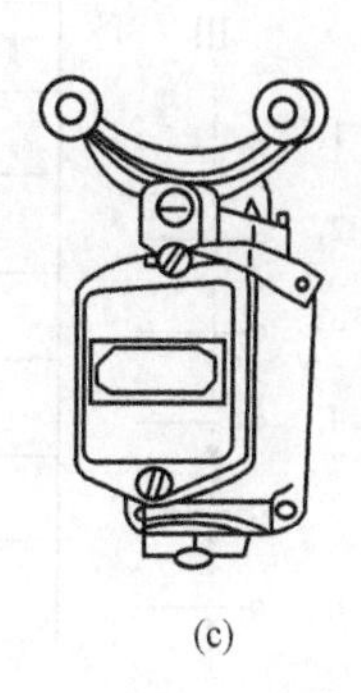

(a)　(b)　(c)

图 15-25　JLXK1 系列行程开关的外形

(a) JLXK1—311 型按钮式；(b) JLXK1—111 型单轮旋转式；(c) JLXK1—211 型双轮旋转式

当运动机械的挡铁压到行程开关的滚轮上时，传动杠杆连同转轴一起转动，使凸轮推动撞块，当撞块被压到一定位置时，推动开关快速动作，使其动断触点断开，动合触点闭合；当滚轮上的挡铁移开后，复位弹簧就使行程开关各部分恢复原始位置。这种单轮自动恢复式行程开关是依靠本身的恢复弹簧来复原，在生产机械的自动控制中应用较广泛。

3. 万能转换开关

万能转换开关是由多组相同结构的触点组件叠装而成的多回路控制电器，主要用于控制线路的转换及电气测量仪表的转换，也可用来控制小容量异步电动机的起动、换向及调速。常用的万能转换开关有 LW2、LW5、LW6、LW8 等系列，LW5 系列万能转换开关适用于交流 50Hz、电压 500V 及直流电压 440V 的电路中，作电气控制线路转换之用和电压 380V、5.5kW 及以下的三相笼型异步电动机的直接控制之用。LW5 系列万能转换开关的外形如图 15-26 所示。

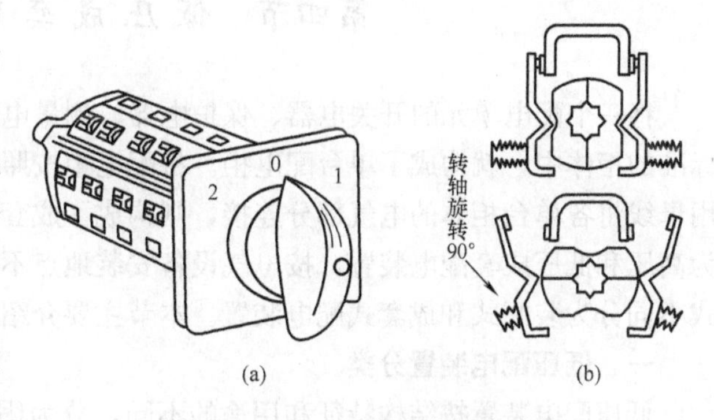

图 15-26　LW5 系列万能转换开关

(a) 外形；(b) 凸轮通断触点示意图

(1) 万能转换开关的型号及含义如图 15-27 所示。

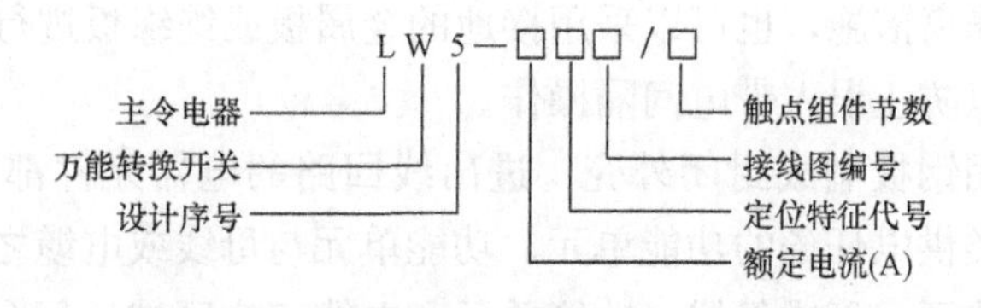

图 15-27　万能转换开关的型号及含义

(2) 结构及工作原理。万能转换开关主要由接触系统、操动机构、转轴、手柄、定位机构等部件组成。接触系统由许多接触元件组成，每一接触元件均有一绝缘基座，每节

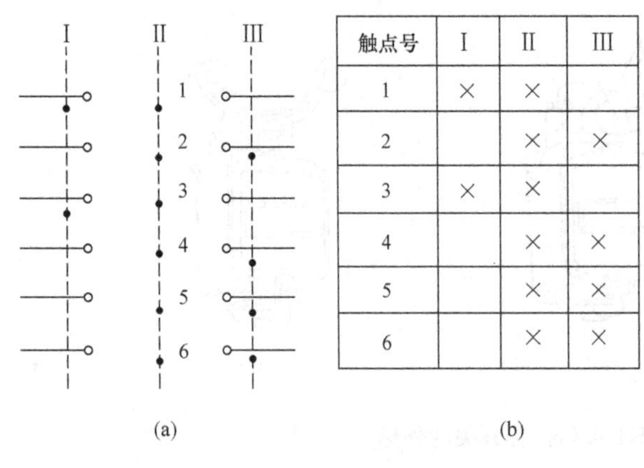

触点号	I	II	III
1	×	×	
2		×	×
3	×	×	
4		×	×
5		×	×
6		×	×

图 15-28　LW5 型万能转换开关的符号图

(a) 图形符号；(b) 触点通断表

绝缘基座有三对双断点触点，分别有凸轮通过支架操作。操作时，手柄带动转轴和凸轮一起旋转凸轮推动触点接通或断开。由于凸轮的形状不同，当手柄处在不同位置时，触点的分合情况不同，从而达到转换电路目的。

LW5 型万能转换开关的图形符号和触点通断表如图 15-28 所示。图形符号中有 6 个回路，3 个挡位连线下有黑点“·”的，表示这条电路是接通的。在触点通断表中用“×”表示被接通的电路，空格表示转换开关在该位置时此路是断开的。

(3) 万能转换开关的选用。万能转换开关根据用途、接线方式、所需触点挡数及额定电流来选择。

第四节　低压成套配电装置

将一个配电单元的开关电器、保护电器、测量电器和必要的辅助设备等电器元件安装在标准的柜体中，就构成了单台配电柜。将配电柜按照一定的要求和接线方式组合，并在柜顶用母线将各单台柜体的电气部分连接，则构成了成套配电装置。配电装置按电压等级高低分为高压和低压成套配电装置，按电气设备安装地点不同分为屋内和屋外配电装置，按组装方式不同分为装配式和成套式配电装置。本节主要介绍低压成套配电装置。

一、低压配电装置分类

低压配电装置按结构特征和用途的不同，分为固定式低压配电柜（又称屏）、抽屉式低压开关柜以及动力、照明配电控制箱等。

固定式低压配电柜按外部设计不同可分为开启式和封闭式。开启式低压配电柜正面有防护作用面板遮栏，背面和侧面仍能触及带电部分，防护等级低，目前已不再提倡使用。封闭式低压配电柜，除安装面外，其他所有侧面都被封闭起来。配电柜的开关、保护和监测控制等电气元件，均安装在一个用钢或绝缘材料制成的封闭外壳内，可靠墙或离墙安装。柜内每条回路之间可以不加隔离措施，也可以采用接地的金属板或绝缘板进行隔离。通常门与主开关操作有机械联锁，以防止误入带电间隔操作。

抽屉式开关柜采用钢板制成封闭外壳，进出线回路的电器元件都安装在可抽出的抽屉中，构成能完成某一类供电任务的功能单元。功能单元与母线或电缆之间，用接地的金属板或塑料制成的功能板隔开，形成母线、功能单元和电缆三个区域。每个功能单元之间也有隔离措施。抽屉式开关柜有较高的可靠性、安全性和互换性，是比较先进的开关柜，目前生产的开关柜，多数是抽屉式开关柜。

动力、照明配电控制箱多为封闭式垂直安装。因使用场合不同，外壳防护等级也不同。

它们主要作为工矿企业生产现场的配电装置。

低压配电系统通常包括受电柜（即进线柜）、馈电柜（控制各功能单元）、无功功率补偿柜等。受电柜是配电系统的总开关，从变压器低压侧进线，控制整个系统。馈电柜直接控制用户的受电设备的各用电单元。电容补偿柜根据电网负荷消耗的感性无功量的多少自动地控制并联补偿电容器组的投入，使电网的无功消耗保持到最低状态，从而提高电网电压质量，减少输电系统和变压器的损耗。

二、常用低压成套配电装置

常用的低压成套配电装置有 PGL、GGD 型低压配电柜和 GCK（GCL）、GCS、MNS 型抽屉式开关柜等。

1. GGD 型低压配电柜

GGD 型低压配电柜适用于发电厂、变电站、工业企业等电力用户作为交流 50Hz、额定工作电压 380V、额定电流 3150A 的配电系统中作为动力、照明及配电设备的电能转换、分配与控制之用。它具有分断能力高、动热稳定性好、结构新颖合理、电气方案灵活、系列性适用性强、防护等级高等特点。

(1) GGD 型低压配电柜的型号及含义如图 15-29 所示。

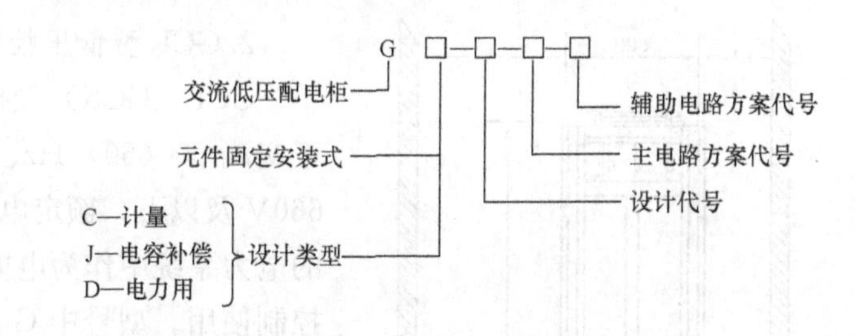

图 15-29 GGD 型低压配电柜的型号及含义

GGD 型低压配电柜按其分断能力不同可分为 1、2、3 型，1 型的最大开断能力为 15kA，2 型为 30kA，3 型为 50kA。

(2) 结构特点。GGD 型低压配电柜的柜体框架采用冷弯型钢焊接而成，框架上分别有钢板的厚度 E=20mm 和 E=100mm 模数化排列的安装孔，可适应各种元器件装配。柜门的设计考虑到标准化和通用化，柜门采用整体单门和不对称双门结构，清晰美观，柜体上部留有一个供安装各类仪表、指示灯、控制开关等元件用的小门，便于检查和维修。柜体的下部、后上部与柜体顶部，均留有通风孔，并加网板密封，使柜体在运行中自然形成一个通风道，达到散热的目的。

GGD 型配电柜使用的 ZMJ 型组合式母线卡由高阻燃 PPO 材料热塑成型，采用积木式组合，具有机械强度高、绝缘性能好、安装简单、使用方便等优点。

GGD 型配电柜根据电路分断能力要求可选用 DW15（DWX15）～DW45 等系列断路器，选用 HD13BX（或 HS13BX）型配电柜的主、辅助电路采用标准化方案，主电路方案和辅助电路方案之间有固定的对应关系，一个主电路方案应对应若干个辅助电路方案。GGD 型配电柜主电路一次接线方案举例见表 15-3。

表 15-3　　GGD 型配电柜主电路一次接线方案举例

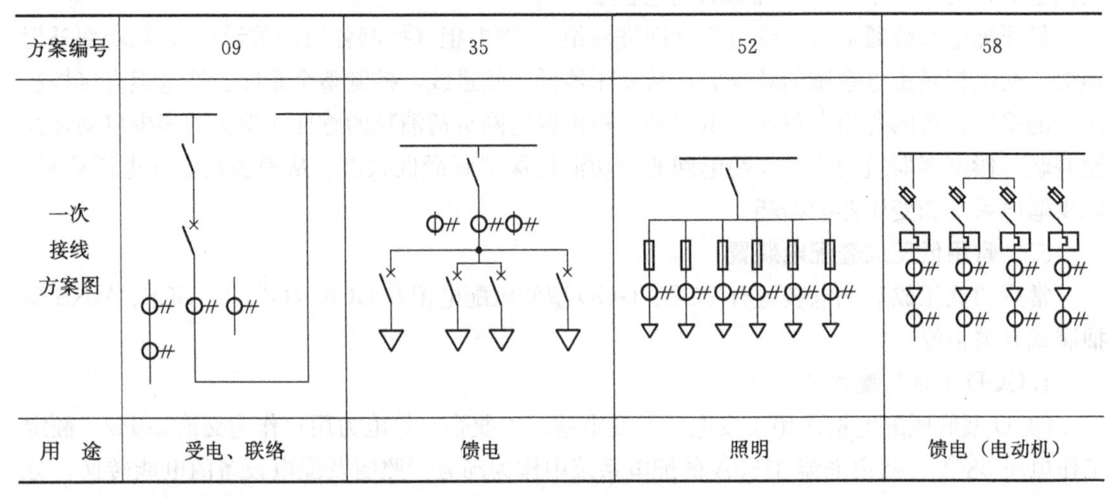

方案编号	09	35	52	58
一次接线方案图				
用　途	受电、联络	馈电	照明	馈电（电动机）

GGD 型配电柜的外形尺寸为长×宽×高＝（400、600、800、1000）mm×600mm×2000mm。每一柜即可作为一个独立单元使用，也可与其他柜组合各种不同的配电方案，因此使用比较方便。GGD 型配电柜的外形安装尺寸如图 15-30 所示。

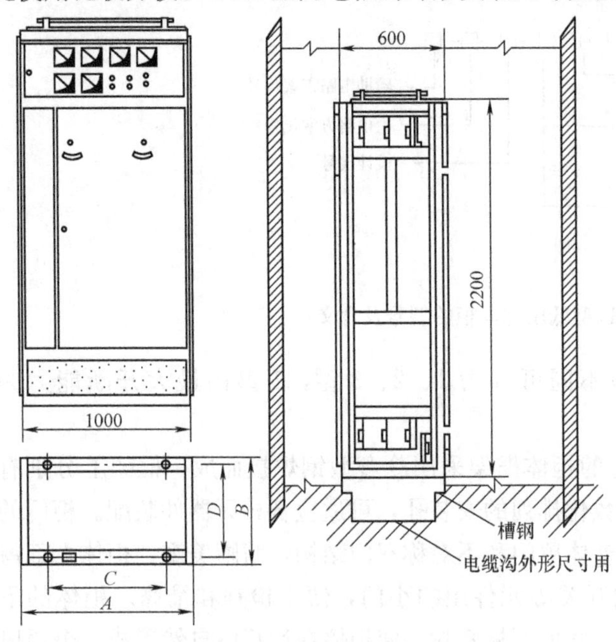

产品代号	A	B	C	D
TGGD06	600	600	450	556
TGGD08	800	600	650	556
TGGD08	800	800	650	756
TGGD1b	1000	600	850	556
TGGD10	1000	800	850	756
TGGD12	1200	800	1050	756

图 15-30　GGD 型配电柜外形安装尺寸

2. GCL 型低压抽屉式开关柜

GCL（GCK）型抽屉式开关柜用于交流 50（60）Hz、额定工作电压 660V 及以下，额定电流 400～4000A 的电力系统中作为电能分配和电动机控制使用。型号中 G 指柜式结构、C 指抽屉式、L 指动力配电中心（PC），K 指电动控制中心（MCC），J 指电容补偿，C 指计量，后续数字为设计序号。

开关柜属间隔型封闭结构，一般由薄钢板弯制、焊接组装。也可采用由异型钢材，采用角板固定，螺栓连接的无焊接结构。选用时，可根据需要加装底部盖板。内外部结构件分别采取镀锌、磷化、喷涂等处理手段。

GCL 型抽屉式开关柜柜体分为母线区、功能单元区和电缆区，一般按上、中、下顺序排列。母线室、互感器室内的功能单元均为抽屉式，每个抽屉均有工作位置、试验位置、断开位置，为检修、试验提供方便。每

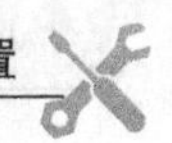

个隔室用隔板分开，以防止事故扩大，保证人身安全。GCL 型抽屉式开关柜根据功能需要可选用 DZX10（或 DZ10）等系列断路器、CJ20 系列接触器、JR 系列热继电器、QM 系列熔断保险等电器元件。其主电路有多种接线方案，以满足进线受电、联络、馈电、电容补偿及照明控制等功能需要。接线方案举例见表 15-3，结构尺寸如图 15-31 所示。

3. GCK 型电动控制中心

GCK 型电动控制中心由各功能单元组合而成为多功能控制中心，这些单元垂直重叠安装在封闭的金属柜体内。柜体共分水平母线区、垂直母线区、电缆区和设备安装区等 4 个互相隔离的区域，功能单元分别安装在各自的小室内。当任何一个功能单元发生事故时，均不影响其他单元，可以防止事故扩大。所有功能元件均能按规定的性能分断短路电流，且可通过接口与可非程序控制器或微处理机连接，作为自动控制的执行单元。

GCK 型电动控制中心一次接线方案举例见表 15-4，结构尺寸如图 15-32 所示。

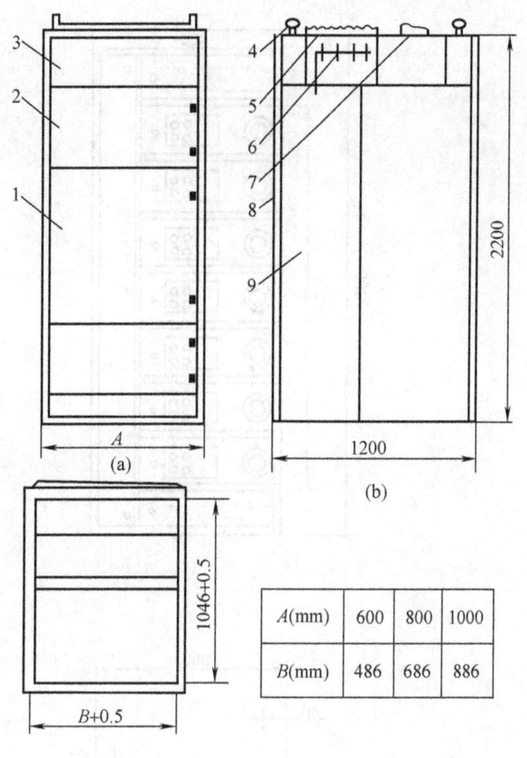

图 15-31　GCL 型柜体结构尺寸

（a）正视；（b）侧视；（c）柜底

1—隔室门；2—仪表门；3—控制室封板；4—吊环；5—防尘盖；6—主母线室；7—压力释放装置；8—后门；9—侧板

表 15-4　　GCK 型电动控制中心一次接线方案举例

一次接线方案编号	BZf21S00	BLb63S00	GRk51S20	BQb14S00	HQj31S20
一次接线方案图					
用　途	可　逆	照　明	馈　电	不可逆	星三角

三、低压成套配电装置运行维护

1. 日常巡视维护

建立运行日志，实时记录电压、电流、负荷、温度等参数变化情况；巡视设备应认真仔

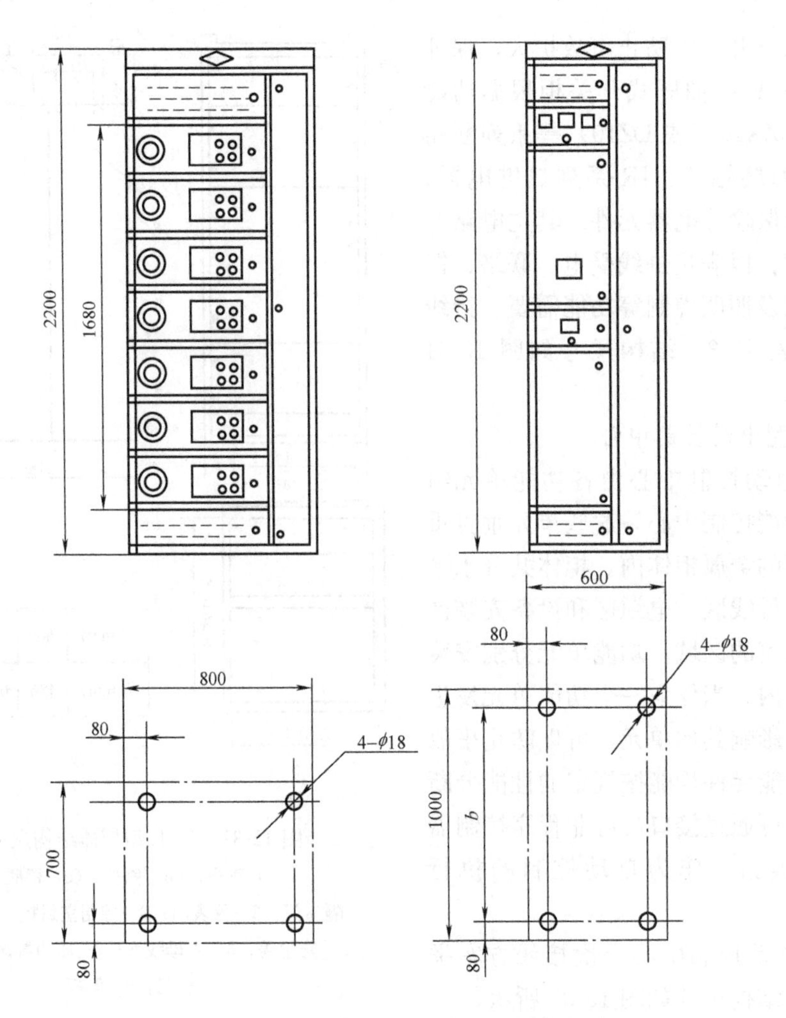

图 15-32 GCK 型电动控制中心结构尺寸

细，不放过疑点，如设备外观有无异常现象，设备指示器是否正常，仪表指示器是否正确等；检查设备接触部位有无发热或烧损现象，有无异常振动和响声，有无异常气味等；对负荷骤变的设备要加强巡视以防意外；当环境温度变化时（特别是高温时）要加强对设备的巡视，以防设备出现异常情况。

2. 定期维护

清除导体和绝缘件上的尘埃和污物（在停电状态）；绝缘状态的检测；导体连接处是否松动，接触部位是否有磨损，对磨损严重的应及时维修或更换。

第五节 电 力 电 容 器

一、电力电容器的分类及结构

电力电容器在电力系统的应用十分广泛，电力电容器按所起作用的不同分为移相电容器、电热电容器、串联电容器、耦合电容器、脉冲电容器等。移相电容器主要用于无功补偿，以提高系统的功率因数；电热电容器主要用于中频感应加热电气系统中，提高功率因数

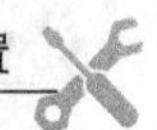

或改善回路特性；串联电容器用于补偿线路电抗，提高线路末端电压水平；耦合电容器主要用于高压及超高压输电线路的载波通信系统，同时也可作为测量、控制、保护装置中的部件；脉冲电容器用于冲击电压、振荡回路、整流滤波等。本节主要介绍用于低压电网无功补偿的并联电容器。

并联电容器是一种静止的无功补偿设备。它的主要作用是向电力系统提供无功功率，提高功率因数，减少线路电能损耗和电压损耗，改善电能质量。并联电容器主要由电容元件、浸渍剂、紧固件、引线、外壳和套管组成。电容元件一般由两层铝箔中间夹绝缘纸卷制而成，若干个电容元件并联和串联起来，组成电容器芯子；为了提高电容元件的介质耐压强度，改善局部放电特性和散热条件，电容器芯子一般放于浸渍剂中，浸渍剂一般有矿物油、氯化联苯、SF_6 气体等。电容器的外壳一般采用薄钢板焊接而成，表面涂阻燃漆，壳盖上装有出线套管，箱壁侧面焊有吊盘、接地螺栓等。大容量集合式电容器的箱盖上还装有储油柜或金属膨胀器及压力释放阀，箱壁侧面装有片状散热器、压力式温控装置等。并联电容器的结构如图15-33所示。

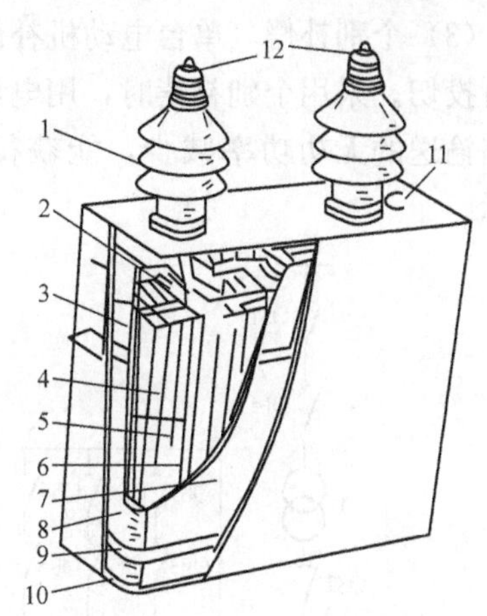

图 15-33　并联电容器结构

1—出线套管；2—出线连接片；3—连接片；4—芯体；5—出线连接片固定板；6—组间绝缘；7—包封件；8—夹板；9—紧箍；10—外壳；11—封口盖；12—接线端子

目前在我国低压系统中自愈式电容器已完全取代了老式油浸式电容器。自愈式电容器具有优良的自愈性能、介质损耗小、温升低、寿命长、体积小、重量轻等特点。自愈式电容器采用聚丙烯薄膜作为固体介质，表面蒸镀了一层很薄的金属作为导电电极。当作为介质的聚丙烯薄膜被击穿时，击穿电流将穿过击穿点。由于导电的金属化镀层电流密度急剧增大，并使金属镀层产生高热，使击穿点周围的金属导体迅速蒸发逸散，形成金属镀层空白区，击穿点自动恢复绝缘。

二、无功功率补偿装置

配电系统中的用电负荷如电动机、变压器等，大部分属于感性负荷，运行时要从电网吸收感性无功功率。在电网中安装并联电容器等无功补偿设备以后，可以提供感性负荷所消耗的无功功率，减少了电源向感性负荷提供、由线路输送的无功功率。由于减少了无功功率在电网中的流动，因此可以降低线路和变压器因输送无功功率造成的电能损耗，这就是无功补偿。无功补偿可以提高功率因数，是一项投资少、收效快的降损节能措施。

采用电力电容器作为无功补偿装置时，宜就地平衡补偿，低压部分的无功功率宜由低压电容器补偿。无功补偿容量的配置应按照“全面规划、合理布局、分级补偿、就地平衡”的原则进行。考虑无功补偿效益时，降损与调压相结合，以降损为主；容量配置上，采取集中补偿与分散补偿相结合，以分散补偿为主。

补偿方式按安装地点不同可分为集中补偿和分散补偿（包括分组补偿和个别补偿）；按投切方式不同分为固定补偿和自动补偿。

（1）集中补偿。将电容器安装在专用变压器或配电室低压母线上，能方便地同电容器组的自动投切装置配套使用。电容器集中补偿的接线如图 15-34 所示。

(2) 分组补偿。将电容器组按低压电网的无功分布分组装设在相应的母线上，或者直接与低压干线相连。采用分组补偿时，补偿的无功不再通过主干线以上线路输送，从而降低配电变压器和主干线路上的无功损耗，因此分组补偿比集中补偿降损节电效益显著。

(3) 个别补偿（单台电动机补偿）。将电容器组直接装设在用电设备旁边，随用电设备同时投切。采用个别补偿时，用电设备消耗的无功得到就地补偿，从而使装设点以上输配电线路输送的无功功率减少，能获得明显的降损效益。电容器单机补偿的接线如图 15-35 所示。

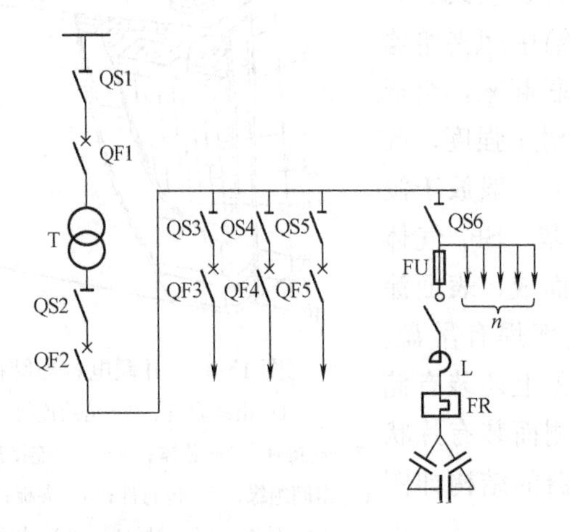

图 15-34　电容器集中补偿接线图

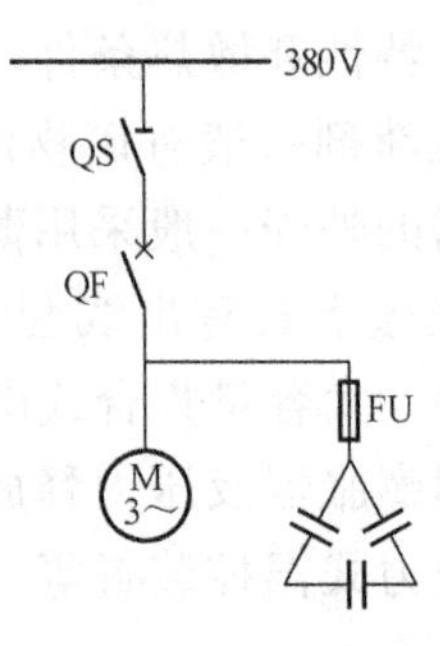

图 15-35　电容器单机补偿接线图

无功补偿容量的计算和安装投切方式由有关设计部门确定。

三、电力电容器的安装

(1) 电容器的安装环境，应符合产品的规定条件。

(2) 室内安装的电容器（组），应有良好的通风条件，使电容器由于热损耗产生的热量能以对流和辐射方式散发出来。

(3) 室外安装的电容器（组），其安装位置应尽量减少电容器受阳光照射的面积。

(4) 当采用中性点绝缘的星形连接时，相间电容器的电容差不应超过三相平均电容值的 5%。

(5) 集中补偿的电容器组，宜安装在电容器柜内分层布置，下层电容器的底部对地距离不应小于 300mm，上层电容器连线对柜顶不应小于 200mm，电容器外壳之间的净距不宜小于 100mm（成套电容器装置除外）。

(6) 电容器的额定电压与低压电力网的额定电压相同时，应将电容器的外壳和支架接地。当电容器的额定电压低于电力网的额定电压时，应将每相电容器的支架绝缘，且绝缘等级应和电力网的额定电压相匹配。

四、电容器组的运行维护

(1) 电容器组投运后，其电流超过额定电流的 1.3 倍，或其端电压超过额定电压 1.1 倍或电容器室环境温度超过±40℃时，应将电容器组退出运行。

(2) 电容器组运行中发生下列之一异常情况时，应立即将电容器组退出运行：①连接点

严重过热、熔化；②电容器内部有异常响声；③放电器有异常响声；④瓷套管严重放电或闪络；⑤电容器外壳有异常变形或膨胀；⑥电容器熔丝熔断；⑦电容器喷油或起火；⑧电容器爆炸。

五、电容器组的巡视检查

运行中的巡视检查一般有日常巡视检查、定期停电检查和特殊巡视检查。

（1）日常巡视检查。检查内容有：

1）电容器外壳有无膨胀、渗漏油痕迹，有无异常的声响或火花放电痕迹。

2）放电指示灯是否有熄灭等异常现象。

3）单只熔丝是否正常，有无熔断现象。

4）原有缺陷发展情况如何。

（2）定期停电检查。定期停电检查应结合设备清扫、维护一起进行，一般每季度检查一次。检查内容主要有：

1）电容器外壳有无膨胀或渗漏油现象。

2）绝缘件表面等处有无放电痕迹。

3）各螺栓连接点松紧如何及接触是否良好。

4）电容器外壳及柜体（构架）的保护接地线是否完好。

5）放电器回路是否完整良好。

6）单个熔体是否完好，有无熔断。

7）继电保护装置情况如何及有无动作过。

8）电容器组的控制、指示等设备是否完好。

9）电容器室的房屋建筑、电缆沟、通风设施等是否完好，有无渗漏水、积水、积尘等。

10）清除电容器、绝缘子、构架等处的积尘等。

（3）特殊巡视检查。当电容器组发生熔丝熔断、短路、保护动作跳闸等情况时，应立即巡视检查，此类检查就称为特殊巡视检查。检查项目除上述各项外，必要时应对电容器组进行试验，如查不出故障原因，则不能将电容器组投入运行。

（4）电容器组常见故障及处理。

1）外壳渗油。外壳被锈蚀，或有裂痕。清理锈蚀，焊接、涂漆，严重时退出运行，更换。

2）内部出现异常声响，外壳膨胀发生爆炸。内部放电，浸渍剂绝缘性能变坏，绝缘层的绝缘击穿。退出运行，更换。

3）电绝缘件表面闪络。表面有脏污，绝缘件存在缺陷。清扫脏污，更换。

第六节　电　气　照　明

一、电光源种类与特性

电光源按其发光原理分为热辐射光源和气体放电光源两大类。

1. 热辐射光源

热辐射光源是依靠电流通过灯丝发热进而发光的电光源。热辐射光源有白炽灯和卤钨灯。

(1) 白炽灯。白炽灯靠钨丝通过电流产生高温，引起热辐射发光。白炽灯由灯丝、玻璃壳和灯头三部分组成。灯丝一般都是用钨丝制成，外壳一般用透明的玻璃制成，灯头有插口式和螺口式两种。普通白炽灯的显色性好、结构简单、价格低廉、使用方便，是应用最广的灯种。但其缺点是发光效率低和使用寿命短。

(2) 卤钨灯。卤钨灯是在灯泡内充入少量卤化物，利用卤钨循环原理来提高发光效率和使用寿命。卤钨灯的发光原理与白炽灯相同，都由灯丝作为发光体，所不同的是卤钨灯灯管内充有卤族元素，如氟、氯、溴、碘等。

普通白炽灯在使用过程中，由于从灯丝蒸发出来的钨沉积在灯泡内壁上导致玻璃壳体黑化，降低了透光性，减少了钨丝的使用寿命。卤钨灯在使用过程中，当管内温度升高后，卤族元素和灯丝蒸发出来的钨化合成为挥发性的卤化钨。卤化钨在靠近灯丝的高温处又分解为卤族元素和钨，钨留在灯丝上，而卤族元素又回到温度较低的位置，依次循环，从而提高了发光效率和降低灯丝的老化速度。卤钨灯与普通白炽灯相比，发光效率可提高 30%左右，高质量的卤钨灯寿命与普通白炽灯相比，寿命可提高 3 倍左右。

卤钨灯一般制成圆柱状玻璃管，两端灯脚为电源接点，管内中心的螺旋状灯钨丝，放置在灯丝支架上，其结构如图 15-36 所示。

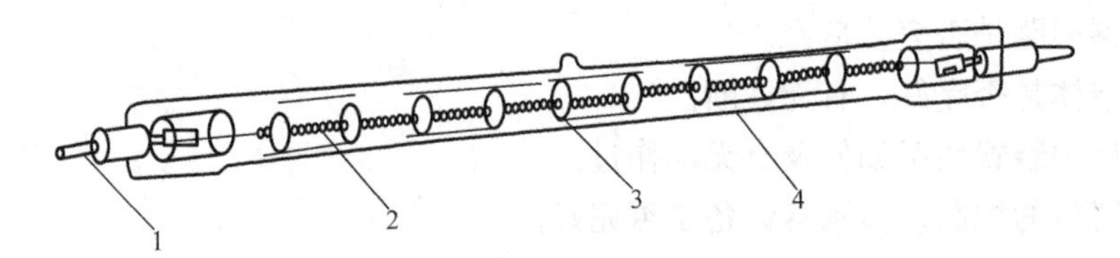

图 15-36　卤钨灯结构

1—电极；2—灯丝；3—支架；4—石英玻管（充微量碘）

卤钨灯安装时，必须保持水平位置，水平线偏角应小于 40°，否则会破坏卤钨循环，缩短灯管寿命。碘钨灯发光时，灯管周围的温度很高，因此，灯管必须装在专用的有隔热装置的金属灯架上，切不可安装在易燃的木质灯架上。同时，不可在灯管周围放置易燃物品，以免发生火灾。卤钨灯不可装在墙上，以免散热不畅而影响灯管的寿命。卤钨灯装在室外，应有防雨措施。

2. 气体放电光源

气体放电光源是利用电流流经气体或金属蒸气时，使之产生气体放电而发光的光源。低压气体放电灯主要有荧光灯和低压钠灯，高压气体放电灯主要有高压汞灯和高压钠灯。

(1) 荧光灯。荧光灯又称日光灯，是利用低压汞蒸气在外加电压作用下产生弧光放电，发出少许的可见光和大量的紫外线，依靠紫外线去激发涂在灯管内壁上的荧光粉而转化为可见光的电光源。

荧光灯由灯管、启辉器、镇流器、灯架和灯座等组成。灯管由玻璃管、灯丝和灯脚等组成，玻璃管内抽真空后充入少量汞和氩等惰性气体，管壁涂有荧光粉。启辉器由氖泡、纸介质电容、出线脚和外壳等组成，氖泡内装有Ⅱ形动触点和静触点。镇流器主要由铁芯和线圈等组成，荧光灯的接线如图 15-37 所示。

荧光灯的工作原理是：荧光灯接通电源后，电源经过镇流器、灯丝，加在启辉器的U形双金属片和静触点之间，引起辉光放电；放电时产生的热量使双金属片膨胀变形并与静触点接触，电路接通，使灯丝预热并发射电子。与此同时，由于双金属片和静触点相接触，辉光放电停止，使双金属片冷却并与静触点断开；电路断开的瞬间，在镇流器两端会产生一个比电源电压高得多的感应电动势，这个感应电动势加在灯管两端，使灯管内惰性气体游离而引起弧光放电，随着灯管内温度升高，液态汞气化游离，引起汞蒸气弧光放电而发出肉眼看不见的紫外线，紫外线激发灯管内壁的荧光粉后，发出近似日光的灯光。

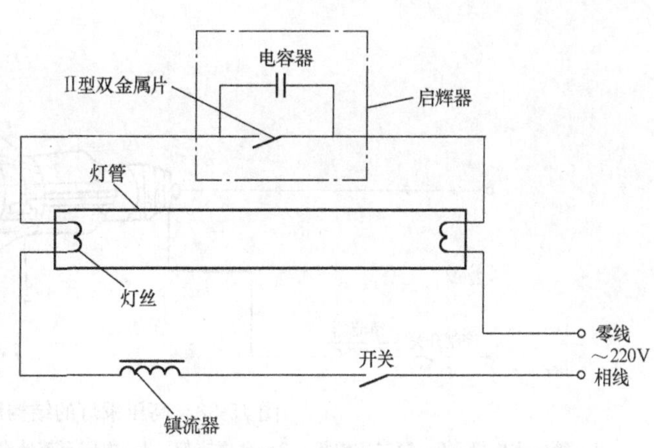

图 15-37 荧光灯的接线

荧光灯使用注意事项如下：

1）电源电压变化不能超过±5%，若电压变化过大，则会影响荧光灯的发光效率和使用寿命。

2）荧光灯适宜的环境温度为10～35℃，环境温度过高或过低都会影响发光效率和使用寿命。

3）灯管必须与镇流器、启辉器配套使用，否则会缩短寿命或造成起动困难。

荧光灯的发光效率是普通白炽灯的3倍以上，使用寿命接近普通白炽灯的4倍，而且灯管壁温度很低，发光均匀柔和。它的缺点是在使用电感镇流器时的功率因数较低，还有频闪效应。

紧凑型荧光灯是镇流器和灯管一体化的电光源，由于灯管造型和结构紧凑而得名。紧凑型荧光灯既可以配电感镇流器，也可以配电子镇流器，通常将配上电子镇流器的紧凑型荧光灯称为电子节能灯。这种灯有很高的发光效率，加上低功耗的电子镇流器，有明显的节电效果。它的显色性好，大幅度地改善了频闪效应，提高了起动性能，兼有白炽灯和荧光灯的主要优点。紧凑型荧光灯可直接安装在白炽灯的灯头上，在同样光通量下可节电70%～80%，是替代白炽灯最理想的电光源。

(2) 高压汞灯。高压汞灯是利用汞放电时产生的高气压获得可见光的电光源，又称高压水银灯。

高压汞灯主要由放电管、玻璃外壳和灯头等部件组成；放电管内有上电极、下电极和引燃极，管内还充有水银和氩气。高压汞灯的结构及接线如图15-38所示。电源接通后，电压加在引燃极和相邻的下电极之间，也加在上、下电极之间。由于引燃极和相邻的下电极靠近，加上电压后即产生辉光放电，使放电管内水银气化而产生紫外线，紫外线激发玻璃外壳内壁上的荧光粉，发出近似日光的光线，灯管就稳定工作了。由于引燃极上串联着一个很大的电阻，当上、下电极间产生弧光放电时，引燃机和下电极间电压不足以产生辉光放电，因

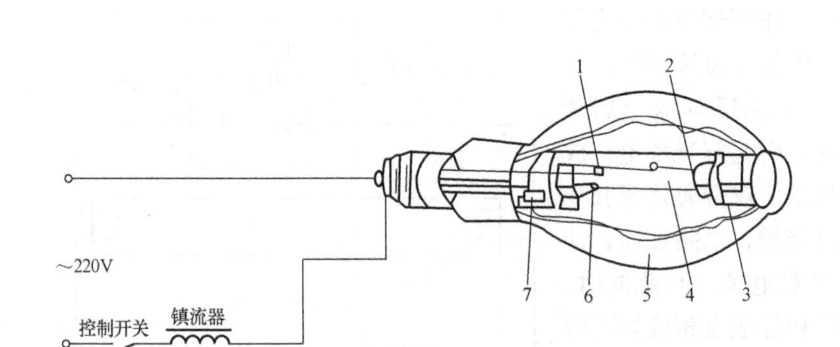

图 15-38 高压汞灯的结构图

1—第一主电极；2—第二主电极；3—金属支架；4—内层石英玻壳（内充适量汞和氩）；5—外层内玻壳（内涂荧光粉，内外玻壳间充氮）；6—辅助电极（触发极）；7—限流电阻

此引燃极就停止工作了。灯泡工作时，放电管内水银蒸气的压力才很高，故称这种灯为高压水银荧光灯。高压水银荧光灯需点燃4～8min 才能放光。

高压汞灯使用的注意事项如下：

1）灯泡必须与相同规格的镇流器配套使用，否则灯泡将不能启动或缩短寿命。

2）电源电压应相对稳定，瞬时变化不宜过大。如果电源电压突然降低 10%，高压汞灯会自行熄灭，电压过高时会缩短灯泡寿命。

3）灯泡可在任意位置点燃，但是，高压汞灯水平点燃时，光通量将减少 7%，且灯泡易自熄。

4）灯具应有良好的散热条件，内部空间不能太小，否则会影响灯泡寿命。

5）高压汞灯破碎后应及时处理，以免大量紫外线辐射灼伤人眼和皮肤。

6）高压汞灯再启动时间较长。在要求迅速点燃的场合使用高压汞灯时，应安装电子触发器，以便瞬时起动。

(3) 金属卤化物灯。它是在高压汞灯的基础上添加金属卤化物，使金属原子或分子参与放电而发光的气体放电灯。金属卤化物灯与高压汞灯相比较，具有寿命长、光效高、显色性好等优点，用于工业照明、城市亮化工程照明、商业照明、体育场馆照明以及道路照明等。

(4) 高压钠灯。它是利用高压钠蒸气放电发光的电光源。高压钠灯发出的是金黄色的光，是电光源中发光效率很高的一种电光源。高压钠灯的发光效率是高压汞灯的 2～3 倍，平均寿命是高压汞灯的 4 倍。高压钠灯的显色指数和功率因数明显低于高压汞灯。高压钠灯主要用于道路照明、泛光照明、广场照明、工业照明等。

二、电气照明

1. 照明灯具

灯具不仅限于照明，为使用者提供舒适的视觉条件，同时也是建筑装饰的一部分，起到美化环境的作用。

(1) 吊灯。悬挂在室内屋顶上的照明工具，经常用作大面积范围的一般照明。大部分吊灯带有灯罩，灯罩常用金属、玻璃和塑料制成。用作普通照明时，多悬挂在距地面 2.1m

处；用作局部照明时，大多悬挂在距地面1～1.8m处。吊灯的造型、大小、质地、色彩对室内气氛会有影响，在选用时一定要与室内环境相协调。

（2）吸顶灯。直接安装在天花板上的一种固定式灯具，作室内一般照明用。以白炽灯为光源的吸顶灯，大多采用有晶体花纹的有机玻璃罩和乳白玻璃罩，外形多为长方形。吸顶灯多用于整体照明，办公室、会议室、走廊等地方经常使用。

（3）嵌入式灯。嵌在楼板隔层里的灯具，具有较好的下射配光，灯具有聚光型和散光型两种。聚光灯型一般用于局部照明要求的场所，散光型灯一般多用作局部照明以外的辅助照明。

（4）壁灯。一种安装在墙壁建筑支柱及其他立面上的灯具，一般用作补充室内一般照明，壁灯设在墙壁上和柱子上。壁灯的光线比较柔和，作为一种背景灯，可使室内气氛显得优雅，常用于大门口、门厅、卧室、公共场所的走道等，壁灯安装高度一般在1.8～2m之间，不宜太高，同一表面上的灯具应该统一。

（5）台灯。书桌上、床头柜上和茶几上都可用台灯。它不仅是照明器，又是很好的装饰品，对室内环境起美化作用。

（6）立灯。又称“落地灯”，常摆设于沙发和茶几附近，作为待客、休息和阅读照明。

（7）轨道射灯。灯具沿轨道移动，灯具本身也可改变投射的角度，主要特点是通过集中投光以增强某些特别需要强调的物体。

除此以外，还有应急灯具、舞台灯具、高大建筑照明灯具以及艺术欣赏灯具等。

2. 灯具附件

灯具附件的种类很多，常见的有灯座、开关、变压器、镇流器、软缆和插头、插座等。

（1）灯座。灯座用于固定灯泡和灯管并与电源相连接。灯座主要有：①插口灯座；②螺口灯座；③管式平灯座；④启辉器座。

（2）灯罩。用来控制光线，提高照明效率，使光线更加集中。

（3）吊灯盒。用于悬挂吊灯并起接线盒的作用，吊灯盒有塑料和瓷质结构两种，一般能悬挂质量不超过2.5kg的灯具。

（4）照明开关。用于照明电路的接通或开断。按安装方式可分为明装式、暗装式、悬吊式等；按操作方法可分为拉线式、按钮式、推移式、旋转式、触摸式等；按接通方式可分为单投式、双投式等。

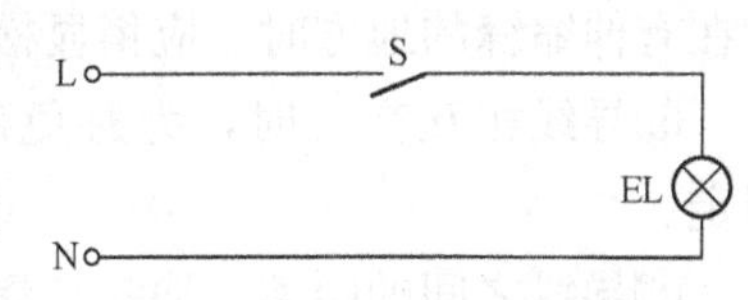

图15-39 单灯控制电路图

（5）插座。常用的插座按结构分为单相二孔、单相三孔、三相四孔等；按安装条件分为明装和暗装。

3. 电气照明电路

（1）单灯控制电路。用一个开关控制一盏灯的电路如图15-39所示。

（2）多灯控制电路。多灯控制电路如图15-40所示。

（3）两只双联开关控制一盏灯的电路。两只双联开关在两个地方控制一盏灯，其接线如图15-41所示。这种控制的方式通常用于楼梯灯，在楼上楼下都可控制。

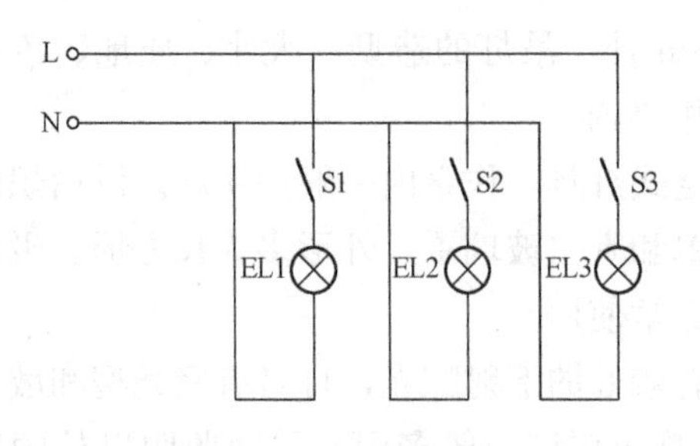

图 15-40　多灯控制电路

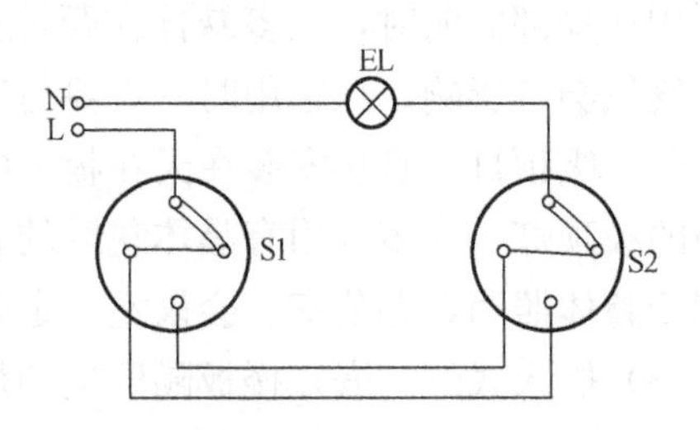

图 15-41　两只双联开关控制一盏灯的电路

4. 室内配线

(1) 室内配线种类。室内配线是指室内接到用电设备的供电及控制线路，分为明配线和暗配线两种。导线沿墙壁、天花板、桁架及梁柱等明敷的称明配线；导线穿管埋设在墙内、地板下或安装在顶棚里称为暗配线。室内配线按敷设方法的不同有瓷夹板配线、瓷柱明配线、槽板配线、塑料护套线、硬塑料管明暗敷设、钢管明暗敷设及电缆敷设等类型。室内配线方法的选择，应根据安全要求、用户需要、经济条件、安装环境及条件等因素综合确定，既要做到安全可靠、美观实用，又能满足用户需要。

(2) 室内配线技术要求。

1) 明线敷设技术要求如下：

①室内水平敷设导线距地面不得低于 2.5m，垂直敷设导线距地面不得低于 1.8m。室外水平和垂直敷设时，导线距地面均不得低于 2.7m，否则应将导线穿在钢管或硬塑料管内加以保护。

②导线穿过楼板时将导线穿在钢管或硬塑料管内加以保护，管长度应从高于楼板 2m 处引至楼板下出口为止。

③导线穿墙时应增设穿线管加以保护，穿线管可采用瓷管或塑料管。穿线管两端出线口伸出墙面不小于 10mm，以防导线与墙壁接触。导线穿出墙外时，穿线管应向墙外地面倾斜，以防雨水倒流入管内。

④导线沿墙壁或天花板敷设时，导线与建筑物之间的距离一般不小于 100mm。导线敷设在有伸缩缝的地方时，应稍显松弛。

⑤导线相互交叉时，为避免碰线，每根导线应套上塑料管或其他绝缘管，并将套管固定。

⑥导线之间的距离、导线与建筑物的距离以及固定点的最大允许距离应符合规程要求。

2) 穿线敷设技术要求如下：

①绝缘导线的额定电压不低于 500V，铜芯导线的截面积不小于 $1mm^2$，铝芯导线的截面积不小于 $2.5mm^2$。

②同一单元、同一回路的导线应穿入同一管内，不同电压、不同回路、互为备用的导线不得穿入同一管内。

③电压在 65V 及以下的线路，同一设备或同一流水作业设备的电力线路和无防干扰要求的控制回路、照明花灯的所有回路以及同类照明的几个回路等，可以共用一根管，但照明线路不得多于 8 条。

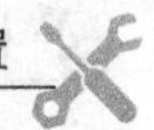

④所有穿管线路，管内不得有接头。采用单管多线时，管内导线的总面积不应超过管截面积的40%。在钢管内不准穿单根导线，以免形成由交变磁通引起的损耗。

⑤穿管明敷线路应采用镀锌或经涂漆的焊接管、电线管、硬塑料管。钢管壁的厚度不应小于1mm，硬塑料管的厚度不应小于2mm。

⑥穿管线路太长时，为便于线路的施工、检修，应加装接线盒。

(3) 室内配线方法。

1) 护套线配线。护套线是一种有塑料护层的双芯或多芯绝缘导线，它可直接敷设在建筑物的表面和空心楼板内，用塑料线卡、铝片卡固定。护套线的敷设方法具有简单、施工方便、经济实用、整齐美观、防潮、耐腐蚀等优点，目前已逐步取代瓷夹板、木槽板和绝缘子配线，广泛用于电气照明及其他小容量配电线路。但护套线不宜直接埋入抹灰层内暗敷，且不适用于室外露天场所明敷和大容量线路。

2) 塑料槽板配线。塑料槽板配线是将绝缘导线敷设在槽板的线槽内，上面用盖板盖住。槽板配线的导线不外露，比较美观，常用于用电量较小的屋内干燥场所，如住宅、办公室等干燥场所。

3) 穿管配线。穿管配线是将绝缘导线穿在管内配线。穿线管配线具有耐腐蚀、导线不易遭受机械损伤等优点，但安装维修不方便，且造价高，适用于室内外照明和动力配线。目前广泛使用的是PVC塑料线管。其施工步骤是：先定位、画线、安放固定线管的预埋件，如角铁架、胀管等；后下料、连接、固定、穿线等。

(4) 照明施工步骤。

1) 根据照明设计、施工图确定配电板（箱）、灯座、插座、开关、接线盒和木砖等预埋件的位置。

2) 确定导线敷设的路径，穿墙和穿楼板的位置。

3) 配合土建施工，预埋好线管或布线固定材料、接线盒（包括插座盒、开关盒、灯座盒）及木砖等预埋件。

4) 安装固定导线的元件。

5) 敷设导线。

6) 连接导线及分支、包缠绝缘。

7) 检查线路安装质量。

8) 完成灯座、插座、开关及用电设备的接线。

9) 绝缘测量及通电试验，全面验收。

思 考 题

1. 什么是低压电器？有哪些种类？

2. 低压隔离开关的作用是什么？为什么它必须与其他开关电器配合使用？

3. 如何正确选用组合开关？

4. 为什么说低压断路器是功能最完善的低压电器？

5. 低压断路器应如何选用？

6. 剩余电流动作保护装置产生误动作的原因有哪些？如何解决？

7. 如何根据电气设备的供电方式选用剩余电流保护器？

8. 剩余电流动作保护装置的作用和工作原理是什么？

9. 交流接触器的作用是什么？简述其主要结构。

10. 如何选用电动机的热继电器？其两种接入方式分别是什么？

11. 低压断路器和交流接触器都是用来分、合电路的，为什么在有些电路中要两者串联使用？

12. 低压熔体额定电流应如何进行选择？

13. 什么是低压配电装置？它包括哪些电气设备？

14. 避雷器的作用是什么？

15. 照明开关为什么必须串联在相线上？

16. 为什么三相导线不能用三根铁管分开穿线？

第十六章　母　　线

第一节　常用母线的种类和应用范围

一、母线的作用

母线是发电厂和变电站的各级电压配电装置中汇集、分配和传送电能的裸导体。母线是构成电气接线的主要设备。

二、母线的分类、特点及应用范围

1. 不同使用材料的各类型母线的特点及应用范围

按使用材料划分，母线可分为铜母线、铝母线和钢母线。

(1) 铜母线。铜的机械强度高，电阻率低，防腐蚀性强，便于接触连接，是很好的母线材料，但是储量不多。因此，一般用于含有腐蚀性气体的场所或重要的有大电流接触连接的母线装置。

(2) 铝母线。铝的电导率约为铜的62%，质量为铜的30%，所以在长度和电阻相同的情况下，铝母线的重量仅为铜母线的一半。铝的价格也比铜低。因此，在屋内外配电装置中都广泛采用铝母线。

(3) 钢母线。钢母线价格低廉、机械强度好、焊接简便，但电阻率为铜的7倍，且趋肤效应严重，若常载工作电流则损耗太大。常用于电压互感器、避雷器回路引线以及接地网的连接等。

2. 不同截面形状的各类型母线特点及应用范围

按截面形状划分，母线可分为矩形、圆形、槽形和管形等。

(1) 矩形截面。矩形母线的优点是散热条件好、集肤效应小、安装简单、连接方便。缺点是周围电场不均匀，易产生电晕。矩形截面母线常用在35kV及以下的屋内配电装置中。

(2) 圆形截面。圆形母线的优点是周围电场较均匀，不易产生电晕。缺点是散热面积小、抗弯性能差。圆形截面母线常用在35kV以上的户外配电装置中。

(3) 槽形截面。当母线的工作电流很大，每相需要三条以上的矩形母线才能满足要求时，可以采用槽形母线。槽形母线与同截面的矩形母线相比具有集肤效应小、冷却条件好、金属材料的利用率高、机械强度高等优点，且槽形母线的电流分布较均匀。

(4) 管形截面。管形母线散热条件好、集肤效应小，且电晕放电电压高。在220kV及以上的户外配电装置中多采用管形母线。

第二节 母线的安装与维护

母线是汇集和分配电流的裸导体装置，又称汇流排。裸导体的散热效果好、容量大、金属材料的利用率高、具有很高的安全可靠性。但母线相间距离大，占用面积大，有时需要设置专用的母线廊道，因而使用费用大增；现场安装工程也较复杂。在工厂配电装置等大电流回路也常采用母线。母线在正常运行中，通过的功率大。在发生短路故障时承受很大的热效应和电动力效应。加上它处于配电装置的中心环节，作用十分重要。要合理选择母线材料、截面、截面形状及布置方式，正确地进行安装和运行，以确保母线的安全可靠和经济运行。

一、母线的种类和布置

1. 母线的软硬种类

母线按本结构分为硬母线和软母线两种。硬母线用支柱绝缘子固定，多数只作横向约束，而沿纵向则可以伸缩，主要承受弯曲和剪切应力。硬母线的相间距离小，一般用于户内配电装置。

软母线由悬空绝缘子在两端拉紧固定，只承受拉力而不受弯曲，一般采用钢芯铝绞线。软母线的拉紧程度由弛度控制。弛度过小，则拉线构架和母线受力太大。由于适当弛度的存在可能发生导线的横向摆动，故软母线的线间距离较大，常用于屋外配电装置。

2. 母线的布置

母线的布置包括母线的排列、矩形母线的放置与装配以及矩形母线的弯曲方向。

母线三相导体有水平排列（平排）、竖直排列（竖排）和三角形排列三种。三角形排列仅用于某些封闭式成套配电装置或其他特殊情况。户内外硬母线广泛采用水平排列和竖直排列。户外软母线则只采用水平排列。

矩形母线在空间有水平放置和垂直放置两种放置法，在支柱绝缘子顶面有平装和立装两种装配法。图 16-1（b）、(d) 为平放，图 16-1（a）、(c) 为立放。但图 16-1（a）、(b) 为平装，图 16-1（c）、(d) 为立装。母线立放时的对流散热效果好，平放时则较差。平装时绝缘承受的弯曲荷载较小，立装则加重绝缘子的弯曲荷载。

矩形母线宽度尺寸大，厚度尺寸小，弯曲方向不同时对抗弯能力大不一样。向着宽面的法线方向的弯曲叫作平弯，如图 16-1（c）、(d)，抗弯能力小。向着窄的法线方向的弯曲叫作立弯，如图 16-1（a）、(b)，抗弯能力大。因此，在布置三相矩形母线时，一般应以窄面对着其他相母线，使电动力对矩形母线施加立弯。

上述母线布置中的平排与竖排，平放与立放、平装与立装以及平弯与立弯都是互不相同的独立概念时，不能混同和代替。矩形母线的综合布置方式有：

(1) 竖排立放平装。如图 16-1（a）所示，该布置方式占用场地较少、散热好，绝缘子的电动力荷载较小，母线的抗弯强度高，该方式广泛用于母线廊道等。但设备接线端多为水平排列，故竖排不便于直接向设备引接。此外，绝缘子可能受到较大的施工弯曲荷重。

(2) 平排平放平装。如图 16-1（b）所示，该布置方式占用空间高度小，绝缘子和母线的受力情况均好，只有散热效果较差，但其母线便于和设备的水平出线端引接，应用也较广泛。

(3) 平排立放立装。如图 16-1（c）所示，其母线和绝缘子的受力情况较差，但 T 接引线方便，用于短路电流较小，电动力弯矩不大的情况。

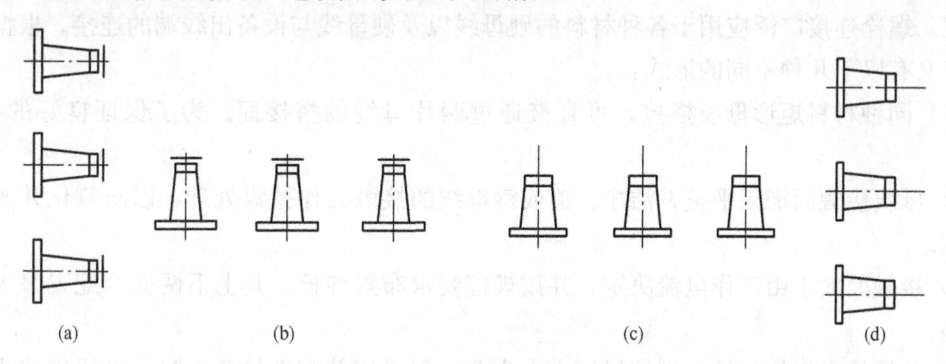

图 16-1　矩形母线的布置方式

(a) 竖排立放平装；(b) 平排平放平装；(c) 平排立放立装；(d) 竖排平放立装

(4) 竖排平放立装。如图 16-1（d）所示，其母线和绝缘子的受力情况较差，对流散效果好，机械抗弯强度差。

二、母线的安装

(一) 基础工程

母线的基础工程包括绝缘子和保护网的基础预埋与安装。作为高压母线基础的墙壁和花板等均为钢筋混凝土结构，故基础预埋工作应与土建浇筑工程同步进行，叫作预埋配合。由于绝缘子等的安装位置要求准确，并要保证一定的垂直与水平度，故不能直接埋置绝缘子的底座螺丝。通常预埋配合有两种方法：一是预留孔洞法；二是预埋焊接铁件法。待土建场地交出后在预留孔洞或预埋铁件的基础上埋设或焊接绝缘子等基础构件（包括基础支架），将其严格带有相应螺孔的基础构件上用螺栓固定绝缘子，并按要求调整中心位置及垂直水平度。

软母线的基础工程即为母线构架的安装，与层外配电装置的进出线构架及设备支架的安装一并进行。

(二) 母线的安装

母线结构简单，经正确设计选择，具有合适的结构数据的母线的可靠性高。但运行经验证明，母线本身事故大多数发生在接头处，说明母线的连接是薄弱环节，应给予足够的重视。连接问题主要是安装技术问题，但也与设计和运行维护密切相关，其基本要求是：①有足够的、不低于原母线的机械强度；②有长期稳定的、不高于同长度母线的接头电阻值。

按连接的性质和方法，可分为母线的焊接、螺栓连接和可伸缩连接，以及软母线的压接与线夹连接等。

1. 母线的焊接

因铝在空气中极易产生氧化层，铝母线及铝—铜母线之间的焊接必须采用专门的氩弧焊技术，在氩弧焊机平台上进行焊接，其连接质量稳定可靠，在有条件的地方宜多采用。铜母线虽可采用铜焊或磷铜焊等专门技术进行焊接，但因其接触连接性能尚好且简单易行，故一般多采用螺栓连接。

2. 螺栓连接

螺栓连接是一种可拆卸的接触连接。它由紧固的螺栓提供接触压力，同时保证连接的机械强度。螺栓连接广泛应用于各种材料的硬母线以及硬母线与设备出线端的连接。根据连接的特点又有以下几种不同的形式：

(1) 同种材料矩形母线搭接，可直接通过两片母线的搭接面。为了保证良好的接触，要求：

1) 母线接触面加工平整、洁净。铜或钢母线的接触面作搪锡处理，以防氧化并改善接触性能。

2) 接触面大小由工作电流决定，并按规范要求布置螺栓，其上下两面均配置厚大的专用平垫。

3) 各螺栓平正均匀地施加接触压力。为此，须采用精制螺栓和平垫，母线搭接头的厚度也须均匀，以避免出现偏压现象。

铝母线的接触连接性能欠佳，并有以下特点：

1) 铝的机械强度低，而热膨胀系数比钢螺栓大，在紧固螺栓的过大压力作用下又受热膨胀时，铝母线接头易产生侧向蠕动的永久性变形，当遇冷收缩时便可能使接触压力下降，可见过分拧紧螺栓、增大接触压力是不可取的。

2) 铝在空气中极易形成表面氧化层，它结构密致，在表面形成覆盖可防止铝的进一步氧化，但随着温度升高，氧化层将迅速增厚而引发恶性循环。通常可在铝接触面涂抹中性凡士林油作覆盖，但油层不能长期维持，关键还在于控制温度。

3) 铝接触面易受化学腐蚀，其后果也是引发恶性循环。

(2) 铜—铝母线搭接。铝与铜之间存在较大的电位差，在酸性或碱性的表面水层中将发生电化作用，类似于在蓄电池电解液中插入的两电极，从而使接触面遭到严重腐蚀，引发恶性循环。因此铝母线和铜母线或设备出线端（一般均为铜）的直接搭接，在户外或户内潮湿环境中是禁止使用的。简便而经济的办法是使用铝—铜过渡板。它由小段铝母线和铜母线直接对焊而成，具有各种宽度、厚度规格可供选用。然后，过渡板两侧与同种材料母线搭接。

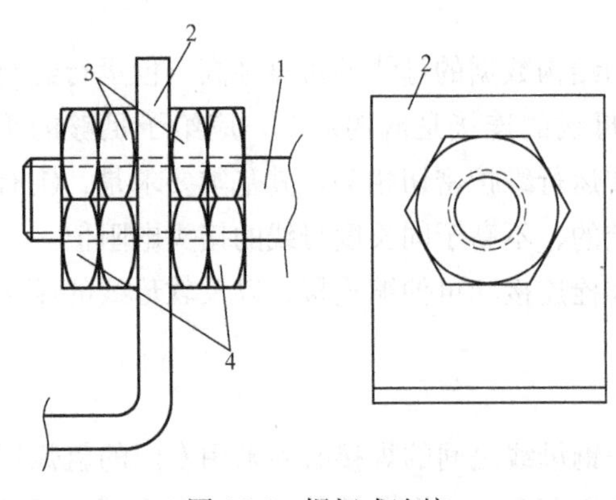

图 16-2 螺杆式连接

1—铜螺杆；2—铜母线；3—铜螺帽；4—防松螺帽

(3) 螺杆式连接。如图 16-2 所示，导电体铜螺杆 1 垂直穿过铜母线 2 的端部中心孔，并用上、下接触铜螺帽 3 将母线两面压紧，再将防松螺帽 4 拧紧。电流从铜螺杆 1 经螺纹传至螺帽 3，并经螺帽端面传至母线 2。故螺帽、螺杆既参与传送电流，又提供接触压力，其规格（螺杆直径）决定于额定电流。螺帽端面应与螺杆中心线精确垂直，以保证接触面承受平正均匀的接触压力。螺杆式连接常见于高压套管绝缘子和套管式电流互感器，因圆形导体有助于减轻瓷套内腔的电晕放电。但该连接通过螺纹

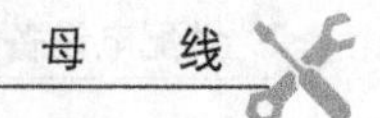

和螺帽端面接触传电，接触面积和散热面积小而重叠，可靠性较低，最大额定电流不宜超过2000A。因接触压力大，不能直接用于铝母线连接，必要时可经铝—铜过渡板转换。

3. 可伸缩连接

硬母线每段长度20～30m应装设一组伸缩接头，供母线热胀冷缩时自由伸缩。硬母线与设备引出端连接时一般也应装设伸缩接头，以免设备套管承受母线的温度应力。

伸缩连接头的结构如图16-3所示，呈Ω形的弯曲薄片段1由0.2～0.5mm厚的紫铜片或铝片组成，总截面不低于母线的截面，其底部直板段2相应为铜板或铝板，以便与母线搭接。

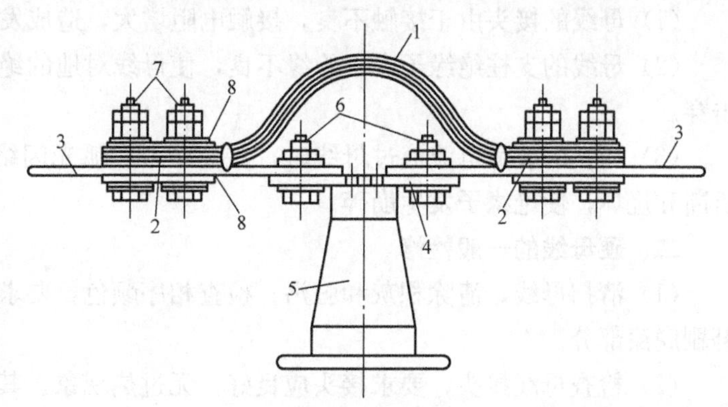

图16-3　伸缩连接头的结构

1—弯曲薄片段；2—直板段；3—母线；4—托板；5—支柱绝缘子；6—带套筒的螺栓；7—螺栓；8—平垫

弯曲薄片段与直板段之间采用铜焊（对铜片）或氩弧焊（对铝片）焊接。铜片伸缩头的直板段也可由弯曲薄片延长再叠压锡焊而成，但片间焊锡电阻值较大，将使电流分配不匀。为了使伸缩连接头不降低母线的抗弯强度，被连接的两段母线3由托板4加以支持，而托板固定在支柱绝缘子5上。两端螺栓6通过套筒穿入母线的长孔内，并与托板紧固，但与母线之间保留有少许间隙。

当母线厚度为6mm及以下时，也可将母线本身弯曲成Ω形做成简陋的伸缩接头。有90°平弯的母线段可省略伸缩接头。

4. 软母线的连接

软母线连接可用手工铰接、压接和线夹连接等方法。但手工铰接机械强度差、接触电阻大且不能长期稳定，只用于临时性作业。压接法是用专门的压接铝管做连接件，将要连接的铝绞线或钢芯铝绞线插入压接管内，用机械方法或爆炸成型的方法将母线和压接管压接在一起。

（三）母线在绝缘子上的固结

母线在运行中温差较大，为了避免出现温度应力使绝缘子遭受破坏，由伸缩节头分段的每段母线只允许一组绝缘子紧固，在其余绝缘子上的固结应是松动的，即只横向约束，而不限制纵向伸缩。

（四）母线的定相与着色

不同电源间的并接必须相序一致。母线作为各回路的汇集点应明显地标示出三相相序。按惯例，U、V、W三相分别着黄、绿、红三色，并以V相居中。作为引接回路的母线，若两端电源相序相反，则必须将母线倒相，即任两相倒换位置。母线着色的另一重要作用是增加其辐射散热。试验结果表明：按规定涂刷油漆的母线可增加载流量12%～15%。此外，涂刷漆具有防腐蚀作用。但在焊缝处、设备引线端等都不宜着相色漆，以便运行监察接头情况。若能在母线接头的显著位置涂刷温度变色漆或粘贴温度变色带则更好。

第三节　母线的故障与检修

一、母线的常见故障

（1）母线的接头由于接触不良，接触电阻增大，造成发热，严重时会使接头烧红。

（2）母线的支柱绝缘子由于绝缘不良，使母线对地的绝缘电阻降低。严重时导致闪络和击穿。

（3）当大的故障电流流过母线时，在电动力和弧光闪络的作用下，会使母线发生弯曲、折断和烧坏，使绝缘子发生崩碎。

二、硬母线的一般检修

（1）清扫母线，清除积灰和脏污；检查相序颜色，要求颜色显明，必要时应重新刷漆或补刷脱漆部分。

（2）检查母线接头，要求接头应良好，无过热现象。其中采用螺栓连接的接头，螺栓应拧紧，平垫圈和弹垫圈应齐全。用塞尺检查，局部塞入深度不得大于5mm；采用焊接连接的接头，应无裂纹、变形和烧毛现象，焊缝凸出成圆弧形；铜铝接头应无接触腐蚀；户外接头和螺栓应涂有防水漆。

（3）检修母线伸缩节，要求伸缩节两端接触良好，能自由伸缩，无断裂现象。

（4）检修绝缘子及套管，要求绝缘子及套管应清洁完好，用1000V绝缘电阻表测量母线的绝缘电阻应符合规定。若母线绝缘电阻较低，应找出故障原因并消除，必要时更换损坏的绝缘子及套管。

（5）检查母线的固定情况，要求母线固定平整牢靠；并检修其他部件，要求螺栓、螺母、垫圈齐全，无锈蚀，片间撑条均匀。必要时应对支柱绝缘子的夹子和多层母线上的撑条进行调整。

三、硬母线接头的解体检修

（1）接触面的处理，应清除表面的氧化膜、气孔或隆起部分，使接触面平整略粗糙。处理的方法可用粗锉把母线表面严重不平的地方锉掉，然后用钢丝刷再刷。铝母线锉完之后要先涂一层凡士林（因为铝表面很容易氧化，需要用凡士林把母线的表面与空气隔开），然后用钢丝刷再刷。最后把脏凡士林擦去，再在接触面涂一层薄的新凡士林并贴纸作为保护。铝母线的接触面不要用砂瓶打磨，以免掉下的玻璃屑或砂子嵌入金属内，增加接触电阻。

铜母线或钢母线的接触面都要搪一层锡。如果由于平整接触面等原因而使锡层被破坏，就应重搪。搪锡的方法：将焊锡熔化在焊锡锅内，把母线要搪锡的部分锉平擦净，涂上松香或焊油并将它放在锅上；然后多次的把熔锡浇上去，等到母线端部粘锡时，则可直接将端部放在焊锡锅里浸一下，然后拿出用抹布擦去多余部分。搪锡层的厚度为0.1～0.15mm。焊锡的熔点为183～235℃，一般根据其颜色来判别，即锅内所熔焊锡表面呈现浅蓝色时，就可以开始搪锡。

（2）拧紧接触面的连接螺栓。螺栓的旋拧程度要依安装时的温度而定，温度高时螺栓就应当拧得紧一些，温度低时就应当拧得松一些。拧螺母时，应根据螺栓直径大小选择尺寸合适的扳手。采用过大的扳手，用力稍大易把螺栓拧断，采用过小的扳手，用力很大但螺母还未拧紧。由于铝在压力下会缓慢的变形，所以螺栓拧紧后，过一段时间还会变松，因此在送电之前再检查一次螺栓的紧度，螺母拧紧后应使用0.05mm的塞尺在接头四周检查接头的紧密程度。

（3）为防止母线接头表面及接缝处氧化，在每次检修后要用油膏填塞，然后再涂以凡士林油。

（4）更换失去弹性的弹簧垫圈和损坏的螺栓、螺母。

（5）补贴已熔化或脱落的示温片。

四、软母线的检修

（1）清扫母线各部分，使母线本身清洁并且无断股和松股现象。

（2）清扫绝缘子串上的积灰和脏污，更换表面发现裂纹的绝缘子。

（3）绝缘子串各部件的销子和开口销应齐全，损坏者应给予更换。

（4）软母线接头发热的处理：

1）清除导线表面的氧化膜使导线表面清洁，并在线夹内表面涂以工业凡士林或防冻油（由凡士林和变压器油调和而成，冬季用）。

2）更换线夹上失去弹性或损坏的各个垫圈，拧紧已松动的各螺丝。根据检修经验证明，母线在运行一段时间以后，线夹上的螺丝还会发生不同程度的松动，所以在检查时应注意螺丝松动的情况。

3）对接头的接触面用0.05mm的塞尺检查时，不应塞入5mm以上。

4）更换已损坏的各种线夹和线夹上钢制镀锌零件。

5）接头检查完毕后，在接头接缝处用油膏塞后，再涂以凡士林油。

第四节　10kV母线保护的应用现状及技术要求

在电力系统中，35kV及以下电压等级的母线由于没有稳定问题，一般未装设专用母线保护。但由于高压变电站的10kV系统出线多、操作频繁、容易受小动物危害、设备绝缘老化和机械磨损等原因，10kV开关柜故障时有发生。多年的运行实践表明，虽然国内外的高压开关柜的制造技术进步很快，10kV母线发生故障的概率大为减少，但是仍然有因个别开关柜故障引发整段开关柜“火烧联营”的事故发生，甚至波及变压器，造成变压器的烧毁。虽然造成此类事故的原因是多方面的，但是在发生10kV母线短路故障时没有配备快速母线保护也是重要原因之一。变电站的10kV母线一般不配置专用的快速母线保护，是目前国内的典型设计做法，是符合现行国家标准及电力行业规程规范要求的。因此，长期以来人们对中低压母线保护一直不够重视。但是，惨痛的事故教训已经引起电力部门的广泛关注，在技术上寻求新的继电保护方案也是广大继电保护工作者的目标之一。

一、对10kV母线保护的技术要求

对10kV母线保护的要求，主要包括以下几个方面：

（1）保护可靠性要求高，不允许拒动和误动。特别是对防止误动的要求更高，因为拒动的结果是故障还可以靠进线（或分段）的后备过电流切除，与目前不配置专用母线快速保护的结果是一样的，使用单位从心理上还可以接受，但是如果是发生误动，后果很严重，直接影响到用户的供电可靠性，运行单位会产生抵触，影响到采用该保护的积极性。

(2) 保护的构成尽可能简单。不大量增加一次设备（如电流互感器）和外部电缆，而且施工和改造工作简单易行。

(3) 保护不受运行方式的影响，可以自动适应母线上连接元件的改变。如从电源进线切换到分段开关运行，个别或部分元件的投入及退出运行，综合微机保护的调试和维护修理等情况。

(4) 保护可以适应安装在开关柜上的运行条件。

二、两种 10kV 专用母线保护方案

为了解决在 10kV 系统发生母线故障时没有快速保护的问题，最直接的保护方案就是配置常规的母线差动保护，把所有母线段上各回路的电流量引入差动保护装置（或差动继电器），但是在实施上这种方案还存在一些弊端，具体应用时会受到限制，很难得到运行单位的认可。以下是两种有应用业绩的保护方案介绍。

1. 采用电流互感器第三个二次绕组构成差动保护的方案

过去因 10kV 系统开关柜内的电流互感器只有两个二次绕组，一个 0.5 级用于测量，一个 P 级用于本单元的保护。如要增加一个用于母差保护的二次绕组，只能再增加一组电流互感器，但受开关柜内空间的限制，一个开关柜根本布置不下，除非再增加一个柜，这样对由很多面柜构成的一段母线来说，造价大大增加。近几年，具备三个二次绕组的电流互感器开始出现和应用，这为实现 10kV 母线短路故障的快速保护创造了有利条件。各元件电流互感器的第三个二次绕组专用于母线差动保护，为提高可靠性，保护可以经电压元件闭锁，只有在出现差电流和系统电压条件满足的前提下，保护才能出口。差动保护动作后跳开电源进线断路器（或分段断路器）。

该方案的特点是构成简单，利用了目前电流互感器制造方面的新特点，开关柜投资增加不多。缺点是需增加的二次电缆较多，电缆投资大，现场施工工作量大。但如不增加电压闭锁回路，在发生 TA 断线情况时，保护的安全性较低。该方案保护可以集中组屏布置在继电器室内，也可以将保护布置在进线开关柜上。

2. 利用各开关柜内综合保护构成的母线快速保护方案

利用各开关柜综合保护提供的故障信息（硬接点），经汇总后进行综合分析和逻辑判别，来实现 10kV 母线短路故障的快速切除。母线故障的快速保护功能“镶嵌”在进线保护装置及分段保护装置内，不以独立的母线保护装置形态出现，从而进线保护装置及分段保护装置的设计也是非常规范的。

如故障发生在母线之外，则必有某一个回路的综合保护发出闭锁信号，这样进线保护（或分段保护）被可靠闭锁；如果故障发生在母线上，则进线保护接收不到闭锁信号，经一短延时（该延时主要是为躲开暂态过程，提高保护可靠性，一般小于 100ms）后出口跳闸。在母线区域内发生故障时，将快速切除进线断路器，在用分段断路器带母线运行时，保护将快速切除分段断路器。

该方案的特点是在构成上不需要增加和改变 TA 和 TV 设备和回路，只是在综合保护上增加构成母线快速接点的配合接点，增加的电缆也不多。其缺点是母线保护依赖于进线保护（或分段保护），保护装置本身在物理上不独立。另外，目前的保护还没有考虑电压闭锁条件，保护的可靠性略感不足。这种保护方案已经出现了几年时间，但没有得到推广应用，估计原因是用户对该保护方案信心不足。

三、基于数字网络技术的10kV母线保护方案

10kV母线网络保护的核心思路是利用母线上各回路的综合保护装置和保护专用网络构成。

各回路的综合微机保护需增加一个保护专用数字通信接口，同时在保护程序中增加一段配合母线保护的服务程序。采用数字通信网络技术来构成变电站的综合自动化功能是已经非常成熟的技术，如采用Lon Works、Profibus、CAN总线技术等。目前在变电站综合自动化技术方案里，数字通信网络主要用来传送控制命令和监视测量数据，不用作实现继电保护功能，原因是继电保护对可靠性的要求高，必须设置独立的、专用的装置和数字通道。

正常运行时，母线保护管理单元循环向网络上每个10kV就地综合保护单元发出询问信息。其目的有两个：一是实时掌握本段母线上各回路的运行状态，即运行方式，作为母线保护条件满足时的出口依据，即在分段断路器处断开，电源进线带本段母线运行时，保护去跳进线断路器，而由分段断路器带本段运行时，保护去跳分段断路器；二是在母线保护管理单元感受到系统发生了故障时，要询问各回路的综合保护是否有短路电流流过本保护单元，以作为母线保护管理单元发出动作跳闸命令的依据。

母线保护管理单元是本保护方案的核心，可以安装在进线断路器开关柜上。它是信息搜集和处理的中心，也是保护动作的执行者。为了提高本保护的可靠性，在母线保护管理单元中还可以引入本段母线电压互感器的电压，作为保护出口的闭锁条件，降低保护误动的风险。

四、基于电弧光传感技术的10kV母线保护方案

其原理是通过检测开关柜内部发生母线故障时产生弧光这一特性，并结合过流闭锁的动作原理，即它采用检测弧光和过流双判据原理。该原理保护有以下特点：

(1) 该保护原理简单，通过检测弧光短路故障产生的电弧这一原理来实现，其技术核心是电弧光传感器的采用。电弧光传感器安装在开关柜内部，作为光感应元件，将检测发生弧光故障时突然增加的光强，并将光信号转换成电信号传送给母线保护单元。

(2) 动作可靠性高，由于采用了“双判据”，即使弧光传感器误报信号，也不会出口。

(3) 动作迅速，通过检测弧光信号，整套保护的动作速度可达5～7ms。

(4) 无论新建或技改工程均容易实施。

(5) 造价低。

基于该原理的保护在国外已有应用，运行效果令人满意，但国内很少报道。鉴于该保护的上述优点，可以预计这种原理的母线快速保护也会在国内得到推广应用。

综上所述，在高压变电站的10kV母线上装设快速保护很有必要，电力系统现行的保护方案显然不能满足快速切除故障的要求。电力系统迫切需要采用安全可靠、简单经济的新型保护系统，来解决中低压母线故障的快速切除问题。

思 考 题

1. 母线在配电装置中起什么作用?
2. 常见的母线截面形状有哪些? 各有什么特点?
3. 母线的布置有哪些要求?
4. 母线的安装有何规定?
5. 母线常见的故障有哪些?
6. 简述电弧光传感技术在母线保护上的作用。

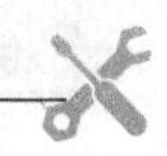

附录A 低压第一种工作票（停电作业）

编号：________

1. 工作单位及班组：________________
2. 工作负责人：________________
3. 工作班成员：________________
4. 停电线路、设备名称（双回线路应注明双重称号）：________________
____
____

5. 工作地段（注明分、支线路名称，线路起止杆号）：________________
____

6. 工作任务：________________
7. 应采取的安全措施（应断开的开关、隔离开关、熔断器和应挂的接地线，应设置的围栏、标示牌等）：________________
____

保留的带电线路和带电设备：________________
____

应挂的接地线：

线路设备及杆号			
接地线编号			

8. 补充安全措施：________________
工作负责人填：________________
工作票签发人填：________________
工作许可人填：________________
9. 计划工作时间：自____年____月____日____时____分至____年____月____日____时____分

工作票签发人：__________ 签发时间：____年____月____日____时____分

10. 开工和收工许可：

开工时间（日时分）	工作负责人（签名）	工作许可人（签名）	收工时间（日时分）	工作负责人（签名）	工作许可人（签名）

11. 工作班成员签名：____________

12. 工作终结：

现场已清理完毕，工作人员已全部离开现场。

全部工作于____年____月____日____时____分结束。

工作负责人签名：__________　工作许可人签名：__________

13. 需记录备案内容（工作负责人填）：____

____

____

14. 附线路走径示意图：

注：此工作票除注明外均由工作负责人填写。

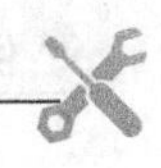

附录B 低压第二种工作票（不停电作业）

编号：______

1. 工作单位：______
2. 工作负责人：______
3. 工作班成员：______
4. 工作任务：______
5. 工作地点与杆号：______

______

______

6. 计划工作时间：自____年____月____日____时____分

至____年____月____日____时____分

工作票签发人：______签发时间：____年____月____日____时____分

7. 注意事项（安全措施）：______

______

______

8. 工作票签发人（签名）：____年____月____日____时____分

工作负责人（签名）：（开工）____年____月____日____时____分

（终结）____年____月____日____时____分

工作许可人（签名）：（开工）____年____月____日____时____分

（终结）____年____月____日____时____分

9. 现场补充安全措施（工作负责人填）：______

______

工作许可人填：______

10. 备注：______

______

______

11. 工作班成员签名：______

______

______

______

注：此工作票除注明外均由工作负责人填写。

附录C 低 压 操 作 票

单位：　　　　　　　　　　　　　　　　　　　　　　　　编号：

操作开始时间：　　年　　月　　日　　时　　分		终了时间：　　日　　时　　分
操作任务：		
完成后打“√”	顺　序	操　作　项　目
备注		

操作人：　　　　　　　　　　　　　　　　　　　　　　　　监护人：

参 考 文 献

[1] 国家电力监管委员会电力业务资质管理中心. 电工进网作业许可考试高压类理论部分. 北京：中国财政经济出版社，2012.

[2] 国家电力监管委员会电力业务资质管理中心. 电工进网作业许可考试高压类理论部分. 北京：中国财政经济出版社，2006.

[3] 国家电力监管委员会电力业务资质管理中心. 电工进网作业许可考试低压类理论部分. 北京：中国财政经济出版社，2006.

[4] 国家电力监管委员会电力业务资质管理中心. 电工进网作业许可考试高压类实操部分. 北京：中国财政经济出版社，2006.

[5] 曹孟州. 电气安全作业培训教材. 北京：中国电力出版社，2012.

[6] 张万庆，等. 工厂常用电气设备运行与维护. 北京：中国电力出版社，2009.

[7] 国家电网公司人力资源部. 电气设备运行维护. 北京：中国电力出版社，2010.

[8] 国家电网公司. 国家电网公司电力安全工作规程(变电部分). 北京：中国电力出版社，2009.

[9] 国家电网公司. 国家电网公司电力安全工作规程(线路部分). 北京：中国电力出版社，2009.